高等学校教材

工程数学

复变函数

（第四版）

西安交通大学高等数学教研室编

高等教育出版社·北京

内容提要

本书按照国家教委指示:"对质量较高,基础较好,使用面较广的教材要进行锤炼"的精神,结合《复变函数课程教学基本要求》的修订而修订的。作者除保持了第三版的主要优点,改正了课文、习题或答案中一些错误或不很确切的文字叙述外,还增写了每章小结,帮助读者抓住要点,提高学习效率。书中附有"*"号者,可供各专业选用。

本书内容是:复数与复变函数、解析函数、复变函数的积分、级数、留数、共形映射等,可供高等工科院校各专业的师生作为教材使用。

图书在版编目(CIP)数据

工程数学.复变函数/西安交通大学高等数学教研室:陆庆乐主编;王绵森编.—4版.—北京:高等教育出版社,2011.5(2018.12重印)

ISBN 978-7-04-005553-5

Ⅰ.①工… Ⅱ.①西… ②陆… ③王… Ⅲ.①工程数学-高等学校-教材②复变函数-高等学校-教材Ⅳ.①TB11

中国版本图书馆CIP数据核字(2011)第075174号

出版发行	高等教育出版社	网　　址	http://www.hep.edu.cn
社　　址	北京市西城区德外大街4号		http://www.hep.com.cn
邮政编码	100120	网上订购	http://www.landraco.com
印　　刷	北京市白帆印务有限公司		http://www.landraco.com.cn
开　　本	850×1168　1/32		
印　　张	8.75	版　　次	1978年12月第1版
字　　数	230 000		1996年5月第4版
购书热线	010-58581118	印　　次	2018年12月第54次印刷
咨询电话	400-810-0598	定　　价	23.20元

物 料 号　5553-B0

第四版前言

根据国家教委高教司在"关于制订1991—1995教材建设规划的几点意见"文件中提出的:"对质量较高,基础较好,使用面较广的教材,要进行锤炼"的精神,工科数学课程教学指导委员会决定,在广泛征求使用意见的基础上,对工程数学——《复变函数》第三版进行一次锤炼修订,使其质量获得进一步提高。

我们收到了不少兄弟学校和地区的教师寄来的详细而全面的使用意见,且语多鼓励。经过认真仔细研究以后,限于篇幅,采纳了部分共同的意见。例如,取消了对"收敛半径的求法","函数在无穷远点的性态"和"在无穷远点的留数"各小节所标的"*"号.

为了帮助读者抓住学习要点,提高学习质量与效率,在这次修订中,我们在每章末增写了"小结"。其中除对本章主要内容进行简要的总结外,还对某些内容在概念与方法上作了进一步阐释,以帮助读者深入理解,牢固掌握。此外,对全书的习题作了一些调整,且略有增加;改正了第三版课文、习题或答案中的错误,并对一些不很确切的文字叙述作了修改。

我们谨向关心和帮助本书修订的工科数学课程教学指导委员会、对本书提出宝贵意见的兄弟学校同行、对本书精心审阅的西北工业大学孙家永教授,表示衷心的谢意。

本书第一、二章由王绵森执笔,第三、四、五、六章由陆庆乐执笔。

编者

1994年5月于西安

第三版前言

《复变函数》自从 1981 年 4 月再版以来，不少学校采用该书作为教材。从各方面反馈的信息来看，认为该教材对工科本科各专业是比较适用的。同时对该教材也提出了一些改进意见。

在这一版中，我们作了如下的一些更动和修改：首先，根据国家教委 1987 年批准印发的《复变函数课程教学基本要求》，调整了标“＊＊”的内容。我们把原来有“＊＊”的“留数在定积分计算上的应用”一节取消了双星号；把“平面场的复势”一节改为标“＊”。对《复变函数课程教学基本要求》中不列的项目以及相应的习题，在本版中除了复球面和收敛半径的求法以外，一律标“＊”，供各有关专业选用。另外，根据基本要求，增加了 $(1+z)^{\mu}$ 的麦克劳林展开式。其次，为了使有关的教学内容衔接得更加紧密，重点更加突出，我们理顺了个别内容的先后次序，将第二章中的“解析函数和调和函数的关系”一节移到了第三章的最后，作为第六节。这样，就避免了在前面引用到后面才讲的关于“解析函数的导数仍为解析函数”这一结论的弊端。第三，根据使用过该教材的同志的意见，我们对分式线性映射的保“对称性”这一重要结论给出了证明；对一些写得不够清楚和不够恰当的地方作了修改；还对全书的习题和答案再次进行了审核，改正了个别错误，并略有补充。最后，修改和重绘了部分插图，并对一些“名词”和“术语”进行了统一。

我们热忱恳望使用和关心本教材的同志，对本书提出更多的宝贵意见，使它的质量能够不断地得到提高。在这里，我们谨向对本书提过意见的同志表示衷心的感谢。

参加这次修订工作的是陆庆乐与王绵森两同志。

1989 年 7 月

第二版前言

这一版，我们是按照1980年6月在北京举行的高等学校工科数学教材编审委员会扩大会议审订的工程数学复变函数教学大纲(草案)修订的。超过大纲的内容都标了“*”号，供需要的专业选用。其中有“**”的是大纲中原已标了“*”的内容。

根据使用本书的教师所提出的意见，我们在这一版中增添了“复球面”、“函数在无穷远点的性态”及“函数在无穷远点的留数”等内容。“初等函数”、“泰勒级数”、“洛朗级数”各节，出于教学方法上的考虑，已予重写。例题与习题比第一版略有增加。为了便于挑选，按内容的先后，调整了习题的次序。对书中一些不妥之处和错误，作了改正。

许多用本书的教师和读者诚恳地给我们提出本书不足之处以及印刷上的错误，我们在此表示感谢。希望今后再有发现时，能及时告诉我们，以便有机会时改正。

参加这次修订工作的有陆庆乐、唐象礼两同志。

1981年4月

第一版前言

本书是根据1977年在北京召开的工科教材会议的精神，按照同年12月在西安召开的全国高等学校工科数学教材编写会议上所通过的编写大纲编写的，它是工科学校《工程数学》教材之一，可供电类各专业使用，也可供其他专业选用。对工程技术人员可以作为参考书。

在编写过程中，我们主要参照了1966年1月高等教育出版社出版的由我室编写的《复变函数》一书。在保持原书主要优点的基础上，适当增加了一些内容，努力贯彻理论联系实际的原则，文字上力求通俗易懂，便于自学。同时，配备了比较丰富的习题，并于书后附有答案。有*号的部分，可以根据各专业的需要来选用。

本书由浙江大学主审，主审人为该校周茂清教授，参加审稿的单位有北京航空学院、河北工学院、吉林工业大学、山东工学院、湖南大学、天津大学、西安冶金建筑学院、上海机械学院、上海交通大学、南京航空学院、南京工学院、重庆大学。对于他们所提出的宝贵意见，我们表示衷心的感谢。

由于我们学识水平浅薄，教学经验不足，错误和不妥之处在所难免，诚恳地欢迎广大的教师和读者提出批评意见。

参加本书编写工作的有陆庆乐、唐象礼、王绵森三位同志。

西安交通大学高等数学教研室

1978年9月

目　　录

引　　言

在我们已经学过的《高等数学》课程中，研究的主要对象是实变函数.理论的探讨和生产实践的发展，又提出了对复变数的研究，而研究复变数之间的相互依赖关系，就是复变函数这门课程的主要任务.

复变函数中的许多概念、理论和方法是实变函数在复数领域内的推广和发展，因而它们之间有许多相似之处.但是，复变函数又有与实变函数不同之点.我们在学习中，要勤于思考，善于比较，既要注意共同点，更要弄清不同点.这样，才能抓住本质，融会贯通.

复变函数的理论和方法在数学、自然科学和工程技术中有着广泛的应用，是解决诸如流体力学、电磁学、热学、弹性理论中的平面问题的有力工具.而自然科学和生产技术的发展又极大地推动了复变函数的发展，丰富了它的内容.我们在学习过程中，要正确理解和掌握复变函数中的数学概念和方法，逐步培养利用这些概念和方法解决实际问题的能力.

第一章　复数与复变函数

自变量为复数的函数就是复变函数，它是本课程的研究对象．由于在中学阶段已经学过复数的概念和基本运算，本章将在原有的基础上作简要的复习和补充；然后再介绍复平面上的区域以及复变函数的极限与连续性等概念，为进一步研究解析函数理论和方法奠定必要的基础．

§1　复数及其代数运算

1．复数的概念　在学习初等代数时，已经知道在实数范围内，方程

$$x^2=-1$$

是无解的，因为没有一个实数的平方等于-1．由于解方程的需要，人们引进一个新数 i，称为虚数单位，并规定

$$i^2=-1,$$

从而 i 是方程 $x^2=-1$ 的一个根．

对于任意二实数 x,y，我们称 $z=x+iy$ 或 $z=x+yi$ 为复数，其中 x,y 分别称为 z 的实部和虚部，记作

$$x=\mathrm{Re}(z),y=\mathrm{Im}(z).$$

当 $x=0,y\neq0$ 时，$z=iy$ 称为纯虚数；当 $y=0$ 时，$z=x+0i$，我们把它看作是实数 x．例如复数 $3+0\cdot i$ 可看作实数 3．

两个复数相等，必须且只须它们的实部和虚部分别相等．一个复数 z 等于 0，必须且只须它的实部和虚部同时等于 0．

与实数不同，一般说来，任意两个复数不能比较大小．

2．复数的代数运算　两个复数 $z_1=x_1+iy_1,z_2=x_2+iy_2$ 的加法，减法及乘法定义如下：

$$(x_1+iy_1)\pm(x_2+iy_2)=(x_1\pm x_2)+i(y_1\pm y_2), \tag{1.1.1}$$

$$(x_1+iy_1)(x_2+iy_2)=(x_1x_2-y_1y_2)+i(x_2y_1+x_1y_2). \tag{1.1.2}$$

并分别称以上两式右端的复数为 z_1 与 z_2 的和、差与积.

显然,当 z_1 与 z_2 为实数(即当 $y_1=y_2=0$)时,以上两式与实数的运算法则一致.

我们又称满足

$$z_2z=z_1 \quad (z_2\neq 0)$$

的复数 $z=x+iy$ 为 z_1 除以 z_2 的商,记作 $z=\frac{z_1}{z_2}$. 从这个定义,立即可推得

$$z=\frac{z_1}{z_2}=\frac{x_1x_2+y_1y_2}{x_2^2+y_2^2}+i\,\frac{x_2y_1-x_1y_2}{x_2^2+y_2^2}. \tag{1.1.3}$$

不难证明,与实数的情形一样,复数的运算也满足交换律、结合律和分配律:

$$z_1+z_2=z_2+z_1 \quad z_1z_2=z_2z_1;$$

$$z_1+(z_2+z_3)=(z_1+z_2)+z_3, \quad z_1(z_2z_3)=(z_1z_2)z_3;$$

$$z_1(z_2+z_3)=z_1z_2+z_1z_3.$$

我们把实部相同而虚部绝对值相等符号相反的两个复数称为共轭复数,与 z 共轭的复数记作 $\bar{z}$. 如果 $z=x+iy$,那么 $\bar{z}=x-iy$. 共轭复数有如下性质:

i) $\overline{z_1\pm z_2}=\bar{z}_1\pm\bar{z}_2$, $\overline{z_1z_2}=\bar{z}_1\ \bar{z}_2$, $\overline{\left(\frac{z_1}{z_2}\right)}=\frac{\bar{z}_1}{\bar{z}_2}$;

ii) $\bar{\bar{z}}=z$;

iii) $z\bar{z}=[\mathrm{Re}(z)]^2+[\mathrm{Im}(z)]^2$;

iv) $z+\bar{z}=2\mathrm{Re}(z)$, $z-\bar{z}=2i\mathrm{Im}(z)$.

这些性质作为练习,由读者自己去证明.

在计算 $\frac{z_1}{z_2}$ 时,可以利用共轭复数的性质 iii)把分子与分母同乘以 $\bar{z}_2$,可得到所求的商,即(1.1.3)式.

例 1 设 $z_1=5-5i, z_2=-3+4i$,求 $\frac{z_1}{z_2}$ 与 $\overline{\left(\frac{z_1}{z_2}\right)}$.

［解］
$$\frac{z_1}{z_2}=\frac{5-5i}{-3+4i}=\frac{(5-5i)(-3-4i)}{(-3+4i)(-3-4i)}$$
$$=\frac{(-15-20)+(15-20)i}{25}=-\frac{7}{5}-\frac{1}{5}i.$$

所以
$$\overline{\left(\frac{z_1}{z_2}\right)}=-\frac{7}{5}+\frac{1}{5}i.$$

例 2 设 $z=-\frac{1}{i}-\frac{3i}{1-i}$,求 $\operatorname{Re}(z)$,$\operatorname{Im}(z)$ 与 $z\bar{z}$.

［解］
$$z=-\frac{1}{i}-\frac{3i}{1-i}=\frac{i}{i(-i)}-\frac{3i(1+i)}{(1-i)(1+i)}$$
$$=i-\left(-\frac{3}{2}+\frac{3}{2}i\right)$$
$$=\frac{3}{2}-\frac{1}{2}i,$$

所以
$$\operatorname{Re}(z)=\frac{3}{2}, \operatorname{Im}(z)=-\frac{1}{2},$$
$$z\bar{z}=\left(\frac{3}{2}\right)^2+\left(-\frac{1}{2}\right)^2=\frac{5}{2}.$$

例 3 设 $z_1=x_1+iy_1, z_2=x_2+iy_2$ 为两个任意复数,证明 $z_1\bar{z}_2+\bar{z}_1z_2=2\operatorname{Re}(z_1\bar{z}_2)$.

［证］
$$\begin{aligned} z_1\bar{z}_2+\bar{z}_1z_2 &=(x_1+iy_1)(x_2-iy_2)+(x_1-iy_1)(x_2+iy_2)\\ &=(x_1x_2+y_1y_2)+i(x_2y_1-x_1y_2)\\ &\quad+(x_1x_2+y_1y_2)+i(x_1y_2-x_2y_1)\\ &=2(x_1x_2+y_1y_2)=2\operatorname{Re}(z_1\bar{z}_2). \end{aligned}$$

或
$$z_1\bar{z}_2+\bar{z}_1z_2=z_1\bar{z}_2+\overline{z_1\bar{z}_2}=2\operatorname{Re}(z_1\bar{z}_2).$$

§2 复数的几何表示

1. 复平面 由于一个复数 $z=x+iy$ 由一对有序实数(x,y)唯一确定,所以对于平面上给定的直角坐标系,复数的全体与该平面上点的全体成一一对应关系,从而复数 $z=x+iy$ 可以用该平面上坐标为(x,y)的点来表示，这是复数的一个常用表示方法．此时，x 轴称为实轴，y 轴称为虚轴，两轴所在的平面称为复平面或 z 平面．这样，复数与复平面上的点成一一对应，并且把“点 z”作为“数 z”的同义词，从而使我们能借助于几何语言和方法研究复变函数的问题，也为复变函数应用于实际奠定了基础．

在复平面上，复数 z 还与从原点指向点 $z=x+iy$ 的平面向量一一对应，因此复数 z 也能用向量$\overrightarrow{OP}$来表示（图 1.1）．向量的长度称为 z 的模或绝对值，记作

$$|z|=r=\sqrt{x^2+y^2}. \quad (1.2.1)$$

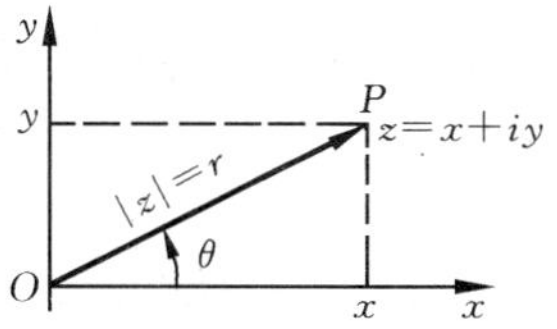

图 1.1

显然，下列各式成立：

$$|x|\leqslant|z|,\ |y|\leqslant|z|,$$

$$|z|\leqslant|x|+|y|,$$

$$z\bar{z}=|z|^2=|z^2|.$$

在 $z\neq0$ 的情况，以正实轴为始边，以表示 z 的向量$\overrightarrow{OP}$为终边的角的弧度数 θ 称为 z 的辐角，记作

$$\mathrm{Arg}z=\theta.$$

这时，有

$$\mathrm{tg}(\mathrm{Arg}z)=\frac{y}{x}. \quad (1.2.2)$$

我们知道，任何一个复数 $z\neq0$ 有无穷多个辐角．如果 θ_1 是其中的一个，那么

$$\mathrm{Arg}z=\theta_1+2k\pi(k\ 为任意整数) \quad (1.2.3)$$

就给出了 z 的全部辐角．在 $z(\neq0)$的辐角中，我们把满足 $-\pi<\theta_0\leqslant\pi$ 的 θ_0 称为 $\mathrm{Arg}z$ 的主值，记作 $\theta_0=\arg z$.

当 $z=0$ 时，$|z|=0$，而辐角不确定．

辐角的主值 $\arg z\ (z\neq0)$ 可以由反正切 $\mathrm{Arc\ tg}\,\dfrac{y}{x}$ 的主值 $\mathrm{arc\ tg}\,\dfrac{y}{x}$ 按下列关系来确定：

$$
\underset{z\neq 0}{\arg z}=\begin{cases}\operatorname{arc\ tg}\dfrac{y}{x}, & \text{当 } x>0, y\gtreqless 0;\\ \pm\dfrac{\pi}{2}, & \text{当 } x=0, y\gtrless 0;\\ \operatorname{arc\ tg}\dfrac{y}{x}\pm\pi, & \text{当 } x<0, y\gtrless 0;\\ \pi, & \text{当 } x<0, y=0.\end{cases} \tag{1.2.4}
$$

其中 $-\dfrac{\pi}{2}<\operatorname{arc\ tg}\dfrac{y}{x}<\dfrac{\pi}{2}$.

根据复数的运算法则可知,两个复数 z_1 和 z_2 的加、减法运算和相应向量的加、减法运算一致(图 1.2).

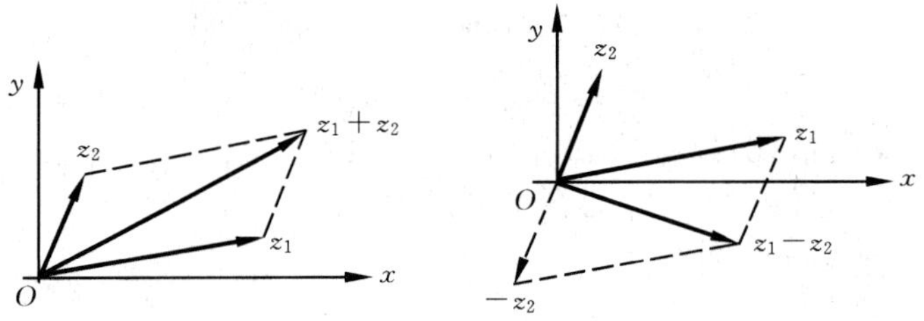

图 1.2

我们又知道,$|z_1-z_2|$ 表示点 z_1 与 z_2 之间的距离(图 1.3),因此由图 1.2 和图 1.3,我们有

$$|z_1+z_2|\leqslant|z_1|+|z_2| \text{ (三角不等式)}, \tag{1.2.5}$$

$$|z_1-z_2|\geqslant\big||z_1|-|z_2|\big|. \tag{1.2.6}$$

一对共轭复数 z 和 $\bar{z}$ 在复平面内的位置是关于实轴对称的(图 1.4),因而 $|z|=|\bar{z}|$,如果 z 不在负实轴和原点上,还有 $\arg z=-\arg\bar{z}$.

利用直角坐标与极坐标的关系:

$$x=r\cos\theta,\ y=r\sin\theta,$$

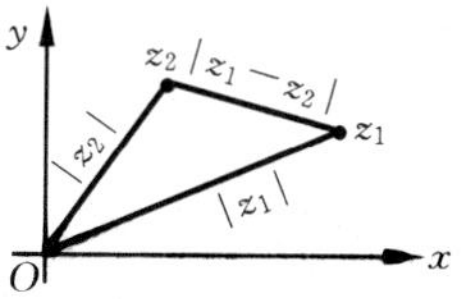

图 1.3

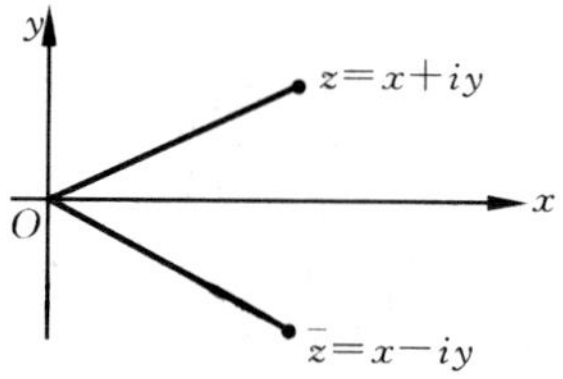

图 1.4

还可以把 z 表示成下面的形式：

$$z=r(\cos\theta+i\sin\theta), \tag{1.2.7}$$

称为复数的三角表示式.

再利用欧拉(Euler)公式①：$e^{i\theta}=\cos\theta+i\sin\theta$，我们又可以得到

$$z=re^{i\theta}, \tag{1.2.8}$$

这种表示形式称为复数的指数表示式.

复数的各种表示法可以互相转换，以适应讨论不同问题时的需要.

例 1 将下列复数化为三角表示式与指数表示式.

1) $z=-\sqrt{12}-2i$； 2) $z=\sin\frac{\pi}{5}+i\cos\frac{\pi}{5}$.

[解] 1) 显然，$r=|z|=\sqrt{12+4}=4$. 由于 z 在第三象限，由(1.2.4)知

$$\theta=\text{arc tg}\left(\frac{-2}{-\sqrt{12}}\right)-\pi=\text{arc tg}\frac{\sqrt{3}}{3}-\pi=-\frac{5}{6}\pi.$$

因此，z 的三角表示式为

$$z=4\left[\cos\left(-\frac{5}{6}\pi\right)+i\sin\left(-\frac{5}{6}\pi\right)\right].$$

z 的指数表示式为

---

① 其实，它是欧拉公式：$e^{iz}=\cos z+i\sin z$（z 为任意复数）的特殊情况，这个公式的来源参见第二章 §3 公式(2.3.14).

$$z=4e^{-\frac{5}{6}\pi i}.$$

2）显然，$r=|z|=1$，又

$$\sin\frac{\pi}{5}=\cos\left(\frac{\pi}{2}-\frac{\pi}{5}\right)=\cos\frac{3}{10}\pi,$$

$$\cos\frac{\pi}{5}=\sin\left(\frac{\pi}{2}-\frac{\pi}{5}\right)=\sin\frac{3}{10}\pi,$$

故 z 的三角表示式为

$$z=\cos\frac{3}{10}\pi+i\sin\frac{3}{10}\pi.$$

z 的指数表示式为

$$z=e^{\frac{3}{10}\pi i}.$$

例 2 设 z_1,z_2 为两个任意复数，证明：

1）$|z_1\bar{z}_2|=|z_1||z_2|$；

2）$|z_1+z_2|\leqslant|z_1|+|z_2|$

［**证**］ 1）$|z_1\bar{z}_2|=\sqrt{(z_1\bar{z}_2)(\overline{z_1\bar{z}_2})}=\sqrt{(z_1\bar{z}_2)(\bar{z}_1z_2)}$

$$=\sqrt{(z_1\bar{z}_1)(z_2\bar{z}_2)}=|z_1||z_2|.$$

2）上面我们已经用几何的方法得到了三角不等式（见（1.2.5）式），现在用复数的运算来证明它．因为

$$\begin{aligned}|z_1+z_2|^2&=(z_1+z_2)\overline{(z_1+z_2)}\\&=(z_1+z_2)(\bar{z}_1+\bar{z}_2)\\&=z_1\bar{z}_1+z_2\bar{z}_2+z_2\bar{z}_1+z_1\bar{z}_2\\&=|z_1|^2+|z_2|^2+z_2\bar{z}_1+z_1\bar{z}_2,\end{aligned}$$

由§1例3， $z_1\bar{z}_2+z_2\bar{z}_1=2\mathrm{Re}(z_1\bar{z}_2)$，

所以
$$\begin{aligned}|z_1+z_2|^2&=|z_1|^2+|z_2|^2+2\mathrm{Re}(z_1\bar{z}_2)\\&\leqslant|z_1|^2+|z_2|^2+2|z_1\bar{z}_2|\\&=|z_1|^2+|z_2|^2+2|z_1||z_2|\\&=(|z_1|+|z_2|)^2.\end{aligned}$$

两边开方，就得到所要证明的三角不等式．

下面的例子表明，很多平面图形能用复数形式的方程(或不等式)来表示；也可以由给定的复数形式的方程(或不等式)来确定它所表示的平面图形.

例 3 将通过两点 $z_1=x_1+iy_1$ 与 $z_2=x_2+iy_2$ 的直线用复数形式的方程来表示.

［**解**］ 我们知道，通过点 (x_1,y_1) 与 (x_2,y_2) 的直线可以用参数方程表示为

$$\begin{cases} x=x_1+t(x_2-x_1), \\ y=y_1+t(y_2-y_1). \end{cases} \quad (-\infty<t<+\infty)$$

因此，它的复数形式的参数方程为

$$z=z_1+t(z_2-z_1). \quad (-\infty<t<+\infty)$$

由此得知由 z_1 到 z_2 的直线段的参数方程可以写成

$$z=z_1+t(z_2-z_1). \quad (0\leqslant t\leqslant 1)$$

取 $t=\dfrac{1}{2}$，得知线段 $\overline{z_1z_2}$ 的中点为

$$z=\frac{z_1+z_2}{2}.$$

例 4 求下列方程所表示的曲线：

1) $|z+i|=2$；

2) $|z-2i|=|z+2|$；

3) $\mathrm{Im}(i+\bar{z})=4$.

［**解**］ 1) 在几何上不难看出，方程 $|z+i|=2$ 表示所有与点 $-i$ 距离为 2 的点的轨迹，即中心为 $-i$、半径为 2 的圆(图 1.5(a)). 下面用代数方法求出该圆的直角坐标方程.

设 $z=x+iy$，方程变为

$$|x+(y+1)i|=2.$$

也就是

$$\sqrt{x^2+(y+1)^2}=2,$$

或

$$x^2+(y+1)^2=4.$$

2) 几何上，该方程表示到点 $2i$ 和 -2 距离相等的点的轨迹，所以方程表示的曲线就是连接点 $2i$ 和 -2 的线段的垂直平分线

(图 1.5(*b*)),它的方程为 $y=-x$. 这方程也可以用代数的方法求得,由读者自己完成.

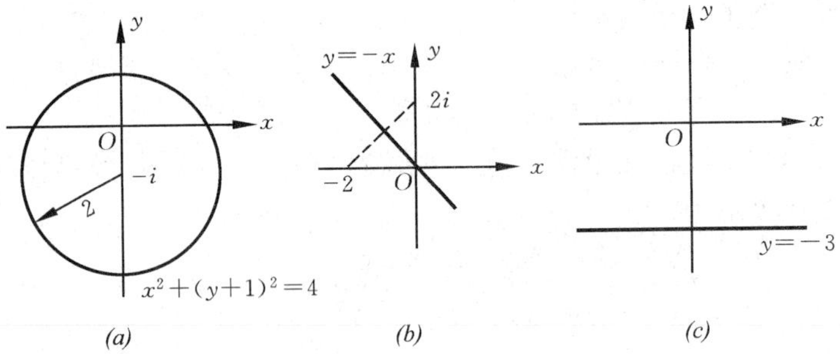

图 1.5

3) 设 $z=x+iy$,那么

$$i+\bar{z}=x+(1-y)i,$$

所以

$$\operatorname{Im}(i+\bar{z})=1-y,$$

从而立即可得所求曲线的方程为 $y=-3$,这是一条平行于 x 轴的直线,如图 1.5(*c*)所示.

2. 复球面 除了用平面内的点或向量来表示复数外,还可以用球面上的点来表示复数. 现在我们来介绍这种表示的方法.

取一个与复平面切于原点 $z=0$ 的球面,球面上的一点 S 与原点重合(图 1.6). 通过 S 作垂直于复平面的直线与球面相交于另一点 N. 我们称 N 为北极,S 为南极.

对于复平面内任何一点 z,如果用一直线段把点 z 与北极 N 连结起来,那么该直线段一定与球面相交于异于 N 的一点 P. 反过来,对于球面上任何一个异于 N 的点 P,用一直线段把 P 与 N 连结起来,这条直线段的延长线就与复平面相交于一点 z. 这就说明:球面上的点,除去北极 N 外,与复平面内的点之间存在着一一对应的关系. 前面已经讲过,复数可以看作是复平面内的点,因此球面上的点,除去北极 N 外,与复数一一对应. 所以我们就可以用

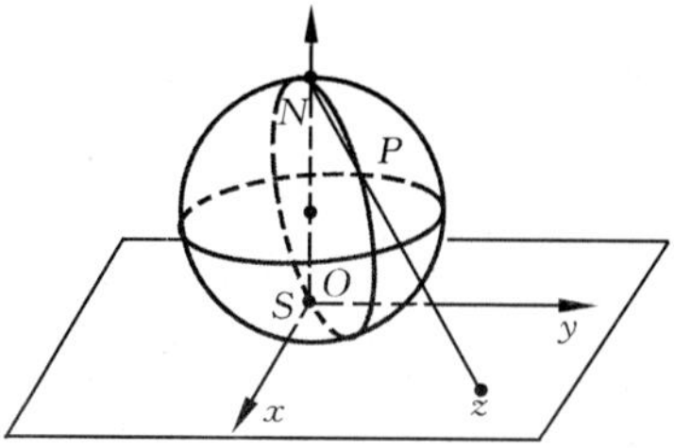

图 1.6

球面上的点来表示复数.

但是,对于球面上的北极 N,还没有复平面内的一个点与它对应.从图 1.6 中容易看到,当 z 点无限地远离原点时,或者说,当复数 z 的模 $|z|$ 无限地变大时,点 P 就无限地接近于 N.为了使复平面与球面上的点无例外地都能一一对应起来,我们规定:复平面上有一个唯一的"无穷远点",它与球面上的北极 N 相对应.相应地,我们又规定:复数中有一个唯一的"无穷大"与复平面上的无穷远点相对应,并把它记作 ∞.因而球面上的北极 N 就是复数无穷大 ∞ 的几何表示.这样一来,球面上的每一个点,就有唯一的一个复数与它对应,这样的球面称为复球面.

我们把包括无穷远点在内的复平面称为扩充复平面.不包括无穷远点在内的复平面称为有限平面,或者就称复平面.对于复数 ∞ 来说,实部、虚部与辐角的概念均无意义,但它的模则规定为正无穷大,即 $|\infty|=+\infty$.对于其他每一个复数 z 则有 $|z|<+\infty$.

复球面能把扩充复平面的无穷远点明显地表示出来,这就是它比复平面优越的地方.

为了今后的需要,关于 ∞ 的四则运算作如下规定:

加法:$\alpha+\infty=\infty+\alpha=\infty \quad (\alpha\neq\infty)$

减法:$\alpha-\infty=\infty-\alpha=\infty \quad (\alpha\neq\infty)$

乘法:$\alpha\cdot\infty=\infty\cdot\alpha=\infty \quad (\alpha\neq 0)$

除法：$\frac{\alpha}{\infty}=0,\frac{\infty}{\alpha}=\infty\quad(\alpha\neq\infty),\frac{\alpha}{0}=\infty\quad(\alpha\neq0$，但可为$\infty)$.

至于其他运算：$\infty\pm\infty,0\cdot\infty,\frac{\infty}{\infty}$，我们不规定其意义. 像在实变数中一样，$\frac{0}{0}$仍然不确定.

这里我们引进的扩充复平面与无穷远点，在很多讨论中，能够带来方便与和谐. 但在本书以后各处，如无特殊声明，所谓"平面"一般仍指有限平面，所谓"点"仍指有限平面上的点.

§3 复数的乘幂与方根

1. 乘积与商 设有两个复数

$$z_1=r_1(\cos\theta_1+i\sin\theta_1),\ z_2=r_2(\cos\theta_2+i\sin\theta_2),$$

那么

$$\begin{aligned}z_1z_2&=r_1r_2(\cos\theta_1+i\sin\theta_1)(\cos\theta_2+i\sin\theta_2)\\&=r_1r_2[(\cos\theta_1\cos\theta_2-\sin\theta_1\sin\theta_2)\\&\quad+i(\sin\theta_1\cos\theta_2+\cos\theta_1\sin\theta_2)]\\&=r_1r_2[\cos(\theta_1+\theta_2)+i\sin(\theta_1+\theta_2)].\end{aligned}$$

于是

$$|z_1z_2|=|z_1||z_2|,\tag{1.3.1}$$

$$\mathrm{Arg}(z_1z_2)=\mathrm{Arg}z_1+\mathrm{Arg}z_2,\tag{1.3.2}$$

从而有下面的定理.

定理一 两个复数乘积的模等于它们的模的乘积；两个复数乘积的辐角等于它们的辐角的和.

因此，当利用向量来表示复数时，可以说表示乘积 z_1z_2 的向量是从表示 z_1 的向量旋转一个角度 $\mathrm{Arg}z_2$，并伸长(缩短)到$|z_2|$倍得到的，如图 1.7 所示. 特别，当$|z_2|=1$时，乘法变成了只是旋转. 例如 iz 相当于将 z 逆时针旋转 $90°$，$-z$ 相当于将 z 逆时针旋转 $180°$. 又当 $\arg z_2=0$ 时，乘法就变成了仅仅是伸长(缩短).

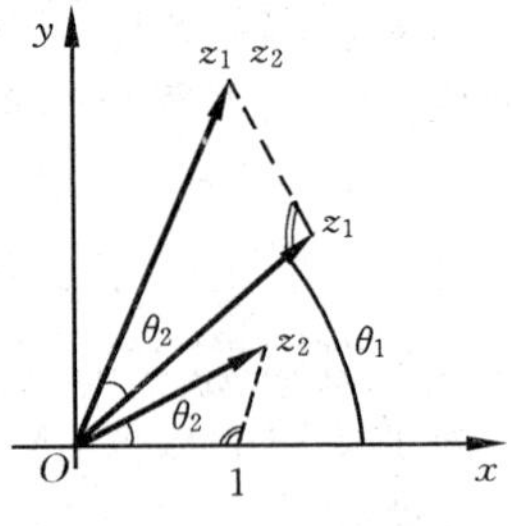

图 1.7

读者要正确理解等式(1.3.2).由于辐角的多值性,因此,该等式两端都是由无穷多个数构成的两个数集,等式(1.3.2)表示两端可能取的值的全体是相同的.也就是说,对于左端的任一值,右端必有一值和它相等,并且反过来也一样.例如,设 $z_1=-1, z_2=i$,则 $z_1z_2=-i$,

$$\mathrm{Arg}z_1=\pi+2n\pi,(n=0,\pm1,\pm2,\cdots),$$

$$\mathrm{Arg}z_2=\frac{\pi}{2}+2m\pi,(m=0,\pm1,\pm2,\cdots),$$

$$\mathrm{Arg}z_1z_2=-\frac{\pi}{2}+2k\pi,(k=0,\pm1,\pm2,\cdots).$$

代入等式(1.3.2)得

$$\frac{3\pi}{2}+2(m+n)\pi=-\frac{\pi}{2}+2k\pi,$$

要使上式成立,必须且只需 $k=m+n+1$.只要 m 与 n 各取一确定的值,总可选取 k 的值使 $k=m+n+1$,反之也一样.若取 $m=n=0$,则取 $k=1$;若取 $k=-1$,则可取 $m=0, n=-2$ 或 $m=-2, n=0$.

对于后面的(1.3.5)式的第二个等式也应当这样来理解.

如果用指数形式表示复数:

$$z_1=r_1e^{i\theta_1}, z_2=r_2e^{i\theta_2}$$

那么定理一可以简明地表示为:

$$z_1z_2=r_1r_2e^{i(\theta_1+\theta_2)}. \tag{1.3.3}$$

由此逐步可证,如果

$$z_k=r_ke^{i\theta_k}=r_k(\cos\theta_k+i\sin\theta_k),(k=1,2,\cdots,n)$$

那么

$$\begin{aligned} z_1z_2\cdots z_n &=r_1r_2\cdots r_n[\cos(\theta_1+\theta_2+\cdots+\theta_n) \\ &\quad +i\sin(\theta_1+\theta_2+\cdots+\theta_n)] \\ &=r_1r_2\cdots r_ne^{i(\theta_1+\theta_2+\cdots+\theta_n)}. \end{aligned} \tag{1.3.4}$$

按照商的定义,当 $z_1\neq0$ 时,有

$$z_2=\frac{z_2}{z_1}z_1.$$

由(1.3.1)和(1.3.2)就有

$$|z_2|=\left|\frac{z_2}{z_1}\right||z_1| \quad 与 \quad \mathrm{Arg}z_2=\mathrm{Arg}\left(\frac{z_2}{z_1}\right)+\mathrm{Arg}z_1,$$

于是

$$\left|\frac{z_2}{z_1}\right|=\frac{|z_2|}{|z_1|},\mathrm{Arg}\left(\frac{z_2}{z_1}\right)=\mathrm{Arg}z_2-\mathrm{Arg}z_1. \qquad (1.3.5)$$

由此得

定理二 两个复数的商的模等于它们的模的商;两个复数的商的辐角等于被除数与除数的辐角之差.

如果用指数形式表示复数:

$$z_1=r_1e^{i\theta_1}, \ z_2=r_2e^{i\theta_2},$$

那么定理二可以简明地表示为

$$\frac{z_2}{z_1}=\frac{r_2}{r_1}e^{i(\theta_2-\theta_1)} \quad (r_1\neq 0). \qquad (1.3.6)$$

例 1 已知正三角形的两个顶点为 $z_1=1$ 与 $z_2=2+i$,求它的另一个顶点.

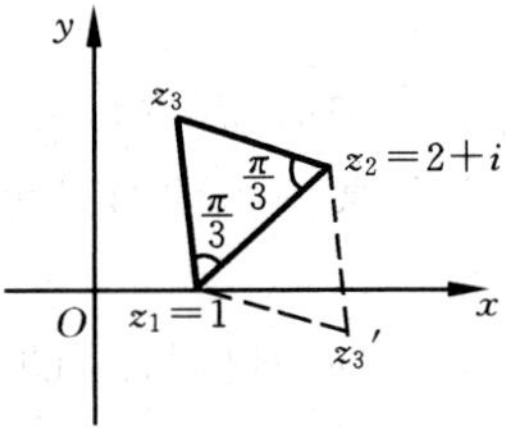

图 1.8

[**解**] 如图 1.8,将表示 z_2-z_1 的向量绕 z_1 旋转$\frac{\pi}{3}$$\left(或-\frac{\pi}{3}\right)$就得到另一个向量,它的终点即为所求的顶点 z_3(或 z_3').由于复数 $e^{\frac{\pi}{3}i}$ 的模为 1,转角为$\frac{\pi}{3}$,根据复数的乘法,有

$$z_3-z_1=e^{\frac{\pi}{3}i}(z_2-z_1)=\left(\frac{1}{2}+\frac{\sqrt{3}}{2}i\right)(1+i)$$

$$=\left(\frac{1}{2}-\frac{\sqrt{3}}{2}\right)+\left(\frac{1}{2}+\frac{\sqrt{3}}{2}\right)i,$$

所以

$$z_3=\frac{3-\sqrt{3}}{2}+\frac{1+\sqrt{3}}{2}i.$$

类似可得 $$z_3'=\frac{3+\sqrt{3}}{2}+\frac{1-\sqrt{3}}{2}i.$$

2. 幂与根 n 个相同复数 z 的乘积称为 z 的 n 次幂，记作 z^n，即

$$z^n=\underbrace{z\cdot z\cdots z}_{n\text{个}}.$$

如果我们在(1.3.4)中，令从 z_1 到 z_n 的所有复数都等于 z，那么对于任何正整数 n，我们有

$$z^n=r^n(\cos n\theta+i\sin n\theta). \tag{1.3.7}$$

如果我们定义 $z^{-n}=\dfrac{1}{z^n}$，那么当 n 为负整数时上式也是成立的. 作为练习，由读者自己证明.

特别，当 z 的模 $r=1$，即 $z=\cos\theta+i\sin\theta$ 时，由(1.3.7)有

$$(\cos\theta+i\sin\theta)^n=\cos n\theta+i\sin n\theta. \tag{1.3.8}$$

这就是棣莫弗(De Moivre)公式.

公式(1.3.7)与(1.3.8)有广泛的应用. 下面我们用它们来求方程 $w^n=z$ 的根 w，其中 z 为已知复数.

我们即将看到，当 z 的值不等于零时，就有 n 个不同的 w 值与它对应. 每一个这样的值称为 z 的 n 次根，都记作 $\sqrt[n]{z}$，即

$$w=\sqrt[n]{z}.$$

为了求出根 w，令

$$z=r(\cos\theta+i\sin\theta),\ w=\rho(\cos\varphi+i\sin\varphi),$$

根据棣莫弗公式(1.3.8)有

$$\rho^n(\cos n\varphi+i\sin n\varphi)=r(\cos\theta+i\sin\theta),$$

于是

$$\rho^n=r,\ \cos n\varphi=\cos\theta,\ \sin n\varphi=\sin\theta,$$

显然，后两式成立的充要条件是

$$n\varphi=\theta+2k\pi,(k=0,\pm1,\pm2,\cdots).$$

由此

$$\rho=r^{\frac{1}{n}},\ \varphi=\frac{\theta+2k\pi}{n},$$

其中，$r^{1/n}$是算术根，所以

$$w=\sqrt[n]{z}=r^{1/n}\left(\cos\frac{\theta+2k\pi}{n}+i\sin\frac{\theta+2k\pi}{n}\right). \qquad (1.3.9)$$

当 $k=0,1,2,\cdots,n-1$ 时，得到 n 个相异的根：

$$w_0=r^{1/n}\left(\cos\frac{\theta}{n}+i\sin\frac{\theta}{n}\right),$$

$$w_1=r^{1/n}\left(\cos\frac{\theta+2\pi}{n}+i\sin\frac{\theta+2\pi}{n}\right),$$

……………………

$$w_{n-1}=r^{1/n}\left(\cos\frac{\theta+2(n-1)\pi}{n}+i\sin\frac{\theta+2(n-1)\pi}{n}\right).$$

当 k 以其他整数值代入时，这些根又重复出现. 例如 $k=n$ 时，

$$\begin{aligned}w_n&=r^{1/n}\left(\cos\frac{\theta+2n\pi}{n}+i\sin\frac{\theta+2n\pi}{n}\right)\\&=r^{1/n}\left(\cos\frac{\theta}{n}+i\sin\frac{\theta}{n}\right)=w_0.\end{aligned}$$

在几何上，不难看出：$\sqrt[n]{z}$ 的 n 个值就是以原点为中心，$r^{1/n}$ 为半径的圆的内接正 n 边形的 n 个顶点.

例 2 求 $\sqrt[4]{1+i}$.

［**解**］ 因为 $1+i=\sqrt{2}\left(\cos\frac{\pi}{4}+i\sin\frac{\pi}{4}\right)$,

所以 $$\sqrt[4]{1+i}=\sqrt[8]{2}\left[\cos\frac{\frac{\pi}{4}+2k\pi}{4}+i\sin\frac{\frac{\pi}{4}+2k\pi}{4}\right],$$

$$(k=0,1,2,3).$$

即

$$w_0=\sqrt[8]{2}\left(\cos\frac{\pi}{16}+i\sin\frac{\pi}{16}\right),$$

$$w_1=\sqrt[8]{2}\left(\cos\frac{9}{16}\pi+i\sin\frac{9}{16}\pi\right),$$

$$w_2=\sqrt[8]{2}\left(\cos\frac{17}{16}\pi+i\sin\frac{17}{16}\pi\right),$$

$$w_3=\sqrt[8]{2}\left(\cos\frac{25}{16}\pi+i\sin\frac{25}{16}\pi\right).$$

这四个根是内接于中心在原点半径为$\sqrt[8]{2}$的圆的正方形的四个顶点(图 1.9),并且

$$w_1=iw_0,\ w_2=-w_0,\ w_3=-iw_0.$$

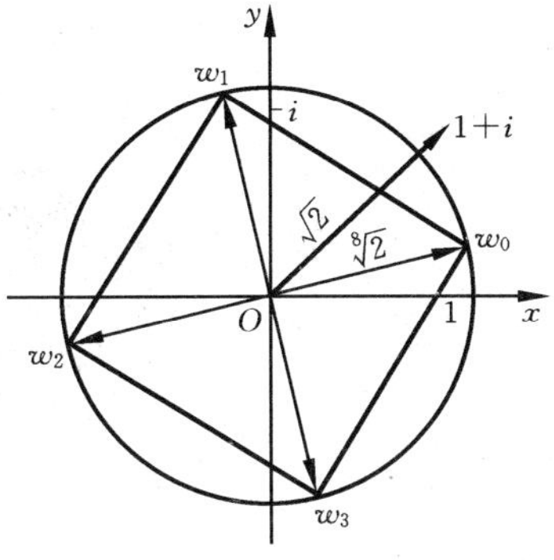

图 1.9

§4 区　　域

现在,我们来研究复变数的问题. 同实变数一样,每一个复变数都有自己的变化范围. 在今后的讨论中,所遇到的变化范围主要就是所谓区域.

1. 区域的概念　在讲区域之前,需要先介绍复平面上一点的邻域、集合的内点与开集的概念.

平面上以 z_0 为中心，δ(任意的正数)为半径的圆：

$$|z-z_0|<\delta$$

内部的点的集合称为 z_0 的邻域[①](图 1.10)，而称由不等式 $0<|z-z_0|<\delta$ 所确定的点集为 z_0 的去心邻域.

设 G 为一平面点集，z_0 为 G 中任意一点. 如果存在 z_0 的一个邻域，该邻域内的所有点都属于 G，那么称 z_0 为 G 的内点. 如果 G 内的每个点都是它的内点，那么称 G 为开集.

平面点集 D 称为一个区域，如果它满足下列两个条件：

1) D 是一个开集；

2) D 是连通的，就是说 D 中任何两点都可以用完全属于 D 的一条折线连接起来(图 1.10).

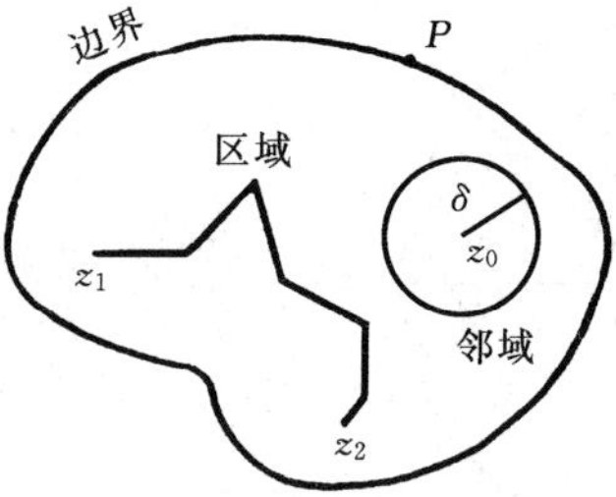

图 1.10

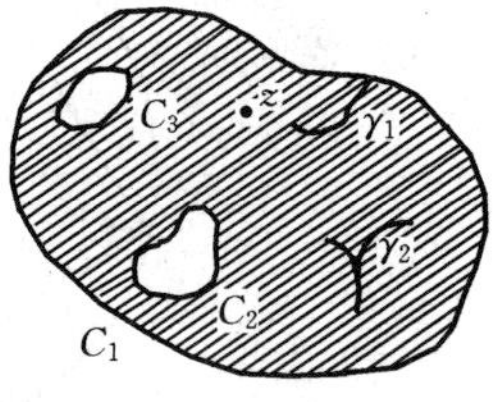

图 1.11

设 D 为复平面内的一个区域，如果点 P 不属于 D，但在 P 的任意小的邻域内总包含有 D 中的点，这样的点 P 我们称为 D 的边界点。D 的所有边界点组成 D 的边界(图 1.10). 区域的边界可能是由几条曲线和一些孤立的点所组成的(图 1.11).

---

① 包括无穷远点自身在内且满足 $|z|>M$ 的所有点的集合，其中实数 $M>0$，称为无穷远点的邻域. 换句话说，无穷远点的邻域是包括无穷远点自身在内的圆 $|z|=M$ 的外部. 不包括无穷远点自身在内，仅满足 $|z|>M$ 的所有点的集合，称为无穷远点的去心邻域，它可表示为 $M<|z|<+\infty$.

区域 D 与它的边界一起构成闭区域或闭域，记作 $\overline{D}$.

如果一个区域 D 可以被包含在一个以原点为中心的圆里面，即存在正数 M，使区域 D 的每个点 z 都满足 $|z|<M$，那么 D 称为有界的，否则称为无界的.

例如，满足不等式 $r_1<|z-z_0|<r_2$ 的所有点构成一个区域，而且是有界的，区域的边界由两个圆周 $|z-z_0|=r_1$ 和 $|z-z_0|=r_2$ 组成（图 1.12(a)），称为圆环域. 如果在圆环域内去掉一个（或几个）点，它仍然构成区域，只是区域的边界由两个圆周和一个（或几个）孤立的点所组成（图 1.12(b)）. 这两个区域都是有界的，而圆的外部：$|z-z_0|>R$，上半平面：$\mathrm{Im}z>0$、角形域：$0<\arg z<\varphi$ 及带形域：$a<\mathrm{Im}z<b$ 等都是无界区域.

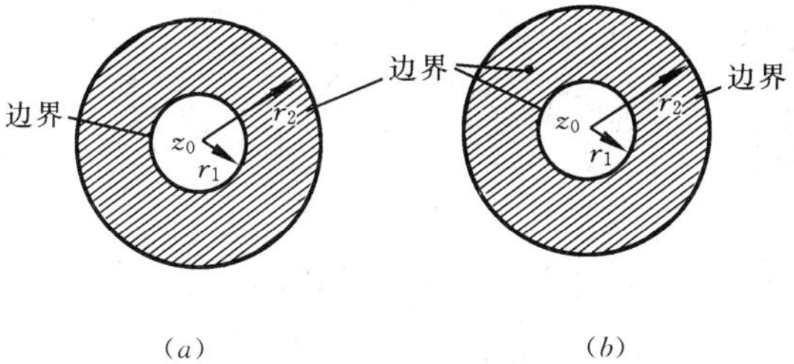

图 1.12

2. 单连通域与多连通域 先介绍几个有关平面曲线的概念.

我们知道，如果 $x(t)$ 和 $y(t)$ 是两个连续的实变函数，那么，方程组

$$x=x(t),\ y=y(t),\ (a\leqslant t\leqslant b)$$

代表一条平面曲线，称为连续曲线. 如果令

$$z(t)=x(t)+iy(t),$$

那么这曲线就可以用一个方程

$$z=z(t)\quad (a\leqslant t\leqslant b)$$

来代表，这就是平面曲线的复数表示式. 如果在区间 $a\leqslant t\leqslant b$ 上

$x'(t)$和 $y'(t)$都是连续的，且对于 t 的每一个值，有

$$[x'(t)]^2+[y'(t)]^2\neq 0,$$

那么这曲线称为光滑的. 由几段依次相接的光滑曲线所组成的曲线称为按段光滑曲线.

设 $C:z=z(t)(a\leqslant t\leqslant b)$为一条连续曲线，$z(a)$与 $z(b)$分别称为 C 的起点与终点. 对于满足 $a<t_1<b,a\leqslant t_2\leqslant b$ 的 t_1 与 t_2，当 $t_1\neq t_2$而有 $z(t_1)=z(t_2)$时，点 $z(t_1)$称为曲线 C 的重点. 没有重点的连续曲线 C，称为简单曲线或若尔当(Jardan)曲线. 如果简单曲线 C 的起点与终点重合，即 $z(a)=z(b)$，那么曲线 C 称为简单闭曲线(图 1.13(a)). 由此可知，简单曲线自身不会相交. 图 1.13(c)与 1.13(d)都不是简单曲线.

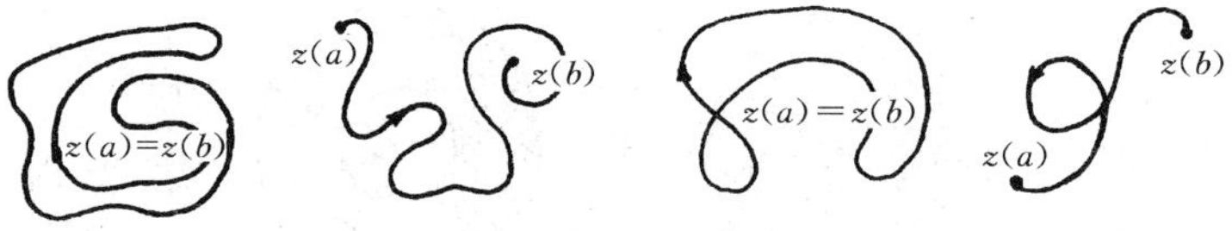

简单、闭 (a)　简单、不闭 (b)　不简单、闭 (c)　不简单、不闭 (d)

图 1.13

任意一条简单闭曲线 C 把整个复平面唯一地分成三个互不相交的点集，其中除去 C 以外，一个是有界区域，称为 C 的内部，另一个是无界区域，称为 C 的外部，C 为它们的公共边界. 简单闭曲线的这一性质，其几何直观意义是很清楚的.

定义 复平面上的一个区域 B，如果在其中任作一条简单闭曲线，而曲线的内部总属于 B，就称为单连通域(图 1.14(a)). 一个区域如果不是单连通域，就称为多连通域(图 1.14(b)).

一条简单闭曲线的内部是单连通域(图 1.14(a)). 单连通域 B 具有这样的特征：属于 B 的任何一条简单闭曲线，在 B 内可以

经过连续的变形而缩成一点,而多连通域就不具有这个特征.

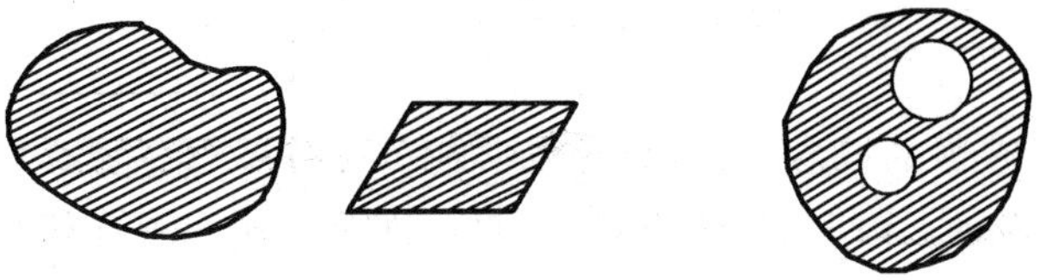

(*a*)　　　　　　　　(*b*)

图 1.14

§5 复变函数

1. 复变函数的定义

定义 设 G 是一个复数 $z=x+iy$ 的集合. 如果有一个确定的法则存在,按照这一法则,对于集合 G 中的每一个复数 z,就有一个或几个复数 $w=u+iv$ 与之对应,那么称复变数 w 是复变数 z 的函数(简称复变函数),记作

$$w=f(z).$$

如果 z 的一个值对应着 w 的一个值,那么我们称函数 $f(z)$ 是单值的;如果 z 的一个值对应着 w 的两个或两个以上的值,那么我们称函数 $f(z)$ 是多值的. 集合 G 称为 $f(z)$ 的定义集合,对应于 G 中所有 z 的一切 w 值所成的集合 G^*,称为函数值集合.

在以后的讨论中,定义集合 G 常常是一个平面区域,称之为定义域. 并且,如无特别声明,所讨论的函数均为单值函数.

由于给定了一个复数 $z=x+iy$ 就相当于给定了两个实数 x 和 y,而复数 $w=u+iv$ 亦同样地对应着一对实数 u 和 v,所以复变函数 w 和自变量 z 之间的关系 $w=f(z)$ 相当于两个关系式:

$$u=u(x,y),\ v=v(x,y),$$

它们确定了自变量为 x 和 y 的两个二元实变函数.

例如,考察函数 $w=z^2$. 令 $z=x+iy$, $w=u+iv$,那么

$$u+iv=(x+iy)^2=x^2-y^2+2xyi,$$

因而函数 $w=z^2$ 对应于两个二元实变函数：

$$u=x^2-y^2, \quad v=2xy.$$

2. 映射的概念 在《高等数学》中，我们常把实变函数用几何图形来表示，这些几何图形，可以直观地帮助我们理解和研究函数的性质. 对于复变函数，由于它反映了两对变量 u、v 和 x、y 之间的对应关系，因而无法用同一个平面内的几何图形表示出来，必须把它看成两个复平面上的点集之间的对应关系.

如果用 z 平面上的点表示自变量 z 的值，而用另一个平面——w 平面——上的点表示函数 w 的值，那么函数 $w=f(z)$ 在几何上就可以看做是把 z 平面上的一个点集 G（定义集合）变到 w 平面上的一个点集 G^*（函数值集合）的映射（或变换）. 这个映射通常简称为由函数 $w=f(z)$ 所构成的映射. 如果 G 中的点 z 被映射 $w=f(z)$ 映射成 G^* 中的点 w，那么 w 称为 z 的象（映象），而 z 称为 w 的原象.

例如，函数 $w=\bar{z}$ 所构成的映射，显然把 z 平面上的点 $z=a+ib$ 映射成 w 平面上的点 $w=a-ib$；$z_1=2+3i$ 映射成 $w_1=2-3i$；$z_2=1-2i$ 映射成 $w_2=1+2i$，$\triangle ABC$ 映成 $\triangle A'B'C'$，等等（图 1.15(a)）.

如果把 z 平面和 w 平面重叠在一起，不难看出，函数 $w=\bar{z}$ 是关于实轴的一个对称映射. 因此，一般地，通过映射 $w=\bar{z}$，z 平面上的任一图形的映象是关于实轴对称的一个全同图形（图 1.15(b)）.

再来研究函数 $w=z^2$ 所构成的映射. 不难算得，通过函数 $w=z^2$，点 $z_1=i$，$z_2=1+2i$ 和 $z_3=-1$ 分别映射到点 $w_1=-1$，$w_2=-3+4i$ 和 $w_3=1$（图 1.16）.

根据 § 3 关于乘法的模与辐角的定理可知，通过映射 $w=z^2$，z 的辐角增大一倍. 因此，z 平面上与正实轴交角为 α 的角形域映射成 w 平面上与正实轴交角为 2α 的角形域，如图 1.16 中阴影部分所示.

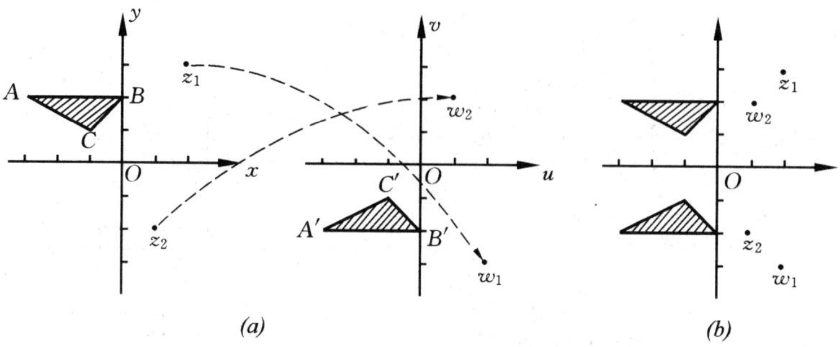

图 1.15

由于函数 $w=z^2$ 对应于两个二元实变函数:

$$u=x^2-y^2, \quad v=2xy. \tag{1.5.1}$$

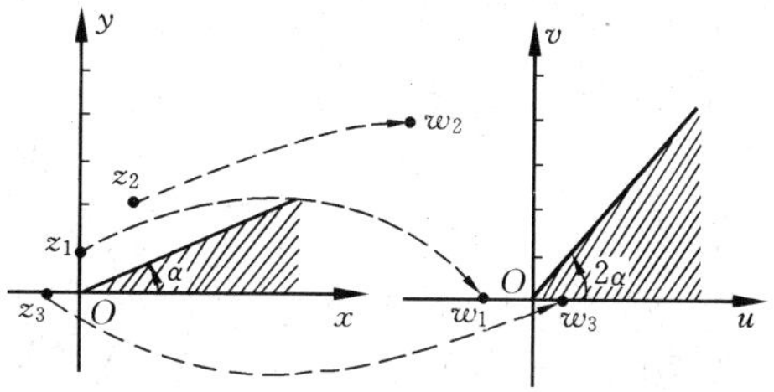

图 1.16

因此,它把 z 平面上的两族分别以直线 $y=\pm x$ 和坐标轴为渐近线的等轴双曲线

$$x^2-y^2=c_1, \quad 2xy=c_2$$

分别映射成 w 平面上的两族平行直线

$$u=c_1, \quad v=c_2,$$

如图 1.17 所示. 图 1.17(a)中两块阴影部分映射成图 1.17(b)中的同一个长方形.

下面再根据(1.5.1)式来确定直线 $x=\lambda$(常数)与 $y=\mu$(常

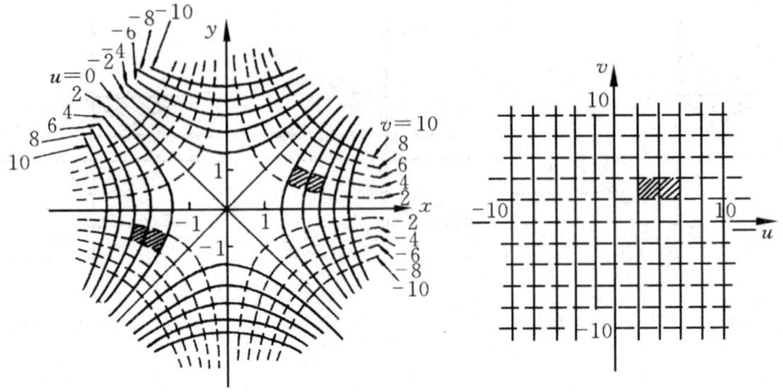

(a)　　　　　　　　(b)

图 1.17

数)的象. 直线 $x=\lambda$ 的象的参数方程为

$$u=\lambda^2-y^2,\ v=2\lambda y,$$

其中 y 为参数. 消去参数 y 得直角坐标方程为

$$v^2=4\lambda^2(\lambda^2-u),$$

它的图形是以原点为焦点、向左张开的抛物线(图 1.18 中的虚线).

同样,直线 $y=\mu$ 的象的方程为

$$v^2=4\mu^2(\mu^2+u),$$

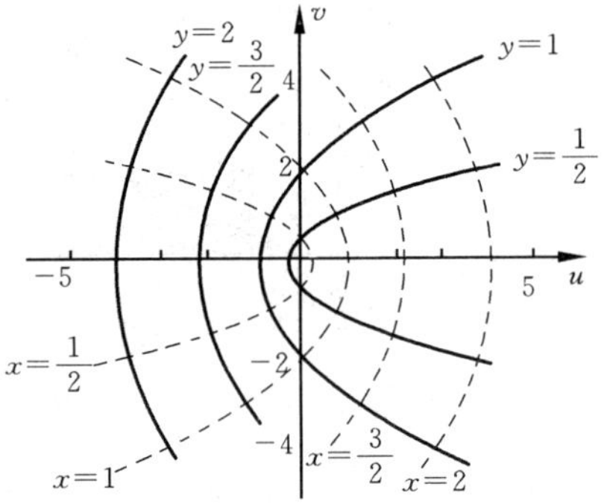

图 1.18

它的图形是以原点为焦点、向右张开的抛物线(图 1.18 中的实线).

跟实变函数一样,复变函数也有反函数的概念. 假定函数 $w=f(z)$ 的定义集合为 z 平面上的集合 G,函数值集合为 w 平面上的集合 G^*,那么 G^* 中的每一个点 w 必将对应着 G 中的一个(或几个)点. 按照函数的定义,在 G^* 上就确定了一个单值(或多值)函

数 $z=\varphi(w)$，它称为函数 $w=f(z)$ 的反函数，也称为映射 $w=f(z)$ 的逆映射.

从反函数的定义可知，对于任意的 $w \in G^*$，有

$$w=f[\varphi(w)],$$

当反函数为单值函数时，也有

$$z=\varphi[f(z)], z \in G.$$

今后，我们不再区分函数与映射（变换）. 如果函数（映射）$w=f(z)$ 与它的反函数（逆映射）$z=\varphi(w)$ 都是单值的，那么称函数（映射）$w=f(z)$ 是一一的. 此时，我们也称集合 G 与集合 G^* 是一一对应的.

§6　复变函数的极限和连续性

1. 函数的极限

定义　设函数 $w=f(z)$ 定义在 z_0 的去心邻域 $0<|z-z_0|<\rho$ 内. 如果有一确定的数 A 存在，对于任意给定的 $\varepsilon>0$，相应地必有一正数 $\delta(\varepsilon)$（$0<\delta\leqslant\rho$），使得当 $0<|z-z_0|<\delta$ 时有

$$|f(z)-A|<\varepsilon,$$

那么称 A 为 $f(z)$ 当 z 趋向于 z_0 时的极限，记作 $\lim\limits_{z\to z_0} f(z)=A$，或记作当 $z\to z_0$ 时，$f(z)\to A$（图 1.19）.

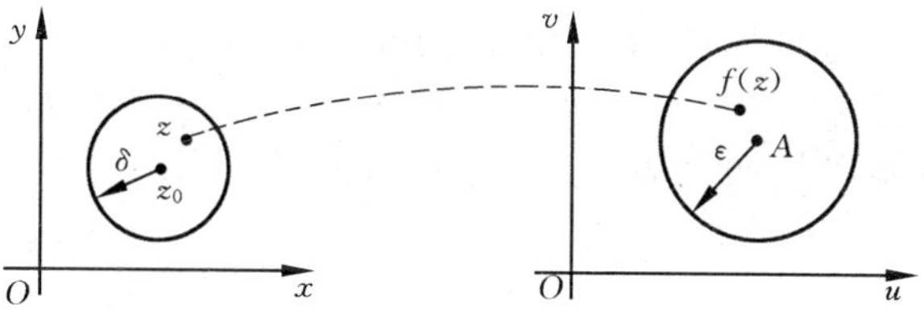

图 1.19

这个定义的几何意义是：当变点 z 一旦进入 z_0 的充分小的 δ 去心邻域时，它的象点 $f(z)$ 就落入 A 的预先给定的 ε 邻域中. 跟一元实变函数极限的几何意义相比十分类似，只是这里用圆形邻域代替了那里的邻区.

应当注意，定义中 z 趋向于 z_0 的方式是任意的，就是说，无论 z 从什么方向，以何种方式趋向于 z_0，$f(z)$ 都要趋向于同一个常数 A. 这比对一元实变函数极限定义的要求苛刻得多.

关于极限的计算，有下面两个定理.

定理一 设 $f(z)=u(x,y)+iv(x,y)$，$A=u_0+iv_0$，$z_0=x_0+iy_0$，那么 $\lim\limits_{z\to z_0} f(z)=A$ 的充要条件是

$$\lim_{\substack{x\to x_0\\ y\to y_0}} u(x,y)=u_0,\quad \lim_{\substack{x\to x_0\\ y\to y_0}} v(x,y)=v_0.$$

［证］ 如果 $\lim\limits_{z\to z_0} f(z)=A$，那么根据极限的定义，就有：

当 $0<|(x+iy)-(x_0+iy_0)|<\delta$ 时，

$$|(u+iv)-(u_0+iv_0)|<\varepsilon.$$

或当 $0<\sqrt{(x-x_0)^2+(y-y_0)^2}<\delta$ 时，

$$|(u-u_0)+i(v-v_0)|<\varepsilon.$$

因此，当 $0<\sqrt{(x-x_0)^2+(y-y_0)^2}<\delta$ 时，

$$|u-u_0|<\varepsilon,\ |v-v_0|<\varepsilon.$$

这就是说

$$\lim_{\substack{x\to x_0\\ y\to y_0}} u(x,y)=u_0,\quad \lim_{\substack{x\to x_0\\ y\to y_0}} v(x,y)=v_0.$$

反之，如果上面两式成立，那么当 $0<\sqrt{(x-x_0)^2+(y-y_0)^2}<\delta$ 时，有

$$|u-u_0|<\frac{\varepsilon}{2},\qquad |v-v_0|<\frac{\varepsilon}{2}.$$

而 $|f(z)-A|=|(u-u_0)+i(v-v_0)|\leqslant|u-u_0|+|v-v_0|$，所以，当 $0<|z-z_0|<\delta$ 时，有

$$|f(z)-A|<\frac{\varepsilon}{2}+\frac{\varepsilon}{2}=\varepsilon,$$

即
$$\lim_{z\to z_0}f(z)=A.$$

［证毕］

这个定理将求复变函数 $f(z)=u(x,y)+iv(x,y)$ 的极限问题转化为求两个二元实变函数 $u=u(x,y)$ 和 $v=v(x,y)$ 的极限问题.

根据定理一,读者不难证明,下面的极限有理运算法则对于复变函数也成立.

定理二　如果 $\lim\limits_{z\to z_0}f(z)=A$, $\lim\limits_{z\to z_0}g(z)=B$,那么

1) $\lim\limits_{z\to z_0}[f(z)\pm g(z)]=A\pm B$;

2) $\lim\limits_{z\to z_0}f(z)g(z)=AB$;

3) $\lim\limits_{z\to z_0}\dfrac{f(z)}{g(z)}=\dfrac{A}{B}\quad(B\neq 0)$.

例　证明函数 $f(z)=\dfrac{\mathrm{Re}(z)}{|z|}$ 当 $z\to 0$ 时的极限不存在.

［证］　令 $z=x+iy$,则

$$f(z)=\frac{x}{\sqrt{x^2+y^2}},$$

由此得 $u(x,y)=\dfrac{x}{\sqrt{x^2+y^2}}$, $v(x,y)=0$. 让 z 沿直线 $y=kx$ 趋于零,我们有

$$\lim_{\substack{x\to 0\\(y=kx)}}u(x,y)=\lim_{\substack{x\to 0\\(y=kx)}}\frac{x}{\sqrt{x^2+y^2}}=\lim_{x\to 0}\frac{x}{\sqrt{(1+k^2)x^2}}=\pm\frac{1}{\sqrt{1+k^2}}.$$

显然,它随 k 的不同而不同,所以 $\lim\limits_{\substack{x\to 0\\y\to 0}}u(x,y)$ 不存在. 虽然 $\lim\limits_{\substack{x\to 0\\y\to 0}}v(x,y)=0$,但根据定理一, $\lim\limits_{z\to 0}f(z)$ 不存在.

此题也可以用另一种方法证明. 令 $z=r(\cos\theta+i\sin\theta)$,则

$$f(z)=\frac{r\cos\theta}{r}=\cos\theta.$$

当 z 沿不同射线 $\arg z=\theta$ 趋于零时，$f(z)$ 趋于不同的值。例如，z 沿正实轴 $\arg z=0$ 趋于 0 时，$f(z)\to 1$；z 沿 $\arg z=\dfrac{\pi}{2}$ 趋于 0 时，$f(z)\to 0$. 故 $\lim\limits_{z\to 0}f(z)$ 不存在.

2. 函数的连续性

定义 如果 $\lim\limits_{z\to z_0}f(z)=f(z_0)$，那么我们就说 $f(z)$ 在 z_0 处连续. 如果 $f(z)$ 在区域 D 内处处连续，我们说 $f(z)$ 在 D 内连续.

根据这个定义和上述定理一，容易证明下面的定理三.

定理三 函数 $f(z)=u(x,y)+iv(x,y)$ 在 $z_0=x_0+iy_0$ 处连续的充要条件是：$u(x,y)$ 和 $v(x,y)$ 在 (x_0,y_0) 处连续.

例如，函数 $f(z)=\ln(x^2+y^2)+i(x^2-y^2)$ 在复平面内除原点外处处连续，因为 $u=\ln(x^2+y^2)$ 除原点外是处处连续的，而 $v=x^2-y^2$ 是处处连续的.

由定理二和定理三，还可以推得下面的定理四.

定理四 1）在 z_0 连续的两个函数 $f(z)$ 与 $g(x)$ 的和、差、积、商（分母在 z_0 不为零）在 z_0 处仍连续；

2）如果函数 $h=g(z)$ 在 z_0 连续，函数 $w=f(h)$ 在 $h_0=g(z_0)$ 连续，那么复合函数 $w=f[g(z)]$ 在 z_0 处连续.

从以上这些定理，我们可以推得有理整函数（多项式）

$$w=P(z)=a_0+a_1z+a_2z^2+\cdots+a_nz^n$$

对复平面内所有的 z 都是连续的，而有理分式函数

$$w=\frac{P(z)}{Q(z)},$$

其中 $P(z)$ 和 $Q(z)$ 都是多项式，在复平面内使分母不为零的点也是连续的.

还应指出，所谓函数 $f(z)$ 在曲线 C 上 z_0 点处连续的意义是指

$$\lim_{z\to z_0}f(z)=f(z_0),\quad z\in C.$$

在闭曲线或包括曲线端点在内的曲线段上连续的函数 $f(z)$，在曲线上是有界的. 即存在一正数 M，在曲线上恒有

$$|f(z)|\leqslant M.$$

小　结

本章学习了复数的概念、运算及其表示和复变函数的概念及其极限、连续两部分内容.

1. 复数的概念、运算及其表示方法虽然大多在中学已经学过,但由于它们是今后学习的基础,因此仍应通过复习,做到熟练掌握,灵活应用。以下几点应当特别注意:

(1) 要正确理解辐角的多值性,即

$$\mathrm{Arg}z=\arg z+2k\pi\quad(k=0,\pm1,\pm2,\cdots),$$

掌握根据由给定非零复数 z 在复平面上的位置确定辐角主值 $\arg z$ 的方法,即关系式(1.2.4).

(2) 熟悉两个复数 z_1 与 z_2 乘积和商的辐角公式:

$$\mathrm{Arg}(z_1z_2)=\mathrm{Arg}z_1+\mathrm{Arg}z_2,$$

$$\mathrm{Arg}\left(\frac{z_1}{z_2}\right)=\mathrm{Arg}z_1-\mathrm{Arg}z_2.$$

对于这两个公式,应理解为等式两端可能取的值的全体相同。

(3) 由于复数可以用平面上的点与向量来表示,因此我们能用复数形式的方程(或不等式)表示一些平面图形,解决有关的许多几何问题。例如,向量的旋转就可以用该向量所表示的复数乘上一个模为 1 的复数去实现.

(4) 为了用球面上的点来表示复数,引入了无穷远点和扩充复平面的概念. 无穷远点与无穷大∞这个复数相对应. 所谓无穷大∞,是指模为正无穷大(辐角无意义)的唯一的一个复数,不要与实数中的无穷大或正、负无穷大混为一谈.

2. 复变函数及其极限、连续等概念是《高等数学》中相应概念的推广. 它们既有相似之处,又有不同之点;既有联系,又有区别. 读者在学习中应当善于比较,深刻理解,决不可忽视.

(1) 平面曲线(特别是简单闭曲线、光滑或按段光滑曲线)和平面区域(包括单连通域与多连通域)是复变函数理论的几何基础,读者应当熟悉这些概念,会用复数表达式表示一些常见平面曲线与区域,或者根据给定的表达式画出它所表示的平面曲线或区域,这在今后的学习中是非常重要的.

(2) 复变函数的定义与一元实变函数的定义完全一样,只要将后者定义中的"实数"换为"复数"就行了.将一个复变函数 $w=f(z)$ 看成是从 z 平面上的点集 G(如点、线、区域等)变到 w 平面上的点集 G^* 的一个映射,使我们对所研究的问题直观化、几何化.当学习共形映射时,会进一步认识它的重要性。实际上,在现代数学中,"函数"与"映射"(或"变换")的概念并无本质上的区别,只是后者的涵义更广泛而已。

(3) 复变函数极限的定义与一元实变函数极限的定义虽然在形式上相似,但实质上却有很大差异,它较之后者的要求苛刻得多.在讨论一元实变函数的极限 $\lim\limits_{x\to x_0} f(x)$ 时,$x\to x_0$ 是指 x 在 x_0 的邻区内从 x_0 的左右以任何方式趋于 x_0.而在讨论复变函数的极限 $\lim\limits_{z\to z_0} f(z)$ 时,$z\to z_0$ 不仅可以从 z_0 的左右两个方向趋于 z_0,而且可以从 z_0 的四面八方以任何方式趋于 z_0.这正是复变函数与实变函数有许多不同点的原因所在.例如,第二章中将会看到,复变函数可导性的要求较之实变函数高得多.

(4) 复变函数 $w=f(z)=u(x,y)+iv(x,y)$ 有极限存在等价于它的实部 $u(x,y)$ 和虚部 $v(x,y)$ 同时有极限存在;复变函数 $w=u(x,y)+iv(x,y)$ 连续等价于它的实部 $u(x,y)$ 和虚部 $v(x,y)$ 同时连续.因此,我们可以将研究复变函数的极限、连续等问题转化为研究两个二元实变函数 $u(x,y)$ 与 $v(x,y)$ 的相应问题,从而能证明复变函数的极限、连续的许多基本性质和运算法则与实变函数相同.读者不妨利用这个思想去证明 §6 的定理二和定理四.实际上还可以证明:在有界闭域 B 上的连续函数 $w=f(z)$ 具有有界性(即存在常数 $M>0$,使 $|f(z)|\leqslant M, z\in B$),并且 $|f(z)|$

在 B 上能达到最大值与最小值(即存在 $z_1, z_2 \in B$,使 $|f(z)| \leqslant |f(z_1)|, |f(z)| \geqslant |f(z_2)|, z \in B$).

第一章习题

1. 求下列复数 z 的实部与虚部,共轭复数、模与辐角:

   1) $\dfrac{1}{3+2i}$;　　2) $\dfrac{1}{i}-\dfrac{3i}{1-i}$;

   3) $\dfrac{(3+4i)(2-5i)}{2i}$;　　4) $i^8-4i^{21}+i$.

2. 当 x、y 等于什么实数时,等式 $\dfrac{x+1+i(y-3)}{5+3i}=1+i$ 成立?

3. 证明虚单位 i 有这样的性质:$-i=i^{-1}=\bar{i}$.

4. 证明

   1) $|z|^2=z\bar{z}$;　　2) $\overline{z_1 \pm z_2}=\bar{z}_1 \pm \bar{z}_2$;

   3) $\overline{z_1 z_2}=\bar{z}_1 \bar{z}_2$;　　4) $\overline{\left(\dfrac{z_1}{z_2}\right)}=\dfrac{\bar{z}_1}{\bar{z}_2}, z_2 \neq 0$;

   5) $\bar{\bar{z}}=z$;

   6) $\mathrm{Re}(z)=\dfrac{1}{2}(\bar{z}+z), \mathrm{Im}(z)=\dfrac{1}{2i}(z-\bar{z})$.

5. 对任何 z,$z^2=|z|^2$ 是否成立?如果是,就给出证明.如果不是,对哪些 z 值才成立?

6. 当 $|z| \leqslant 1$ 时,求 $|z^n+a|$ 的最大值,其中 n 为正整数,a 为复数.

7. 判定下列命题的真假:

   1) 若 c 为实常数,则 $c=\bar{c}$;

   2) 若 z 为纯虚数,则 $z \neq \bar{z}$;

   3) $i<2i$;

   4) 零的辐角是零;

   5) 仅存在一个数 z,使得 $\dfrac{1}{z}=-z$;

   6) $|z_1+z_2|=|z_1|+|z_2|$;

   7) $\dfrac{1}{i}\bar{z}=\overline{iz}$.

8. 将下列复数化为三角表示式和指数表示式:

   1) i;　　2) -1;

3) $1+i\sqrt{3}$； 4) $1-\cos\varphi+i\sin\varphi\quad(0\leqslant\varphi\leqslant\pi)$；

5) $\dfrac{2i}{-1+i}$； 6) $\dfrac{(\cos5\varphi+i\sin5\varphi)^2}{(\cos3\varphi-i\sin3\varphi)^3}$.

9. 将下列坐标变换公式写成复数的形式：

1) 平移公式：$\begin{cases}x=x_1+a_1,\\ y=y_1+b_1;\end{cases}$

2) 旋转公式：$\begin{cases}x=x_1\cos\alpha-y_1\sin\alpha,\\ y=x_1\sin\alpha+y_1\cos\alpha.\end{cases}$

10. 一个复数乘以$-i$,它的模与辐角有何改变？

11. 证明：$|z_1+z_2|^2+|z_1-z_2|^2=2(|z_1|^2+|z_2|^2)$,并说明其几何意义.

12. 证明下列各题：

1) 任何有理分式函数$R(z)=\dfrac{P(z)}{Q(z)}$可以化为$X+iY$的形式,其中X与Y为具有实系数的x与y的有理分式函数；

2) 如果$R(z)$为1)中的有理分式函数,但具有实系数,那么$R(\bar{z})=X-iY$.

3) 如果复数$a+ib$是实系数方程

$$a_0z^n+a_1z^{n-1}+\cdots+a_{n-1}z+a_n=0$$

的根,那么$a-ib$也是它的根.

13. 如果$z=e^{it}$,证明：

1) $z^n+\dfrac{1}{z^n}=2\cos nt$； 2) $z^n-\dfrac{1}{z^n}=2i\sin nt$.

14. 求下列各式的值：

1) $(\sqrt{3}-i)^5$； 2) $(1+i)^6$；

3) $\sqrt[6]{-1}$； 4) $(1-i)^{1/3}$.

15. 若$(1+i)^n=(1-i)^n$,试求n的值.

16. 1) 求方程$z^3+8=0$的所有根；

2) 求微分方程$y'''+8y=0$的一般解.

17. 在平面上任意选一点z,然后在复平面上画出下列各点的位置：

$$-z,\bar{z},-\bar{z},\frac{1}{z},\frac{1}{\bar{z}},-\frac{1}{\bar{z}}.$$

18. 已知两点z_1与z_2(或已知三点z_1,z_2,z_3),问下列各点z位于何处？

1) $z=\dfrac{1}{2}(z_1+z_2)$；

2) $z=\lambda z_1+(1-\lambda)z_2$，其中 λ 为实数；

3) $z=\frac{1}{3}(z_1+z_2+z_3)$.

19. 设 z_1、z_2、z_3 三点适合条件：$z_1+z_2+z_3=0$，$|z_1|=|z_2|=|z_3|=1$. 证明：z_1、z_2、z_3 是内接于单位圆 $|z|=1$ 的一个正三角形的顶点.

20. 如果复数 z_1、z_2、z_3 满足等式

$$\frac{z_2-z_1}{z_3-z_1}=\frac{z_1-z_3}{z_2-z_3},$$

证明

$$|z_2-z_1|=|z_3-z_1|=|z_2-z_3|.$$

并说明这些等式的几何意义.

21. 指出下列各题中点 z 的轨迹或所在范围，并作图：

1) $|z-5|=6$；　　2) $|z+2i|\geqslant 1$；

3) $\mathrm{Re}(z+2)=-1$；　　4) $\mathrm{Re}(i\bar{z})=3$；

5) $|z+i|=|z-i|$；　　6) $|z+3|+|z+1|=4$；

7) $\mathrm{Im}(z)\leqslant 2$；　　8) $\left|\frac{z-3}{z-2}\right|\geqslant 1$；

9) $0<\arg z<\pi$；　　10) $\arg(z-i)=\frac{\pi}{4}$.

22. 描出下列不等式所确定的区域或闭区域，并指明它是有界的还是无界的，单连通的还是多连通的：

1) $\mathrm{Im}(z)>0$；　　2) $|z-1|>4$；

3) $0<\mathrm{Re}(z)<1$；　　4) $2\leqslant|z|\leqslant 3$；

5) $|z-1|<|z+3|$；　　6) $-1<\arg z<-1+\pi$；

7) $|z-1|<4|z+1|$；　　8) $|z-2|+|z+2|\leqslant 6$；

9) $|z-2|-|z+2|>1$；

10) $z\bar{z}-(2+i)z-(2-i)\bar{z}\leqslant 4$.

23. 证明复平面上的直线方程可写成：

$$\alpha\bar{z}+\bar{\alpha}z=c,\ (\alpha\neq 0 \text{ 为复常数}, c \text{ 为实常数}).$$

24. 证明复平面上的圆周方程可写成：

$$z\bar{z}+\alpha\bar{z}+\bar{\alpha}z+c=0,\ (\text{其中 } \alpha \text{ 为复常数}, c \text{ 为实常数}).$$

25. 将下列方程(t 为实参数)给出的曲线用一个实直角坐标方程表出：

1) $z=t(1+i)$；　　2) $z=a\cos t+ib\sin t$，(a，b 为实常数)；

3) $z=t+\frac{i}{t}$；　　4) $z=t^2+\frac{i}{t^2}$；

5) $z=a\operatorname{ch}t+ib\operatorname{sh}t$,($a,b$ 为实常数)；

6) $z=ae^{it}+be^{-it}$；　　7) $z=e^{\alpha t}$ ($\alpha=a+bi$ 为复数).

26. 函数 $w=\frac{1}{z}$ 把下列 z 平面上的曲线映射成 w 平面上怎样的曲线?

1) $x^2+y^2=4$；　　2) $y=x$；

3) $x=1$；　　4) $(x-1)^2+y^2=1$.

27. 已知映射 $w=z^3$,求：

1) 点 $z_1=i,z_2=1+i,z_3=\sqrt{3}+i$ 在 w 平面上的象；

2) 区域 $0<\arg z<\frac{\pi}{3}$ 在 w 平面上的象.

28. 证明 § 6 定理二与定理三.

29. 设函数 $f(z)$ 在 z_0 连续且 $f(z_0)\neq 0$,那么可找到 z_0 的小邻域,在这邻域内 $f(z)\neq 0$.

30. 设 $\lim\limits_{z\to z_0}f(z)=A$,证明 $f(z)$ 在 z_0 的某一去心邻域内是有界的,即存在一个实常数 $M>0$,使在 z_0 的某一去心邻域内有 $|f(z)|\leqslant M$.

31. 设

$$f(z)=\frac{1}{2i}\left(\frac{z}{\bar{z}}-\frac{\bar{z}}{z}\right),(z\neq 0).$$

试证当 $z\to 0$ 时 $f(z)$ 的极限不存在.

32. 试证 $\arg z$ 在原点与负实轴上不连续.

第二章　解析函数

解析函数是复变函数研究的主要对象，它在理论和实际问题中有着广泛的应用.本章在介绍复变函数导数概念和求导法则的基础上，着重讲解解析函数的概念及判别方法；接着，介绍一些常用的初等函数，说明它们的解析性；最后以平面流速场和静电场的复势为例，说明解析函数在研究平面场问题中的应用.

§1　解析函数的概念

1. 复变函数的导数与微分

i）导数的定义

定义　设函数 $w=f(z)$ 定义于区域 D. z_0 为 D 中的一点，点 $z_0+\Delta z$ 不出 D 的范围.如果极限

$$\lim_{\Delta z\to 0}\frac{f(z_0+\Delta z)-f(z_0)}{\Delta z}$$

存在，那么就说 $f(z)$ 在 z_0 可导.这个极限值称为 $f(z)$ 在 z_0 的导数，记作

$$f'(z_0)=\left.\frac{dw}{dz}\right|_{z=z_0}=\lim_{\Delta z\to 0}\frac{f(z_0+\Delta z)-f(z_0)}{\Delta z}. \qquad (2.1.1)$$

也就是说，对于任意给定的 $\varepsilon>0$，相应地有一个 $\delta(\varepsilon)>0$，使得当 $0<|\Delta z|<\delta$ 时，有

$$\left|\frac{f(z_0+\Delta z)-f(z_0)}{\Delta z}-f'(z_0)\right|<\varepsilon.$$

应当注意，定义中 $z_0+\Delta z\to z_0$（即 $\Delta z\to 0$）的方式是任意的，定义中极限值存在的要求与 $z_0+\Delta z\to z_0$ 的方式无关.也就是说，当 $z_0+\Delta z$ 在区域 D 内以任何方式趋于 z_0 时，比值 $\dfrac{f(z_0+\Delta z)-f(z_0)}{\Delta z}$

都趋于同一个数.对于导数的这一限制比对一元实变函数的类似限制要严格得多,从而使复变可导函数具有许多独特的性质和应用.

如果 $f(z)$ 在区域 D 内处处可导,我们就说 $f(z)$ 在 D 内可导.

例 1 求 $f(z)=z^2$ 的导数.

[解] 因为

$$\lim_{\Delta z\to 0}\frac{f(z+\Delta z)-f(z)}{\Delta z}=\lim_{\Delta z\to 0}\frac{(z+\Delta z)^2-z^2}{\Delta z}$$

$$=\lim_{\Delta z\to 0}(2z+\Delta z)=2z,$$

所以

$$f'(z)=2z.$$

例 2 问 $f(z)=x+2yi$ 是否可导?

[解] 这里, $\lim\limits_{\Delta z\to 0}\dfrac{f(z+\Delta z)-f(z)}{\Delta z}$

$$=\lim_{\Delta z\to 0}\frac{(x+\Delta x)+2(y+\Delta y)i-x-2yi}{\Delta z}$$

$$=\lim_{\Delta z\to 0}\frac{\Delta x+2\Delta yi}{\Delta x+\Delta yi}.$$

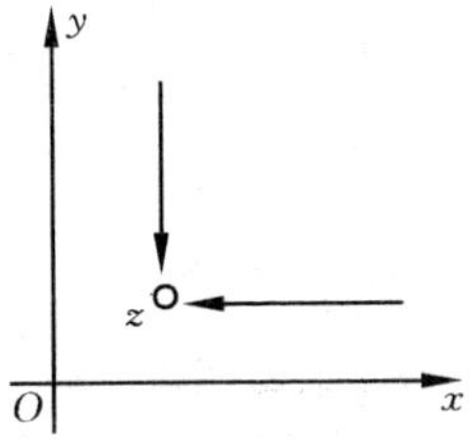

图 2.1

设 $z+\Delta z$ 沿着平行于 x 轴的直线趋向于 z(图 2.1),因而 $\Delta y=0$. 这时极限

$$\lim_{\Delta z\to 0}\frac{\Delta x+2\Delta yi}{\Delta x+\Delta yi}=\lim_{\Delta x\to 0}\frac{\Delta x}{\Delta x}=1.$$

设 $z+\Delta z$ 沿着平行于 y 轴的直线趋向于 z,因而 $\Delta x=0$. 这时极限

$$\lim_{\Delta z\to 0}\frac{\Delta x+2\Delta yi}{\Delta x+\Delta yi}=\lim_{\Delta y\to 0}\frac{2\Delta yi}{\Delta yi}=2.$$

所以 $f(z)=x+2yi$ 的导数不存在.

ii) 可导与连续　从例 2 可以看出,函数 $f(z)=x+2yi$ 在复平面内处处连续却处处不可导. 然而,反过来我们容易证明在 z_0 的可导函数必定在 z_0 连续.

事实上,由在 z_0 可导的定义,对于任给的 $\varepsilon>0$,相应地有一个 $\delta>0$,使得当 $0<|\Delta z|<\delta$ 时,有

$$\left|\frac{f(z_0+\Delta z)-f(z_0)}{\Delta z}-f'(z_0)\right|<\varepsilon.$$

令
$$\rho(\Delta z)=\frac{f(z_0+\Delta z)-f(z_0)}{\Delta z}-f'(z_0),$$

那么
$$\lim_{\Delta z\to 0}\rho(\Delta z)=0.$$

由此得
$$f(z_0+\Delta z)-f(z_0)=f'(z_0)\Delta z+\rho(\Delta z)\Delta z. \qquad (2.1.2)$$

所以
$$\lim_{\Delta z\to 0}f(z_0+\Delta z)=f(z_0),$$

即 $f(z)$在 z_0 连续.

iii) 求导法则　由于复变函数中导数的定义与一元实变函数中导数的定义在形式上完全相同,而且复变函数中的极限运算法则也和实变函数中的一样,因而实变函数中的求导法则都可以不加更改地推广到复变函数中来,而且证法也是相同的. 现将几个求导公式与法则罗列于下:

1) $(c)'=0$,其中 c 为复常数.

2) $(z^n)'=nz^{n-1}$,其中 n 为正整数.

3) $[f(z)\pm g(z)]'=f'(z)\pm g'(z)$.

4) $[f(z)g(z)]'=f'(z)g(z)+f(z)g'(z)$.

5) $\left[\dfrac{f(z)}{g(z)}\right]'=\dfrac{1}{g^2(z)}[g(z)f'(z)-f(z)g'(z)],g(z)\neq 0$.

6) $\{f[g(z)]\}'=f'(w)g'(z)$,其中 $w=g(z)$.

7) $f'(z)=\dfrac{1}{\varphi'(w)}$,其中 $w=f(z)$ 与 $z=\varphi(w)$ 是两个互为反函数的单值函数,且 $\varphi'(w)\neq 0$.

iv) 微分的概念　和导数的情形一样,复变函数的微分概念,在形式上与一元实变函数的微分概念完全一样.

设函数 $w=f(z)$在 z_0 可导,则由(2.1.2)得知
$$\Delta w=f(z_0+\Delta z)-f(z_0)=f'(z_0)\Delta z+\rho(\Delta z)\Delta z.$$
其中$\lim\limits_{\Delta z\to 0}\rho(\Delta z)=0$. 因此,$|\rho(\Delta z)\Delta z|$是$|\Delta z|$的高阶无穷小量,而 $f'(z_0)\Delta z$ 是函数 $w=f(z)$的改变量 Δw 的线性部分. 我们称

$f'(z_0)\Delta z$ 为函数 $w=f(z)$在点 z_0 的微分,记作

$$dw=f'(z_0)\Delta z. \tag{2.1.3}$$

如果函数在 z_0 的微分存在,则称函数$f(z)$在 z_0 可微.

特别,当 $f(z)=z$ 时,由(2.1.3)得 $dz=\Delta z$. 于是(2.1.3)变为

$$dw=f'(z_0)dz,$$

即

$$f'(z_0)=\left.\frac{dw}{dz}\right|_{z=z_0}.$$

由此可见:函数 $w=f(z)$在 z_0 可导与在 z_0 可微是等价的.

如果 $f(z)$在区域 D 内处处可微,则称$f(z)$在 D 内可微.

2. 解析函数的概念 在复变函数理论中,重要的不是只在个别点可导的函数,而是所谓解析函数.

定义 如果函数 $f(z)$在 z_0 及 z_0 的邻域内处处可导,那么称 $f(z)$在 z_0 解析. 如果 $f(z)$在区域 D 内每一点解析,那么称 $f(z)$在 D 内解析,或称 $f(z)$是 D 内的一个解析函数(全纯函数或正则函数).

如果 $f(z)$在 z_0 不解析,那么称 z_0 为 $f(z)$的奇点.

由定义可知,函数在区域内解析与在区域内可导是等价的. 但是,函数在一点处解析和在一点处可导是两个不等价的概念. 就是说,函数在一点处可导,不一定在该点处解析. 函数在一点处解析比在该点处可导的要求要高得多.

例 3 研究函数 $f(z)=z^2$,$g(z)=x+2yi$ 和 $h(z)=|z|^2$ 的解析性.

[解] 由解析函数的定义与本节的例 1、例 2 可知,$f(z)=z^2$ 在复平面内是解析的,而 $g(z)=x+2yi$ 却处处不解析. 下面研究 $h(z)=|z|^2$ 的解析性.

由于

$$\frac{h(z_0+\Delta z)-h(z_0)}{\Delta z}=\frac{|z_0+\Delta z|^2-|z_0|^2}{\Delta z}$$

$$=\frac{(z_0+\Delta z)(\overline{z_0}+\overline{\Delta z})-z_0\overline{z_0}}{\Delta z}=\overline{z_0}+\overline{\Delta z}+z_0\frac{\overline{\Delta z}}{\Delta z},$$

易见，如果 $z_0=0$，那么，当 $\Delta z\to 0$ 时，上式的极限是零. 如果 $z_0\neq 0$，令 $z_0+\Delta z$ 沿直线

$$y-y_0=k(x-x_0)$$

趋于 z_0，由于 k 的任意性，

$$\frac{\overline{\Delta z}}{\Delta z}=\frac{\Delta x-\Delta yi}{\Delta x+\Delta yi}=\frac{1-\dfrac{\Delta y}{\Delta x}i}{1+\dfrac{\Delta y}{\Delta x}i}=\frac{1-ki}{1+ki}$$

不趋于一个确定的值. 所以，当 $\Delta z\to 0$ 时，比值 $\dfrac{h(z_0+\Delta z)-h(z_0)}{\Delta z}$ 的极限不存在.

因此，$h(z)=|z|^2$ 仅在 $z=0$ 处可导，而在其他点都不可导. 由定义，它在复平面内处处不解析.

例 4 研究函数 $w=\dfrac{1}{z}$ 的解析性.

［解］ 因为 w 在复平面内除点 $z=0$ 外处处可导，且

$$\frac{dw}{dz}=-\frac{1}{z^2},$$

所以在除 $z=0$ 外的复平面内，函数 $w=\dfrac{1}{z}$ 处处解析，而 $z=0$ 是它的奇点.

根据求导法则，不难证明：

定理 1）在区域 D 内解析的两个函数 $f(z)$ 与 $g(z)$ 的和、差、积、商（除去分母为零的点）在 D 内解析.

2）设函数 $h=g(z)$ 在 z 平面上的区域 D 内解析，函数 $w=f(h)$ 在 h 平面上的区域 G 内解析. 如果对 D 内的每一个点 z，函数 $g(z)$ 的对应值 h 都属于 G，那么复合函数 $w=f[g(z)]$ 在 D 内解析.

从这个定理可以推知，所有多项式在复平面内是处处解析的，任何一个有理分式函数 $\dfrac{P(z)}{Q(z)}$ 在不含分母为零的点的区域内是解析函数，使分母为零的点是它的奇点.

§2 函数解析的充要条件

在上一节中,我们已经看到并不是每一个复变函数都是解析函数;判别一个函数是否解析,如果只根据解析函数的定义,这往往是困难的.因此,需要寻找判定函数解析的简便方法.

首先考察函数在一点可导(或可微)应当满足什么条件.设函数 $f(z)=u(x,y)+iv(x,y)$ 定义在区域 D 内,并且在 D 内一点 $z=x+iy$ 可导.由(2.1.2)式可知,对于充分小的 $|\Delta z|=|\Delta x+i\Delta y|>0$,有

$$f(z+\Delta z)-f(z)=f'(z)\Delta z+\rho(\Delta z)\Delta z,$$

其中

$$\lim_{\Delta z\to 0}\rho(\Delta z)=0.$$

令 $f(z+\Delta z)-f(z)=\Delta u+i\Delta v$, $f'(z)=a+ib$, $\rho(\Delta z)=\rho_1+i\rho_2$.由上式得

$$\begin{aligned}\Delta u+i\Delta v&=(a+ib)(\Delta x+i\Delta y)+(\rho_1+i\rho_2)(\Delta x+i\Delta y)\\&=(a\Delta x-b\Delta y+\rho_1\Delta x-\rho_2\Delta y)\\&\quad+i(b\Delta x+a\Delta y+\rho_2\Delta x+\rho_1\Delta y).\end{aligned}$$

从而就有

$$\begin{aligned}\Delta u&=a\Delta x-b\Delta y+\rho_1\Delta x-\rho_2\Delta y,\\ \Delta v&=b\Delta x+a\Delta y+\rho_2\Delta x+\rho_1\Delta y.\end{aligned}$$

由于 $\lim\limits_{\Delta z\to 0}\rho(\Delta z)=0$,所以 $\lim\limits_{\substack{\Delta x\to 0\\ \Delta y\to 0}}\rho_1=0$, $\lim\limits_{\substack{\Delta x\to 0\\ \Delta y\to 0}}\rho_2=0$.因此得知 $u(x,y)$ 和 $v(x,y)$ 在 (x,y) 可微,而且满足方程

$$a=\frac{\partial u}{\partial x}=\frac{\partial v}{\partial y},\qquad -b=\frac{\partial u}{\partial y}=-\frac{\partial v}{\partial x}.$$

这就是函数 $f(z)=u(x,y)+iv(x,y)$ 在区域 D 内一点 $z=x+iy$ 可导的必要条件.

方程

$$\frac{\partial u}{\partial x}=\frac{\partial v}{\partial y},\qquad \frac{\partial u}{\partial y}=-\frac{\partial v}{\partial x}\tag{2.2.1}$$

称为柯西-黎曼(Cauchy-Riemann)方程.

实际上，这个条件也是充分的. 换句话说，我们有

定理一 设函数 $f(z)=u(x,y)+iv(x,y)$ 定义在区域 D 内，则 $f(z)$ 在 D 内一点 $z=x+iy$ 可导的充要条件是：$u(x,y)$ 与 $v(x,y)$ 在点 (x,y) 可微，并且在该点满足柯西-黎曼方程

$$\frac{\partial u}{\partial x}=\frac{\partial v}{\partial y},\qquad \frac{\partial u}{\partial y}=-\frac{\partial v}{\partial x}.$$

［证］ 条件的必要性上面已经证明，现在来证明它的充分性.

由于

$$\begin{aligned}f(z+\Delta z)-f(z)&=u(x+\Delta x,y+\Delta y)-u(x,y)\\&\quad+i[v(x+\Delta x,y+\Delta y)-v(x,y)]\\&=\Delta u+i\Delta v,\end{aligned}$$

又因为 $u(x,y)$ 和 $v(x,y)$ 在点 (x,y) 可微，可知

$$\Delta u=\frac{\partial u}{\partial x}\Delta x+\frac{\partial u}{\partial y}\Delta y+\varepsilon_1\Delta x+\varepsilon_2\Delta y,$$

$$\Delta v=\frac{\partial v}{\partial x}\Delta x+\frac{\partial v}{\partial y}\Delta y+\varepsilon_3\Delta x+\varepsilon_4\Delta y,$$

这里

$$\lim_{\substack{\Delta x\to 0\\ \Delta y\to 0}}\varepsilon_k=0\quad (k=1,2,3,4).$$

因此

$$\begin{aligned}f(z+\Delta z)-f(z)=&\left(\frac{\partial u}{\partial x}+i\,\frac{\partial v}{\partial x}\right)\Delta x+\left(\frac{\partial u}{\partial y}+i\,\frac{\partial v}{\partial y}\right)\Delta y\\&+(\varepsilon_1+i\varepsilon_3)\Delta x+(\varepsilon_2+i\varepsilon_4)\Delta y.\end{aligned}$$

根据柯西-黎曼方程

$$\frac{\partial u}{\partial y}=-\frac{\partial v}{\partial x}=i^2\,\frac{\partial v}{\partial x},\qquad \frac{\partial v}{\partial y}=\frac{\partial u}{\partial x},$$

所以

$$\begin{aligned}f(z+\Delta z)-f(z)=&\left(\frac{\partial u}{\partial x}+i\,\frac{\partial v}{\partial x}\right)(\Delta x+i\Delta y)\\&+(\varepsilon_1+i\varepsilon_3)\Delta x+(\varepsilon_2+i\varepsilon_4)\Delta y,\end{aligned}$$

或

$$\begin{aligned}\frac{f(z+\Delta z)-f(z)}{\Delta z}=&\frac{\partial u}{\partial x}+i\,\frac{\partial v}{\partial x}+(\varepsilon_1+i\varepsilon_3)\frac{\Delta x}{\Delta z}\\&+(\varepsilon_2+i\varepsilon_4)\frac{\Delta y}{\Delta z}.\end{aligned}$$

因为 $\left|\frac{\Delta x}{\Delta z}\right|\leqslant 1$，$\left|\frac{\Delta y}{\Delta z}\right|\leqslant 1$，故当 Δz 趋于零时，上式右端的最后两

项都趋于零. 因此

$$f'(z)=\lim_{\Delta z\to 0}\frac{f(z+\Delta z)-f(z)}{\Delta z}=\frac{\partial u}{\partial x}+i\frac{\partial v}{\partial x}.$$

这就是说，函数 $f(z)=u(x,y)+iv(x,y)$ 在点 $z=x+iy$ 处可导.

[证毕]

由定理一证明的末尾及柯西-黎曼方程，立即可以得到函数 $f(z)=u(x,y)+iv(x,y)$ 在点 $z=x+iy$ 处的导数公式：

$$f'(z)=\frac{\partial u}{\partial x}+i\frac{\partial v}{\partial x}=\frac{1}{i}\frac{\partial u}{\partial y}+\frac{\partial v}{\partial y}. \qquad (2.2.2)$$

根据函数在区域内解析的定义及定理一，我们就得到了判断函数在区域 D 内解析的一个充要条件.

定理二 函数 $f(z)=u(x,y)+iv(x,y)$ 在其定义域 D 内解析的充要条件是：$u(x,y)$ 与 $v(x,y)$ 在 D 内可微，并且满足柯西-黎曼方程(2.2.1).

这两个定理是本章的主要定理. 它们不但提供了判断函数 $f(z)$ 在某点是否可导，在区域内是否解析的常用方法，而且给出了一个简洁的求导公式(2.2.2). 是否满足柯西-黎曼方程是定理中的主要条件. 如果 $f(z)$ 在区域 D 内不满足柯西-黎曼方程，那么，$f(z)$ 在 D 内不解析；如果在 D 内满足柯西-黎曼方程，并且 u 和 v 具有一阶连续偏导数(因而 u 和 v 在 D 内可微)，那么，$f(z)$ 在 D 内解析. 对于 $f(z)$ 在一点 $z=x+iy$ 的可导性，也有类似的结论.

例 1 判定下列函数在何处可导，在何处解析：

1) $w=\bar{z}$; 2) $f(z)=e^x(\cos y+i\sin y)$; 3) $w=z\operatorname{Re}(z)$.

[解] 1) 因为 $u=x, v=-y$,

$$\frac{\partial u}{\partial x}=1, \qquad \frac{\partial u}{\partial y}=0$$

$$\frac{\partial v}{\partial x}=0, \qquad \frac{\partial v}{\partial y}=-1.$$

可知柯西-黎曼方程不满足，所以 $w=\bar{z}$ 在复平面内处处不可导，处处不解析.

2）因为 $u=e^x\cos y, v=e^x\sin y$,

$$\frac{\partial u}{\partial x}=e^x\cos y, \qquad \frac{\partial u}{\partial y}=-e^x\sin y,$$

$$\frac{\partial v}{\partial x}=e^x\sin y, \qquad \frac{\partial v}{\partial y}=e^x\cos y,$$

从而

$$\frac{\partial u}{\partial x}=\frac{\partial v}{\partial y}, \qquad \frac{\partial u}{\partial y}=-\frac{\partial v}{\partial x}.$$

并且由于上面四个一阶偏导数都是连续的，所以 $f(z)$ 在复平面内处处可导，处处解析，并且根据(2.2.2)式，有

$$f'(z)=e^x(\cos y+i\sin y)=f(z).$$

这个函数的特点在于它的导数是其本身，今后我们将知道这个函数就是复变函数中的指数函数.

3）由 $w=z\mathrm{Re}(z)=x^2+ixy$，得 $u=x^2, v=xy$，所以

$$\frac{\partial u}{\partial x}=2x, \qquad \frac{\partial u}{\partial y}=0,$$

$$\frac{\partial v}{\partial x}=y, \qquad \frac{\partial v}{\partial y}=x.$$

容易看出，这四个偏导数处处连续，但是仅当 $x=y=0$ 时，它们才满足柯西-黎曼方程，因而函数仅在 $z=0$ 可导，但在复平面内任何地方都不解析.

例 2 设函数 $f(z)=x^2+axy+by^2+i(cx^2+dxy+y^2)$. 问常数 a,b,c,d 取何值时，$f(z)$ 在复平面内处处解析？

[解] 由于

$$\frac{\partial u}{\partial x}=2x+ay, \qquad \frac{\partial u}{\partial y}=ax+2by,$$

$$\frac{\partial v}{\partial x}=2cx+dy, \qquad \frac{\partial v}{\partial y}=dx+2y,$$

从而要使

$$\frac{\partial u}{\partial x}=\frac{\partial v}{\partial y}, \quad \frac{\partial u}{\partial y}=-\frac{\partial v}{\partial x},$$

只需 $2x+ay=dx+2y, 2cx+dy=-ax-2by$.

因此，当 $a=2, b=-1, c=-1, d=2$ 时，此函数在复平面内处处解析.

例 3 如果 $f'(z)$在区域 D 处处为零，那么 $f(z)$在 D 内为一常数.

[**证**] 因为 $f'(z)=\frac{\partial u}{\partial x}+i\frac{\partial v}{\partial x}=\frac{\partial v}{\partial y}-i\frac{\partial u}{\partial y}\equiv 0$,

故
$$\frac{\partial u}{\partial x}=\frac{\partial u}{\partial y}=\frac{\partial v}{\partial x}=\frac{\partial v}{\partial y}\equiv 0,$$
所以 $u=$常数，$v=$常数，因 而 $f(z)$在 D 内是常数.

[证毕]

例 3 与下面的例 4 给出了解析函数的两个重要性质，在许多实际问题中很有用处.

例 4 如果 $f(z)=u+iv$ 为一解析函数，且 $f'(z)\neq 0$，那么曲线族 $u(x,y)=c_1$ 和 $v(x,y)=c_2$ 必互相正交，其中 c_1,c_2 为常数.

[**证**] 由于 $f'(z)=\frac{1}{i}u_y+v_y\neq 0$，故 u_y 与 v_y 必不全为零.

如果在曲线的交点处 u_y 与 v_y 都不为零，由隐函数求导法知，曲线族 $u(x,y)=c_1$ 和 $v(x,y)=c_2$ 中任一条曲线的斜率分别为
$$k_1=-u_x/u_y \text{ 和 } k_2=-v_x/v_y,$$
利用柯西-黎曼方程得
$$k_1\cdot k_2=(-u_x/u_y)\cdot(-v_x/v_y)=(-v_y/u_y)\cdot(u_y/v_y)=-1.$$
因此，曲线族 $u(x,y)=c_1$ 和 $v(x,y)=c_2$ 互相正交.

如果 u_y 与 v_y 中有一个为零，则另一个必不为零，此时容易知道两族中的曲线在交点处的切线一条是水平的，另一条是铅直的，它们仍互相正交.

[证毕]

由例 4 可知，解析函数 $w=z^2=x^2-y^2+2xyi$，当 $z\neq 0$ 时，$\frac{dw}{dz}=2z\neq 0$. 所以曲线族
$$x^2-y^2=c_1,\ 2xy=c_2$$
必互相正交(参见第一章§5 图 1.17(a)).

§3 初等函数

本节将把实变函数中的一些常用 的初等函数推广到复变数的情形，研究这些初等函数的性质，并说明它们的解析性.

1. 指数函数 在《高等数学》中，我们已经知道，指数函数 e^x 对任何实数 x 都是可导的，且 $(e^x)'=e^x$. 为了将它推广到复变数的情形，我们很自然地想到在复平面内定义一个函数 $f(z)$，使它满足下列三个条件：

i) $f(z)$在复平面内处处解析；

ii) $f'(z)=f(z)$；

iii) 当 $\mathrm{Im}(z)=0$ 时，$f(z)=e^x$，其中 $x=\mathrm{Re}(z)$.

在本章§2 例 1 的 2)中早已知道，函数

$$f(z)=e^x(\cos y+i\sin y)$$

是一个在复平面内处处解析的函数，且有 $f'(z)=f(z)$，并从上式显然可见，当 $\mathrm{Im}(z)=y=0$ 时，$f(z)=e^x$. 所以，这个函数是满足条件 i)，ii)，iii)的函数，我们称它为复变数 z 的指数函数，记作

$$\exp z=e^x(\cos y+i\sin y). \tag{2.3.1}$$

这个定义，等价于关系式：

$$\left.\begin{aligned}&|\exp z|=e^x,\\&\mathrm{Arg}(\exp z)=y+2k\pi,\end{aligned}\right\} \tag{2.3.2}$$

其中 k 为任何整数. 由(2.3.2)中的第一式可知

$$\exp z\neq 0.$$

跟 e^x 一样，$\exp z$ 也服从加法定理：

$$\exp z_1\cdot\exp z_2=\exp(z_1+z_2). \tag{2.3.3}$$

事实上，设 $z_1=x_1+iy_1$，$z_2=x_2+iy_2$，按定义有

$$\begin{aligned}\exp z_1\cdot\exp z_2&=e^{x_1}(\cos y_1+i\sin y_1)\cdot e^{x_2}(\cos y_2+i\sin y_2)\\&=e^{x_1+x_2}[(\cos y_1\cos y_2-\sin y_1\sin y_2)+\\&\quad+i(\sin y_1\cos y_2+\cos y_1\sin y_2)]\\&=e^{x_1+x_2}[\cos(y_1+y_2)+i\sin(y_1+y_2)]\end{aligned}$$

$$=\exp(z_1+z_2).$$

鉴于 $\exp z$ 满足条件 iii)，且加法定理也成立，为了方便，我们往往用 e^z 代替 $\exp z$. 但必须注意，这里的 e^z 没有幂的意义，仅仅作为代替 $\exp z$ 的符号使用(幂的意义在下面再讲). 因此我们就有

$$e^z=e^x(\cos y+i\sin y). \tag{2.3.4}$$

特别，当 $x=0$ 时，有

$$e^{iy}=\cos y+i\sin y. \tag{2.3.5}$$

由加法定理，我们可以推出 $\exp z$ 的周期性. 它的周期是 $2k\pi i$，即

$$e^{z+2k\pi i}=e^z\cdot e^{2k\pi i}=e^z,$$

其中 k 为任何整数，这个性质是实变指数函数 e^x 所没有的.

2. 对数函数 和实变函数一样，对数函数定义为指数函数的反函数. 我们把满足方程

$$e^w=z \quad (z\neq 0)$$

的函数 $w=f(z)$ 称为对数函数. 令 $w=u+iv$，$z=re^{i\theta}$，那么

$$e^{u+iv}=re^{i\theta},$$

所以

$$u=\ln r, v=\theta.$$

因此

$$w=\ln|z|+i\mathrm{Arg}z.$$

由于 $\mathrm{Arg}z$ 为多值函数，所以对数函数 $w=f(z)$ 为多值函数，并且每两个值相差 $2\pi i$ 的整数倍，记作

$$\mathrm{Ln}z=\ln|z|+i\mathrm{Arg}z. \tag{2.3.6}$$

如果规定上式中的 $\mathrm{Arg}z$ 取主值 $\arg z$，那么 $\mathrm{Ln}z$ 为一单值函数，记作 $\ln z$，称为 $\mathrm{Ln}z$ 的主值. 这样，我们就有

$$\ln z=\ln|z|+i\arg z. \tag{2.3.7}$$

而其余各个值可由

$$\mathrm{Ln}z=\ln z+2k\pi i \quad (k=\pm1,\pm2,\cdots) \tag{2.3.8}$$

表达. 对于每一个固定的 k，(2.3.8)式为一单值函数，称为 $\mathrm{Ln}z$ 的一个分支.

特别，当 $z=x>0$ 时，$\mathrm{Ln}z$ 的主值 $\ln z=\ln x$，就是实变数对数

函数.

例 1 求 Ln2,Ln(−1)以及与它们相应的主值.

[解] 因为 $\mathrm{Ln}2=\ln 2+2k\pi i$,所以它的主值就是 ln2. 而 $\mathrm{Ln}(-1)=\ln 1+i\mathrm{Arg}(-1)=(2k+1)\pi i$($k$ 为整数),所以它的主值是 $\ln(-1)=\pi i$.

在实变函数中,负数无对数. 此例说明这个事实在复数范围内不再成立,而且正实数的对数也是无穷多值的. 因此,复变数对数函数是实变数对数函数的拓广.

利用辐角的相应的性质,不难证明,复变数对数函数保持了实变数对数函数的基本性质:

$$\mathrm{Ln}(z_1 z_2)=\mathrm{Ln}z_1+\mathrm{Ln}z_2,$$

$$\mathrm{Ln}\frac{z_1}{z_2}=\mathrm{Ln}z_1-\mathrm{Ln}z_2.$$

但应注意,与第一章中关于乘积和商的辐角等式(1.3.2)与(1.3.5)一样,这些等式也应理解为两端可能取的函数值的全体是相同的. 还应当注意的是,等式:

$$\mathrm{Ln}z^n=n\mathrm{Ln}z,$$

$$\mathrm{Ln}\sqrt[n]{z}=\frac{1}{n}\mathrm{Ln}z$$

不再成立,其中 n 为大于 1 的正整数(见本章习题第 17 题).

我们再来讨论对数函数的解析性. 就主值 $\ln z$ 而言,其中 $\ln|z|$ 除原点外在其他点都是连续的,而 $\arg z$ 在原点与负实轴上都不连续. 因为若设 $z=x+iy$,则当 $x<0$ 时,

$$\lim_{y\to 0^-}\arg z=-\pi,\quad \lim_{y\to 0^+}\arg z=\pi.$$

所以,除去原点与负实轴,在复平面内其他点 $\ln z$ 处处连续. 综上所述,$z=e^w$ 在区域 $-\pi<v=\arg z<\pi$ 内的反函数 $w=\ln z$ 是单值的. 由反函数的求导法则(见本章 §1)可知:

$$\frac{d\ln z}{dz}=\frac{1}{\dfrac{de^w}{dw}}=\frac{1}{z}.$$

所以，$\ln z$ 在除去原点及负实轴的平面内解析. 由(2.3.8)式就可知道，$\mathrm{Ln}z$ 的各个分支在除去原点及负实轴的平面内也解析，并且有相同的导数值.

今后，我们应用对数函数 $\mathrm{Ln}z$ 时，指的都是它在除去原点及负实轴的平面内的某一单值分支.

3. 乘幂 a^b 与幂函数 在《高等数学》中，我们知道，如果 a 为正数，b 为实数，那么乘幂 a^b 可以表示为 $a^b=e^{b\ln a}$，现在将它推广到复数的情形. 设 a 为不等于零的一个复数，b 为任意一个复数，我们定义乘幂 a^b 为 $e^{b\mathrm{Ln}a}$，即

$$a^b=e^{b\mathrm{Ln}a}. \tag{2.3.9}$$

由于 $\mathrm{Ln}a=\ln|a|+i(\arg a+2k\pi)$ 是多值的，因而 a^b 也是多值的. 当 b 为整数时，由于

$$\begin{aligned}a^b=e^{b\mathrm{Ln}a}&=e^{b[\ln|a|+i(\arg a+2k\pi)]}\\&=e^{b(\ln|a|+i\arg a)+2kb\pi i}=e^{b\ln a},\end{aligned}$$

所以 a^b 具有单一的值. 当 $b=\dfrac{p}{q}$ (p 和 q 为互质的整数，$q>0$)时，由于

$$\begin{aligned}a^b&=e^{\frac{p}{q}\ln|a|+i\frac{p}{q}(\arg a+2k\pi)}\\&=e^{\frac{p}{q}\ln|a|}\left[\cos\frac{p}{q}(\arg a+2k\pi)+i\sin\frac{p}{q}(\arg a+2k\pi)\right],\end{aligned} \tag{2.3.10}$$

a^b 具有 q 个值，即当 $k=0,1,\cdots,(q-1)$ 时相应的各个值.

除此而外，一般而论 a^b 具有无穷多的值.

例 2 求 $1^{\sqrt{2}}$ 和 i^i 的值.

[解]
$$\begin{aligned}1^{\sqrt{2}}=e^{\sqrt{2}\mathrm{Ln}1}&=e^{2k\pi i\sqrt{2}}\\&=\cos(2k\pi\sqrt{2})+i\sin(2k\pi\sqrt{2}),\\&\qquad(k=0,\pm1,\pm2,\cdots);\end{aligned}$$

$$\begin{aligned}i^i=e^{i\mathrm{Ln}i}&=e^{i(\frac{\pi}{2}i+2k\pi i)}\\&=e^{-(\frac{\pi}{2}+2k\pi)},\ (k=0,\pm1,\pm2,\cdots).\end{aligned}$$

由此可见，i^i 的值都是正实数，它的主值是 $e^{-\frac{\pi}{2}}$.

应当指出,(2.3.9)式所定义的乘幂 a^b 的意义,当 b 为正整数 n 及分数 $\frac{1}{n}$ 时是与 a 的 n 次幂及 a 的 n 次根(参见第一章)的意义完全一致的. 因为

i) 当 b 为正整数 n 时,根据定义

$$\begin{aligned} a^n = e^{n\text{Ln}a} &= e^{\text{Ln}a+\text{Ln}a+\cdots+\text{Ln}a} && (\text{指数 } n \text{ 项}) \\ &= e^{\text{Ln}a}\cdot e^{\text{Ln}a}\cdot\cdots\cdot e^{\text{Ln}a} && (\text{因子 } n \text{ 个}) \\ &= a\cdot a\cdot\cdots\cdot a. && (\text{因子 } n \text{ 个}) \end{aligned}$$

ii) 当 b 为分数 $\frac{1}{n}$ 时,有

$$\begin{aligned} a^{\frac{1}{n}} = e^{\frac{1}{n}\text{Ln}a} &= e^{\frac{1}{n}\ln|a|}\left(\cos\frac{\arg a+2k\pi}{n}+i\sin\frac{\arg a+2k\pi}{n}\right) \\ &= |a|^{\frac{1}{n}}\left(\cos\frac{\arg a+2k\pi}{n}+i\sin\frac{\arg a+2k\pi}{n}\right) \\ &= \sqrt[n]{a}, \end{aligned} \tag{2.3.11}$$

其中 $k=0,1,2,\cdots,(n-1)$.

所以,如果 $a=z$ 为一复变数,就得到一般的幂函数 $w=z^b$;当 $b=n$ 与 $\frac{1}{n}$ 时,就分别得到通常的幂函数 $w=z^n$ 及 $z=w^n$ 的反函数 $w=z^{\frac{1}{n}}=\sqrt[n]{z}$.

z^n 在复平面内是单值解析函数,本章§1 中已给出了它的求导公式.

幂函数 $z^{\frac{1}{n}}=\sqrt[n]{z}$ 是一个多值函数,具有 n 个分支. 由于对数函数 $\text{Ln}z$ 的各个分支在除去原点和负实轴的复平面内是解析的,因而不难看出它的各个分支在除去原点和负实轴的复平面内也是解析的,并且

$$(z^{\frac{1}{n}})'=(\sqrt[n]{z})'=(e^{\frac{1}{n}\text{Ln}z})'=\frac{1}{n}z^{\frac{1}{n}-1}.$$

幂函数 $w=z^b$(除去 $b=n$ 与 $\frac{1}{n}$ 两种情况外)也是一个多值函数,当 b 为无理数或复数时,是无穷多值的. 同样的道理,它的各个分支在除去原点和负实轴的复平面内也是解析的,并且有 $(z^b)'=bz^{b-1}$.

4. 三角函数和双曲函数 根据(2.3.5),我们有

$$e^{iy}=\cos y+i\sin y,$$
$$e^{-iy}=\cos y-i\sin y.$$

把这两式相加与相减,分别得到

$$\cos y=\frac{e^{iy}+e^{-iy}}{2}, \quad \sin y=\frac{e^{iy}-e^{-iy}}{2i}. \tag{2.3.12}$$

现在把余弦和正弦函数的定义推广到自变数取复值的情形,我们定义:

$$\cos z=\frac{e^{iz}+e^{-iz}}{2}, \quad \sin z=\frac{e^{iz}-e^{-iz}}{2i}. \tag{2.3.13}$$

当 z 为实数时,显然这与(2.3.12)完全一致.

根据这个定义,由于 e^z 是以 $2\pi i$ 为周期的周期函数,不难证明,余弦函数和正弦函数都是以 2π 为周期的周期函数,即

$$\cos(z+2\pi)=\cos z, \quad \sin(z+2\pi)=\sin z.$$

也容易推出,$\cos z$ 是偶函数:

$$\cos(-z)=\cos z,$$

而 $\sin z$ 为奇函数:

$$\sin(-z)=-\sin z.$$

此外,由指数函数的导数公式可以求得

$$(\cos z)'=-\sin z, (\sin z)'=\cos z.$$

所以它们都是复平面内的解析函数,且导数公式与实变数的情形完全相同.

从(2.3.13),易知

$$e^{iz}=\cos z+i\sin z \tag{2.3.14}$$

普遍正确,即对于复数而言,欧拉公式仍然成立.

根据(2.3.13)及指数函数的加法定理,可以推知三角学中很多有关余弦和正弦函数的公式仍然是有效的.例如

$$\left.\begin{aligned}&\cos(z_1+z_2)=\cos z_1\cos z_2-\sin z_1\sin z_2,\\&\sin(z_1+z_2)=\sin z_1\cos z_2+\cos z_1\sin z_2,\\&\sin^2 z+\cos^2 z=1.\end{aligned}\right\} \tag{2.3.15}$$

由此得

$$\cos(x+iy)=\cos x\cos iy-\sin x\sin iy,$$
$$\sin(x+iy)=\sin x\cos iy+\cos x\sin iy.$$

但当 z 为纯虚数 iy 时,从(2.3.13)我们有

$$\left.\begin{aligned}\cos iy&=\frac{e^{-y}+e^{y}}{2}=\mathrm{ch}y,\\ \sin iy&=\frac{e^{-y}-e^{y}}{2i}=i\mathrm{sh}y.\end{aligned}\right\}\tag{2.3.16}$$

所以

$$\left.\begin{aligned}\cos(x+iy)&=\cos x\,\mathrm{ch}y-i\sin x\,\mathrm{sh}y,\\ \sin(x+iy)&=\sin x\,\mathrm{ch}y+i\cos x\,\mathrm{sh}y.\end{aligned}\right\}\tag{2.3.17}$$

这两个公式在具体计算 $\cos z$ 与 $\sin z$ 的值时是有用的.

我们还可以从(2.3.16)看出:当 $y\to\infty$ 时,$|\sin iy|$ 和 $|\cos iy|$ 都趋于无穷大.因此,$|\sin z|\leqslant 1$ 和 $|\cos z|\leqslant 1$ 在复数范围内不再成立.可见 $\sin z$ 和 $\cos z$ 虽然保持了与其相应的实变函数的一些基本性质,但是,它们之间也有本质上的差异.

其他复变数三角函数的定义如下:

$$\mathrm{tg}z=\frac{\sin z}{\cos z},\quad \mathrm{ctg}z=\frac{\cos z}{\sin z},$$

$$\sec z=\frac{1}{\cos z},\quad \csc z=\frac{1}{\sin z}.$$

读者可仿照 $\sin z$ 与 $\cos z$ 讨论它们的周期性、奇偶性与解析性等.

与三角函数 $\cos z$ 和 $\sin z$ 密切相关的是双曲函数.我们定义

$$\mathrm{ch}z=\frac{e^{z}+e^{-z}}{2},\ \mathrm{sh}z=\frac{e^{z}-e^{-z}}{2},\ \mathrm{th}z=\frac{e^{z}-e^{-z}}{e^{z}+e^{-z}},$$

分别称为双曲余弦、正弦和正切函数.当 z 为实数 x 时,显然它们与《高等数学》中的双曲函数的定义完全一致.

$\mathrm{ch}z$ 和 $\mathrm{sh}z$ 都是以 $2\pi i$ 为周期的周期函数.$\mathrm{ch}z$ 为偶函数,$\mathrm{sh}z$ 为奇函数,而且它们都是复平面内的解析函数,导数分别为:

$$(\mathrm{ch}z)'=\mathrm{sh}z,\quad (\mathrm{sh}z)'=\mathrm{ch}z.\tag{2.3.18}$$

根据定义,不难证明

$$\mathrm{ch}iy=\cos y,\quad \mathrm{sh}iy=i\sin y \tag{2.3.19}$$

及

$$\left.\begin{aligned}\mathrm{ch}(x+iy)=\mathrm{ch}x\cos y+i\mathrm{sh}x\sin y,\\ \mathrm{sh}(x+iy)=\mathrm{sh}x\cos y+i\mathrm{ch}x\sin y.\end{aligned}\right\} \tag{2.3.20}$$

5. 反三角函数与反双曲函数 反三角函数定义为三角函数的反函数.设

$$z=\cos w,$$

那么称 w 为 z 的反余弦函数,记作

$$w=\mathrm{Arccos}z.$$

由 $z=\cos w=\frac{1}{2}(e^{iw}+e^{-iw})$ 得 e^{iw} 的二次方程:

$$e^{2iw}-2ze^{iw}+1=0,$$

它的根为

$$e^{iw}=z+\sqrt{z^2-1},$$

其中 $\sqrt{z^2-1}$ 应理解为双值函数.因此,两端取对数,得

$$\mathrm{Arccos}z=-i\mathrm{Ln}(z+\sqrt{z^2-1}).$$

显然,Arccos$z$ 是一个多值函数,它的多值性正是 $\cos w$ 的偶性和周期性的反映.

用同样的方法可以定义反正弦函数和反正切函数,并且重复上述步骤,可以得到它们的表达式:

$$\begin{cases}\mathrm{Arcsin}z=-i\mathrm{Ln}(iz+\sqrt{1-z^2}),\\ \mathrm{Arctg}z=-\frac{i}{2}\mathrm{Ln}\frac{1+iz}{1-iz}.\end{cases}$$

反双曲函数定义为双曲函数的反函数.用与推导反三角函数表达式完全类似的步骤,可以得到各反双曲函数的表达式:

反双曲正弦 $\mathrm{Arsh}z=\mathrm{Ln}(z+\sqrt{z^2+1}),$

反双曲余弦 $\mathrm{Arch}z=\mathrm{Ln}(z+\sqrt{z^2-1}),$

反双曲正切 $\mathrm{Arth}z=\frac{1}{2}\mathrm{Ln}\frac{1+z}{1-z},$

它们都是多值函数.

*§4　平面场的复势

作为解析函数的一个重要应用,本节将介绍利用解析函数的方法来解决平面向量场的有关问题,主要讲平面向量场的复势函数.

1. 用复变函数表示平面向量场　这里,我们只讨论平面定常向量场.就是说,向量场中的向量都平行于某一个平面 S,而且在垂直于 S 的任何一条直线上的所有点处的向量都是相等的;场中的向量也都是与时间无关的.显然,这种向量场在所有平行于 S 的平面内的分布情况是完全相同的,因此它完全可以用一个位于平行于 S 的平面 S_0 内的场来表示(图 2.2(a)).

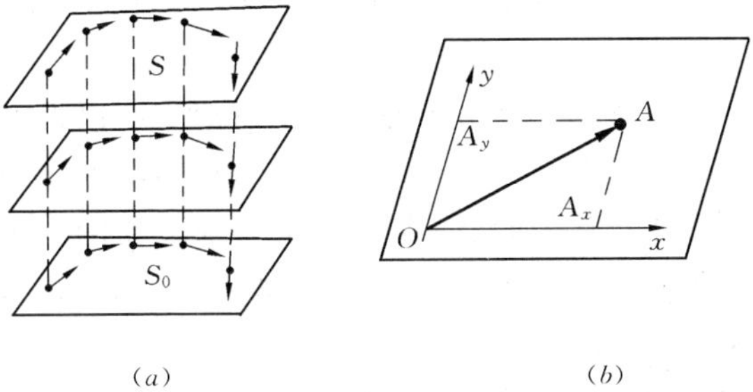

图 2.2

我们在平面 S_0 内取定一直角坐标系 xOy,于是场中每一个具有分量 A_x 与 A_y 的向量 $\boldsymbol{A}=A_x\boldsymbol{i}+A_y\boldsymbol{j}$(图 2.2(b))便可用复数

$$A=A_x+iA_y \tag{2.4.1}$$

来表示.由于场中的点可用复数 $z=x+iy$ 来表示,所以平面向量场 $\boldsymbol{A}=A_x(x,y)\boldsymbol{i}+A_y(x,y)\boldsymbol{j}$ 可以借助于复变函数

$$A=A(z)=A_x(x,y)+iA_y(x,y)$$

来表示.反之,已知某一复变函数 $w=u(x,y)+iv(x,y)$,由此也

可作出一个对应的平面向量场

$$\boldsymbol{A}=u(x,y)\boldsymbol{i}+v(x,y)\boldsymbol{j}.$$

例如，一个平面定常流速场（如河水的表面）

$$\boldsymbol{v}=v_x(x,y)\boldsymbol{i}+v_y(x,y)\boldsymbol{j}$$

可以用复变函数

$$v=v(z)=v_x(x,y)+iv_y(x,y)$$

来表示.

又如，垂直于均匀带电的无限长直导线的所有平面上，电场的分布是相同的，因而可以取其中某一个平面为代表，当作平面电场来研究. 由于电场强度向量为

$$\boldsymbol{E}=E_x(x,y)\boldsymbol{i}+E_y(x,y)\boldsymbol{j},$$

所以该平面电场也可以用一个复变函数

$$E=E(z)=E_x(x,y)+iE_y(x,y)$$

来表示.

平面向量场与复变函数的这种密切关系，不仅说明了复变函数具有明确的物理意义，而且使我们可以利用复变函数的方法来研究平面向量场的有关问题. 在应用中特别重要的是如何构造一个解析函数来表示无源无旋的平面向量场，这个解析函数就是所谓平面向量场的复势函数.

2. 平面流速场的复势 设向量场 $\boldsymbol{v}$ 是不可压缩的（即流体的密度是一个常数）定常的理想流体的流速场：

$$\boldsymbol{v}=v_x(x,y)\boldsymbol{i}+v_y(x,y)\boldsymbol{j},$$

其中速度分量 $v_x(x,y)$ 与 $v_y(x,y)$ 都有连续的偏导数. 如果它在单连域 B 内是无源场（即管量场），那么

$$\operatorname{div}\boldsymbol{v}=\frac{\partial v_x}{\partial x}+\frac{\partial v_y}{\partial y}=0,$$

即

$$\frac{\partial v_x}{\partial x}=-\frac{\partial v_y}{\partial y}. \tag{2.4.2}$$

从而可知 $-v_y dx+v_x dy$ 是某一个二元函数 $\psi(x,y)$ 的全微分，即

$$d\psi(x,y)=-v_y dx+v_x dy.$$

由此得
$$\frac{\partial\psi}{\partial x}=-v_y,\frac{\partial\psi}{\partial y}=v_x. \tag{2.4.3}$$

因为沿等值线 $\psi(x,y)=c_1$，$d\psi(x,y)=-v_y dx+v_x dy=0$，所以，$\frac{dy}{dx}=\frac{v_y}{v_x}$. 这就是说，场 $\boldsymbol{v}$ 在等值线 $\psi(x,y)=c_1$ 上每一点处的向量 $\boldsymbol{v}$ 都与等值线相切，因而在流速场中等值线 $\psi(x,y)=c_1$ 就是流线. 因此，函数 $\psi(x,y)$ 称为场 $\boldsymbol{v}$ 的流函数.

如果 $\boldsymbol{v}$ 又是 B 内的无旋场(即势量场)，那么，

$$\mathrm{rot}\boldsymbol{v}=0,$$

即
$$\frac{\partial v_y}{\partial x}-\frac{\partial v_x}{\partial y}=0. \tag{2.4.4}$$

这说明了表达式 $v_x dx+v_y dy$ 是某一个二元函数 $\varphi(x,y)$ 的全微分，即

$$d\varphi(x,y)=v_x dx+v_y dy.$$

由此得
$$\frac{\partial\varphi}{\partial x}=v_x,\frac{\partial\varphi}{\partial y}=v_y, \tag{2.4.5}$$

从而有
$$\mathrm{grad}\varphi=\boldsymbol{v}.$$

$\varphi(x,y)$ 就称为场 $\boldsymbol{v}$ 的势函数(或位函数). 等值线 $\varphi(x,y)=c_2$ 就称为等势线(或等位线).

根据上述讨论可知：如果在单连域 B 内，向量场 $\boldsymbol{v}$ 既是无源场又是无旋场时，那么(2.4.3)和(2.4.5)两式同时成立，将它们比较一下，即得

$$\frac{\partial\varphi}{\partial x}=\frac{\partial\psi}{\partial y},\quad \frac{\partial\varphi}{\partial y}=-\frac{\partial\psi}{\partial x},$$

而这就是柯西-黎曼方程. 因此，在单连域内我们可作一解析函数

$$w=f(z)=\varphi(x,y)+i\psi(x,y),$$

这个函数称为平面流速场的复势函数，简称复势. 它就是我们所要构造的表示该平面场的解析函数.

根据(2.4.1)与(2.4.5)以及解析函数的导数公式(2.2.2)，可得

$$v=v_x+iv_y=\frac{\partial\varphi}{\partial x}+i\frac{\partial\varphi}{\partial y}=\frac{\partial\varphi}{\partial x}-i\frac{\partial\psi}{\partial x}=\overline{f'(z)}, \quad (2.4.6)$$

此式表明流速场 $\boldsymbol{v}$ 可以用复变函数 $v=\overline{f'(z)}$ 表示.

因此,在一个单连域内给定一个无源无旋平面流速场 $\boldsymbol{v}$,就可以构造一个解析函数——它的复势 $f(z)=\varphi(x,y)+i\psi(x,y)$——与它对应;反之,如果在某一区域(不管是否单连的)内给定一个解析函数 $w=f(z)$,那么,就有一个以它为复势的平面流速场 $v=\overline{f'(z)}$ 与它相对应,并且由此立即可以写出该场的流函数和势函数,从而得到流线方程与等势线方程.画出流线与等势线的图形,即得描绘该场的流动图像.根据§2 例 4 可知,在流速不为零的点处,流线 $\psi(x,y)=c_1$ 和等势线 $\varphi(x,y)=c_2$ 构成正交的曲线族.

因此,利用解析函数(复势)可以统一研究场的流函数和势函数,从而克服了在《场论》中对流函数和势函数孤立地进行研究的缺点,而且计算也比较简便.

例 1 设一平面流速场的复势为 $f(z)=az(a>0$ 为实常数),试求该场的速度、流函数和势函数.

[解] 因为 $f'(z)=a$,所以场中任一点的速度 $v=\overline{f'(z)}=a>0$,方向指向 x 轴正向.

流函数 $\psi(x,y)=ay$,所以流线是直线族 $y=c_1$;

势函数 $\varphi(x,y)=ax$,所以等势线是直线族 $x=c_2$.

该场的流动图像如图 2.3 所示,它刻画了流体以等速度 a 从左向右流动的情况.

例 2 在《场论》中我们已经知道,流速场中散度 $\mathrm{div}\boldsymbol{v}\neq 0$ 的点,统称为源点(有时称使 $\mathrm{div}\boldsymbol{v}>0$ 的点为源点,而使 $\mathrm{div}\boldsymbol{v}<0$ 的点为洞).试求由单个源点所形成的定常流速场的复势,并画出流动图像.

[解] 不妨设流速场 $\boldsymbol{v}$ 内只有一个位于坐标原点的源点,而其他各点无源无旋,在无穷远处保持静止状态.由该场的对称性容易看出,场内某一点 $z\neq 0$ 处的流速具有形式

$$\boldsymbol{v}=g(r)\boldsymbol{r}^0,$$

其中 $r=|z|$ 是 z 到原点的距离，$\boldsymbol{r}^0$ 是指向点 z 的向径上的单位向量，可以用复数 $\dfrac{z}{|z|}$ 表示，$g(r)$ 是一待定函数.

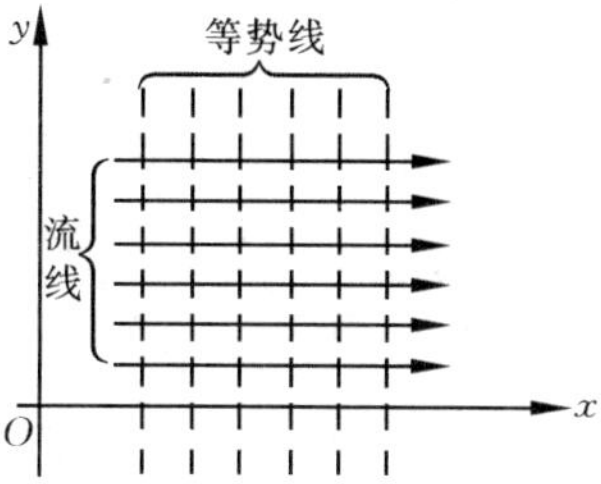

图 2.3

我们知道，由于流体的不可压缩性，流体在任一以原点为中心的圆环域 $r_1<|z|<r_2$ 内不可能积蓄，所以流过圆周 $|z|=r_1$ 与 $|z|=r_2$ 的流量应相等，故流过圆周的流量为

$$N=\int_{|z|=r}\boldsymbol{v}\cdot\boldsymbol{r}^0ds=\int_{|z|=r}g(r)\boldsymbol{r}^0\cdot\boldsymbol{r}^0ds=2\pi|z|g(|z|).$$

因此，它是一个与 r 无关的常数，称为源点的强度. 由此得

$$g(|z|)=\frac{N}{2\pi|z|}.$$

而流速可表示为

$$v=\frac{N}{2\pi|z|}\cdot\frac{z}{|z|}=\frac{N}{2\pi}\cdot\frac{1}{\bar{z}},\qquad(2.4.7)$$

显然，它符合"在无穷远处保持静止状态"的要求. 由(2.4.6)式可知，复势函数 $f(z)$ 的导数为

$$f'(z)=\overline{v(z)}=\frac{N}{2\pi}\cdot\frac{1}{z}.$$

根据§3第2段的对数函数的导数公式可知，所求的复势函数为

$$f(z)=\frac{N}{2\pi}\mathrm{Ln}z+c,\qquad(2.4.8)$$

其中 $c=c_1+ic_2$ 为复常数. 将实部和虚部分开，就分别得到势函数和流函数为

$$\varphi(x,y)=\frac{N}{2\pi}\ln|z|+c_1,\quad \psi(x,y)=\frac{N}{2\pi}\mathrm{Arg}z+c_2.$$

该场的流动图像如图 2.4 和 2.5 所示(实线表示流线，虚线表示等

势线).

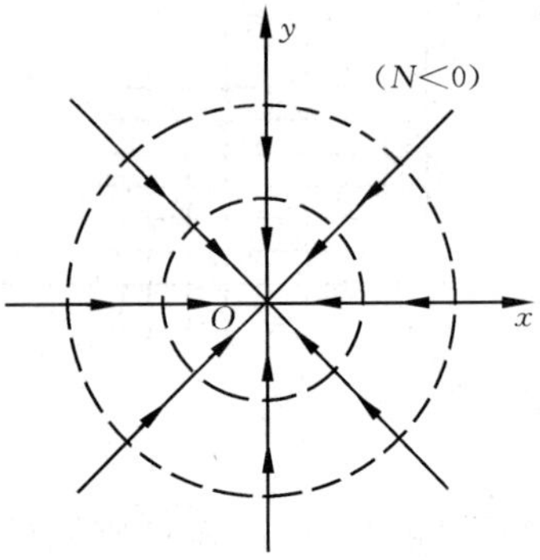

图 2.4

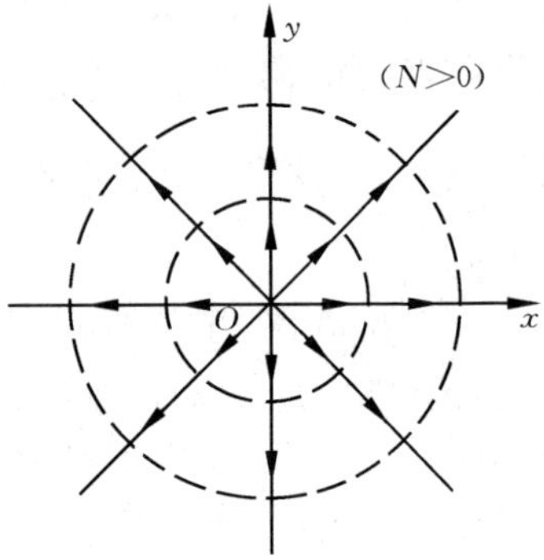

图 2.5

例 3 我们知道,平面流速场中 $\mathrm{rot}\boldsymbol{v}\neq 0$ 的点,称为涡点.设平面上仅在原点有单个涡点,无穷远处保持静止状态,试求该流速场的复势,并画出流动图像.

[**解**] 与例 2 类似,场内某点 z 的流速具有形式

$$\boldsymbol{v}=h(r)\boldsymbol{\tau}^0,$$

其中 $\boldsymbol{\tau}^0$ 为点 z 处与 $\boldsymbol{r}^0$ 垂直的单位向量,可以用复数 $\frac{iz}{|z|}$ 表示,$h(r)$为仅与 $r=|z|$有关的待定函数.而沿圆周$|z|=r$ 的环量

$$\begin{aligned}\Gamma &= \int_{|z|=r}\boldsymbol{v}\cdot\boldsymbol{\tau}^0 ds = \int_{|z|=r} h(|z|)\boldsymbol{\tau}^0\cdot\boldsymbol{\tau}^0 ds \\ &= 2\pi|z|h(|z|).\end{aligned} \tag{2.4.9}$$

不难证明,Γ 与 r 无关,它是一个常量.事实上,任意取两个圆周 $C_1:|z|=r_1$ 与 $C_2:|z|=r_2$,围成一圆环域 D.作连接 C_1 与 C_2 的割痕 PQ,从而做成一由圆周 C_1 与 C_2 以及直线段 PQ 与 QP 构成的封闭曲线 C,如图 2.6 所示.根据格林公式,沿 C 的环量是

$$\oint_C \boldsymbol{v}\cdot\boldsymbol{\tau}^0 ds = \iint_D \mathrm{rot}\boldsymbol{v}\cdot\boldsymbol{n}d\sigma.$$

由于该场仅在原点有单个涡点，所以在 D 内 $\mathrm{rot}\boldsymbol{v}=0$，从而有 $\oint_C \boldsymbol{v}\cdot\boldsymbol{\tau}_0 ds = 0$，也就是

$$\oint_{C_1} \boldsymbol{v}\cdot\boldsymbol{\tau}_0 ds = \oint_{C_2} \boldsymbol{v}\cdot\boldsymbol{\tau}_0 ds ,$$

即 Γ 与 r 无关，是一常数. 故由(2.4.9)得

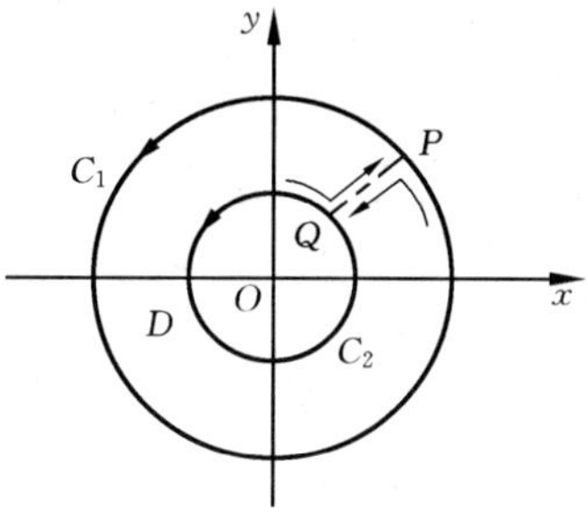

图 2.6

$$h(|z|)=\frac{\Gamma}{2\pi|z|}.$$

所以流速可表示为

$$v=\frac{\Gamma i}{2\pi}\cdot\frac{1}{\bar{z}},(-i\Gamma \text{ 称为涡点的强度}). \qquad (2.4.10)$$

根据例 2 中同样的道理，得知场 $\boldsymbol{v}$ 的复势为

$$f(z)=\frac{\Gamma}{2\pi i}\mathrm{Ln}z+c \quad (c=c_1+ic_2), \qquad (2.4.11)$$

势函数与流函数分别为

$$\varphi(x,y)=\frac{\Gamma}{2\pi}\mathrm{Arg}z+c_1, \quad \psi(x,y)=-\frac{\Gamma}{2\pi}\ln|z|+c_2.$$

比较 (2.4.8)和(2.4.11)，除了常数 N 换成常数 Γ 外，二者仅相差一个因子 $\frac{1}{i}$. 因此，只要将例 2 中流线与等势线位置互换，就得到涡点所形成的场的流动图像(图 2.7 和 2.8).

3. 静电场的复势 设有平面静电场

$$\boldsymbol{E}=E_x\boldsymbol{i}+E_y\boldsymbol{j}.$$

我们知道，只要场内没有带电物体，静电场既是无源场，又是无旋场. 我们来构造场 $\boldsymbol{E}$ 的复势.

因为场 $\boldsymbol{E}$ 是无源场，所以

$$\mathrm{div}\boldsymbol{E}=\frac{\partial E_x}{\partial x}+\frac{\partial E_y}{\partial y}=0.$$

从而知在单连域 B 内 $-E_y dx+E_x dy$ 是某二元函数 $u(x,y)$ 的全

微分,即

$$du(x,y)=-E_y dx+E_x dy. \qquad (2.4.12)$$

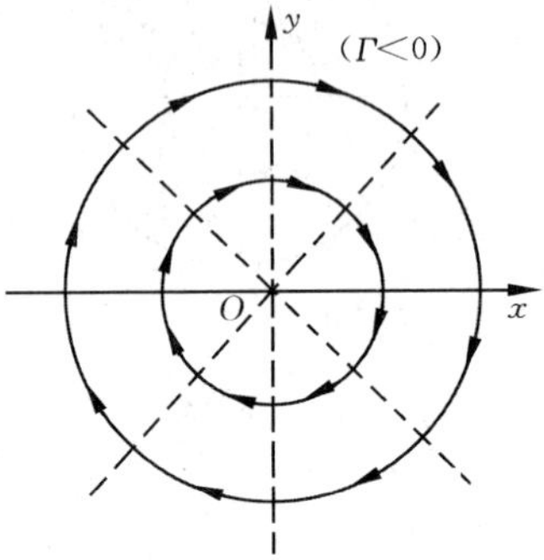

图 2.7

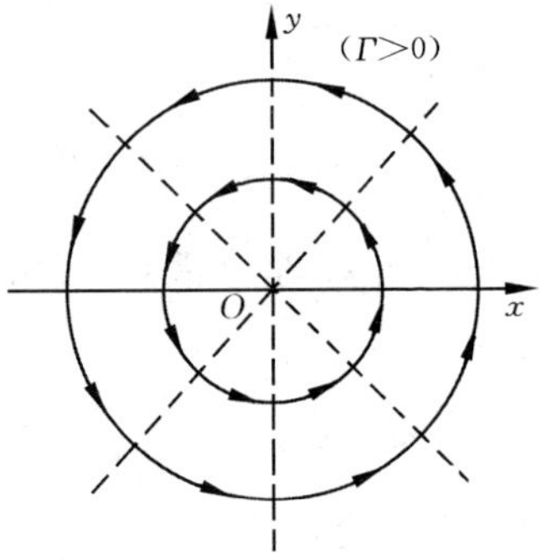

图 2.8

与讨论流速场时一样,不难看出,静电场 **E** 在等值线 $u(x,y)=c_1$ 上任意一点处的向量 **E** 都与等值线相切. 这就是说,等值线就是向量线,即场中的电力线. 因此,称 $u(x,y)$ 为场 **E** 的力函数.

又因为场 **E** 是无旋场,所以

$$\mathrm{rot}_n \boldsymbol{E}=\frac{\partial E_y}{\partial x}-\frac{\partial E_x}{\partial y}=0.$$

因此,在单连域 B 内 $-E_x dx-E_y dy$ 也是某二元函数 $v(x,y)$ 的全微分,即

$$dv(x,y)=-E_x dx-E_y dy. \qquad (2.4.13)$$

由此得

$$\mathrm{grad} v=\frac{\partial v}{\partial x}\boldsymbol{i}+\frac{\partial v}{\partial y}\boldsymbol{j}=-E_x\boldsymbol{i}-E_y\boldsymbol{j}=-\boldsymbol{E}, \qquad (2.4.14)$$

所以 $v(x,y)$ 是场 **E** 的势函数,也可称为场的电势或电位. 等值线 $v(x,y)=c_2$ 就是等势线或等位线.

综上所述,不难看出,如果 **E** 是单连域 B 内的无源无旋场,那么 u 和 v 满足柯西-黎曼方程

$$\frac{\partial u}{\partial x}=\frac{\partial v}{\partial y},\quad \frac{\partial u}{\partial y}=-\frac{\partial v}{\partial x},$$

从而可得 B 内的一个解析函数

$$w=f(z)=u+iv,$$

称这个函数为静电场的复势(或复电位).

由(2.4.14)可知,场 $\boldsymbol{E}$ 可以用复势表示为

$$E=-\frac{\partial v}{\partial x}-i\frac{\partial u}{\partial x}=-i\overline{f'(z)}. \tag{2.4.15}$$

可见静电场的复势和流速场的复势相差一个因子 $-i$,这是电工学中的习惯用法.

同流速场一样,利用静电场的复势,可以研究场的等势线和电力线的分布情况,描绘出场的图像.

例 4 求一条具有电荷线密度为 e 的均匀带电的无限长直导线 L 所产生的静电场的复势.

[解] 设导线 L 在原点 $z=0$ 处垂直于 z 平面(图 2.9). 在 L 上距原点为 h 处任取微元段 dh,则其带电量为 edh. 由于导线为无限长,因此垂直于 z 平面的任何直线上各点处的电场强度是相同的. 又由于导线上关于 z 平面对称的两带电微元段所产生的电场强度的垂直分量相互抵消,只剩下与 z 平面平行的分量. 因此,它所产生的静电场为平面场.

先求平面上任一点 z 的电场强度 $\boldsymbol{E}=E_x\boldsymbol{i}+E_y\boldsymbol{j}$. 根据库仑定律,微元段 dh 在点 z 处产生的场强大小为

$$|d\boldsymbol{E}|=\frac{edh}{r^2+h^2},$$

其中 $r=|z|=\sqrt{x^2+y^2}$. 因所求的电场强度 $\boldsymbol{E}$ 在 z 平面内,所以它的大小等于所有场强微元 $d\boldsymbol{E}$ 在 z 平面上投影之和,即

$$|\boldsymbol{E}|=\int_{-\infty}^{\infty}\frac{e\cos t}{r^2+h^2}dh,$$

其中 t 为 $d\boldsymbol{E}$ 与 z 平面的交角.

由于 $h=r\mathrm{tg}t$，所以 $dh=\dfrac{rdt}{\cos^2 t}$，且

$$\frac{1}{r^2+h^2}=\frac{\cos^2 t}{r^2}.$$

所以

$$|\boldsymbol{E}|=\int_{-\frac{\pi}{2}}^{\frac{\pi}{2}}\frac{e\cos t}{r}dt=\frac{2e}{r}.$$

考虑到向量 $\boldsymbol{E}$ 的方向，我们得到

$$\boldsymbol{E}=\frac{2e}{r}\boldsymbol{r}^0,$$

或用复数表示为 $E=\dfrac{2e}{\bar{z}}$，从而由(2.4.15)就有

$$f'(z)=\overline{iE}=-\frac{2ei}{z}.$$

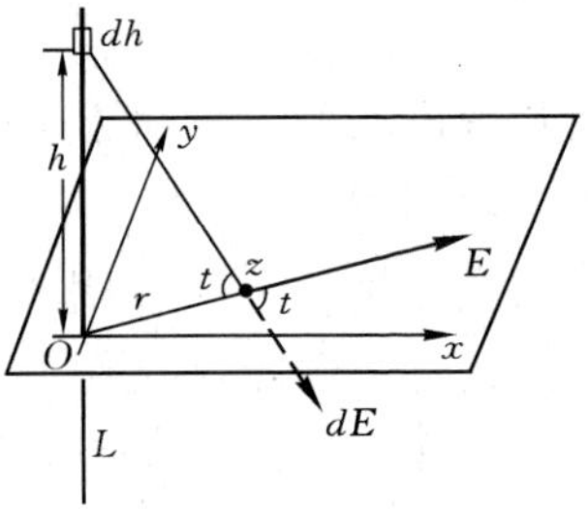

图 2.9

所以，场的复势为

$$f(z)=2ei\mathrm{Ln}\frac{1}{z}+c\quad(c=c_1+ic_2)\qquad(2.4.16)$$

力函数和势函数分别为

$$u(x,y)=2e\mathrm{Arg}z+c_1,\quad v(x,y)=2e\ln\frac{1}{|z|}+c_2.$$

电场的分布情况与单个源点流速场的分布情况类似.

如果导线竖立在 $z=z_0$，则复势为

$$f(z)=2ei\mathrm{Ln}\frac{1}{z-z_0}+c.$$

小　　结

本章的重点是要正确理解复变函数的导数与解析函数等基本概念，掌握判断复变函数可导与解析的方法. 对于复变量初等函数，要熟悉它们的定义和主要性质，特别是在复数范围内，实变初等函数的哪些性质不再成立，显现出哪些在实数范围内所没有的

性质.

1. 复变函数导数与解析函数的概念以及可导与解析的判别方法.

(1) 复变函数的导数定义与一元实变函数的导数定义在形式上相同,因而它们的一些求导公式与求导法则也一样.然而,在正文中已经指出,定义中(2.1.1)式中极限存在的要求是与Δz趋于零的方式无关.这表明复变函数在一点可导的条件要比实变函数可导的条件要严得多,因此复变可导函数有不少特有的性质.

(2) 解析函数是复变函数的主要研究对象.虽然函数在一个区域内解析与在一个区域内可导是等价的,但是,在一点解析比它在一点可导的要求要高得多,因此解析函数有许多为一般的一元实变函数所没有的很好的性质.例如,除本章§1的定理和§2中的例3与例4中所指出的性质之外,后面还将指出:解析函数的各阶导数仍为解析函数,解析函数的虚部为实部的共轭调和函数以及解析函数可以展开为幂级数等.所有这些性质,使得解析函数在实际问题中有广泛的应用.

(3) 复变函数连续、可导(可微)与解析之间有如下关系:设$w=f(z)$定义在区域D内,$z_0\in D$,则

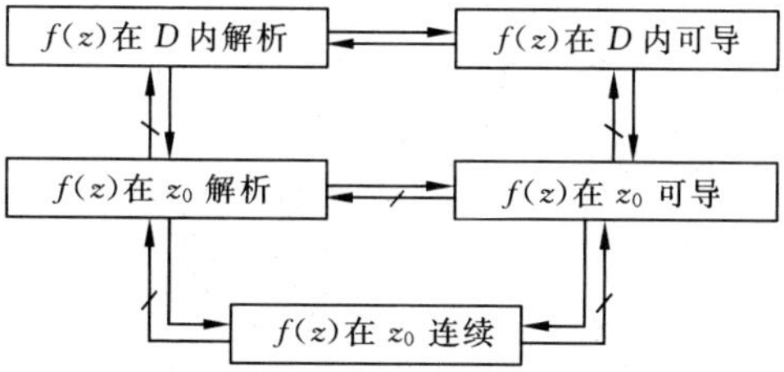

(4) 函数可导与解析的判别方法:

【方法1】 利用可导与解析的定义.

根据定义,要判断一个复变函数在点z_0是否解析,只要判定

它在 z_0 及其某邻域内是否可导；要判断该函数在区域 D 内是否解析，只要判定它在 D 内是否可导. 因此，判定解析的问题归结为判定可导的问题. 而函数的可导性可以利用导数的定义来验证（如本章§1 中的例 1 与例 2），也可以用求导公式与求导法则来判定. 例如，设 $f(z)=(z^3+2z-1)^5+\frac{1}{z^2}$，根据求导公式和法则我们有

$$f'(z)=5(3z^2+2)(z^3+2z-1)^4-\frac{2}{z^3}.$$

因此，该函数在复平面内除 $z=0$ 外处处可导，处处解析，$z=0$ 是奇点.

【方法 2】 利用可导与解析的充要条件，即本章§2 中的定理一与定理二.

定理一和定理二把复变函数 $f(z)=u+iv$ 的可导与解析的问题转化为两个二元实变函数 u 与 v 来研究，即要求 u 与 v 可微并且满足柯西-黎曼方程：

$$\frac{\partial u}{\partial x}=\frac{\partial v}{\partial y},\frac{\partial v}{\partial x}=-\frac{\partial u}{\partial y}\quad \text{（简称 C-R 方程）}.$$

这是可导与解析的充要条件，只要其中有一个条件不满足，则 $f(z)$ 既不可导也不解析，因此，它是判断函数是否可导或解析的常用而简洁的方法. 在应用中常常利用定理的两个推论：

1° 若 u 与 v 的一阶偏导数在点 z_0（区域 D）存在、连续并且满足 C-R 方程，则 $f(z)$ 在点 z_0 可导（区域 D 内解析），并且有求导公式：

$$f'(z)=\frac{\partial u}{\partial x}+i\frac{\partial v}{\partial x}=\frac{1}{i}\frac{\partial u}{\partial y}+\frac{\partial v}{\partial y}.$$

2° 若 u 与 v 的一阶偏导数不存在，或者虽存在但不满足 C-R 方程，则 $f(z)$ 不可导，因而也不解析.

2. 复变初等函数是一元实变初等函数在复数范围内的自然推广，它既保持了后者的某些基本性质，又有一些与后者不同的特性.

(1) 指数函数 $e^z=e^x(\cos y+i\sin y)$ 在 z 平面上处处解析，并且 $(e^z)'=e^z$. 它保持了实指数函数 e^x 的某些基本性质，如加法定理等；具有以 $2\pi i$ 为周期的周期性是它与实指数函数不同的特性.

(2) 对数函数 $\mathrm{Ln}z=\ln|z|+i\mathrm{Arg}z$ 是具有无穷多个分支的多值函数. 在除去原点和负实轴的 z 平面内处处解析 ，并且 $(\mathrm{Ln}z)'=\frac{1}{z}$. 它保持了实对数函数 $\ln x$ 的某些运算性质，例如，

$$\mathrm{Ln}(z_1z_2)=\mathrm{Ln}z_1+\mathrm{Ln}z_2,\ \mathrm{Ln}\frac{z_1}{z_2}=\mathrm{Ln}z_1-\mathrm{Ln}z_2$$

等。但是有些则不成立，例如

$$\mathrm{Ln}z^n=n\mathrm{Ln}z(n>1\text{ 为正整数}),$$

并且“负数无对数”的论断也不再有效.

(3) 复数的乘幂定义为 $a^b=e^{b\mathrm{Ln}a}(a\neq0)$. 当 a 为一复变数 $z\neq0$ 时，它就是 z 的一般幂函数 $z^b=e^{b\mathrm{Ln}z}$. 除整幂函数 z^n 是单值的外，其余都是多值函数. 在沿原点和负实轴割开的复平面内它是解析函数，并且 $(z^b)'=bz^{b-1}$. 整幂函数 z^n 与根式函数 $z^{\frac{1}{n}}=\sqrt[n]{z}$ 都是它的特例.

(4) 三角正弦函数与三角余弦函数

$$\sin z=\frac{e^{iz}-e^{-iz}}{2i},\ \cos z=\frac{e^{iz}+e^{-iz}}{2}$$

在 z 平面上处处解析，并且 $(\sin z)'=\cos z$，$(\cos z)'=-\sin z$. 它保持了对应的实变函数的周期性、奇偶性，一些三角恒等式仍然成立. 但不再具有有界性，即不等式 $|\sin z|\leqslant1$ 与 $|\cos z|\leqslant1$ 不成立.

关于双曲正弦函数与双曲余弦函数可以作类似的小结，应注意它也是以 $2\pi i$ 为周期的周期函数.

反三角函数与反双曲函数是用对数函数来表示的，因而都是多值函数.

3. 平面场的复势是解析函数在平面场问题中的一个重要应用，对于某些需要场的知识较多的专业是很有用处的. 关于这一部分内容，我们强调以下两点：

(1) 由于可以用复数表示平面向量，因而能用复变函数表示平面向量场. 例如平面流速场

$$\boldsymbol{v}=v_x(x,y)\boldsymbol{i}+v_y(x,y)\boldsymbol{j}$$

可以用复变函数 $v(z)=v_x(x,y)+iv_y(x,y)$ 来表示；平面静电场

$$\boldsymbol{E}=E_x(x,y)\boldsymbol{i}+E_y(x,y)\boldsymbol{j}$$

可以用复变函数 $E(z)=E_x(x,y)+iE_y(x,y)$ 来表示.

(2) 对于某单连域内给定的平面无源无旋场，可以作出一个解析函数 $w=f(z)$ 统一研究该场的分布和变化情况，这个解析函数称为该场的复势. 在平面流速场中，复势的实部就是势函数，虚部是流函数，并且流速 $v=\overline{f'(z)}$；在平面静电场中，复势的实部是力函数，虚部是势函数，并且电场强度 $E=-i\,\overline{f'(z)}$. 由此可以画出等势线(或电力线)与流线(或电位线)的图形，得到该场的流动图像.

第二章习题

1. 利用导数定义推出：

   1) $(z^n)'=nz^{n-1}$ (n 为正整数)；

   2) $\left(\dfrac{1}{z}\right)'=-\dfrac{1}{z^2}$.

2. 下列函数何处可导？何处解析？

   1) $f(z)=x^2-iy$；　　2) $f(z)=2x^3+3y^3i$；

   3) $f(z)=xy^2+ix^2y$；　　4) $f(z)=\sin x\operatorname{ch}y+i\cos x\operatorname{sh}y$.

3. 指出下列函数 $f(z)$ 的解析性区域，并求出其导数.

   1) $(z-1)^5$；　　2) z^3+2iz；

   3) $\dfrac{1}{z^2-1}$；　　4) $\dfrac{az+b}{cz+d}$ (c,d 中至少有一个不为 0).

4. 求下列函数的奇点：

   1) $\dfrac{z+1}{z(z^2+1)}$；　　2) $\dfrac{z-2}{(z+1)^2(z^2+1)}$.

5. 复变函数的可导性与解析性有什么不同？判断函数的解析性有哪些方法？

6. 判断下列命题的真假. 若真，请给以证明；若假，请举例说明.

1) 如果 $f(z)$在 z_0 连续，那么 $f'(z_0)$存在；

2) 如果 $f'(z_0)$存在，那么 $f(z)$在 z_0 解析；

3) 如果 z_0 是 $f(z)$的奇点，那么 $f(z)$在 z_0 不可导；

4) 如果 z_0 是 $f(z)$和 $g(z)$的一个奇点，那么 z_0 也是 $f(z)+g(z)$和 $f(z)/g(z)$的奇点；

5) 如果 $u(x,y)$和 $v(x,y)$可导(指偏导数存在)，那么 $f(z)=u+iv$ 亦可导；

6) 设 $f(z)=u+iv$ 在区域 D 内是解析的. 如果 u 是实常数，那么 $f(z)$在整个 D 内是常数；如果 v 是实常数，那么 $f(z)$在 D 内也是常数.

7. 如果 $f(z)=u+iv$ 是 z 的解析函数，证明：

$$\left(\frac{\partial}{\partial x}|f(z)|\right)^2+\left(\frac{\partial}{\partial y}|f(z)|\right)^2=|f'(z)|^2.$$

8. 设 $my^3+nx^2y+i(x^3+lxy^2)$为解析函数，试确定 l、m、n 的值.

9. 证明柯西-黎曼方程的极坐标形式是：

$$\frac{\partial u}{\partial r}=\frac{1}{r}\frac{\partial v}{\partial \theta},\quad \frac{\partial v}{\partial r}=-\frac{1}{r}\frac{\partial u}{\partial \theta}.$$

10. 证明：如果函数 $f(z)=u+iv$ 在区域 D 内解析，并满足下列条件之一，那么 $f(z)$是常数.

1) $f(z)$恒取实值；

2) $\overline{f(z)}$在 D 内解析；

3) $|f(z)|$在 D 内是一个常数；

4) $\arg f(z)$在 D 内是一个常数；

5) $au+bv=c$，其中 a,b 与 c 为不全为零的实常数.

11. 下列关系是否正确？

1) $\overline{e^z}=e^{\bar z}$；　2) $\overline{\cos z}=\cos\bar z$；　3) $\overline{\sin z}=\sin\bar z$.

12. 找出下列方程的全部解：

1) $\sin z=0$；　2) $\cos z=0$；

3) $1+e^z=0$；　4) $\sin z+\cos z=0$.

13. 证明：

1) $\cos(z_1+z_2)=\cos z_1\cos z_2-\sin z_1\sin z_2$；

$\sin(z_1+z_2)=\sin z_1\cos z_2+\cos z_1\sin z_2$；

2) $\sin^2 z+\cos^2 z=1$；

3) $\sin 2z = 2\sin z\cos z$;

4) $\operatorname{tg}2z = \dfrac{2\operatorname{tg}z}{1-\operatorname{tg}^2 z}$;

5) $\sin\left(\dfrac{\pi}{2}-z\right)=\cos z$, $\cos(z+\pi)=-\cos z$;

6) $|\cos z|^2=\cos^2 x+\operatorname{sh}^2 y$, $|\sin z|^2=\sin^2 x+\operatorname{sh}^2 y$.

14. 说明：

1) 当 $y\to\infty$ 时，$|\sin(x+iy)|$ 和 $|\cos(x+iy)|$ 趋于无穷大；

2) 当 t 为复数时，$|\sin t|\leqslant 1$ 和 $|\cos t|\leqslant 1$ 不成立.

15. 求 $\mathrm{Ln}(-i)$，$\mathrm{Ln}(-3+4i)$ 和它们的主值.

16. 证明对数的下列性质：

1) $\mathrm{Ln}(z_1 z_2)=\mathrm{Ln}z_1+\mathrm{Ln}z_2$；

2) $\mathrm{Ln}\left(\dfrac{z_1}{z_2}\right)=\mathrm{Ln}z_1-\mathrm{Ln}z_2$；

17. 说明下列等式是否正确：

1) $\mathrm{Ln}z^2=2\mathrm{Ln}z$；

2) $\mathrm{Ln}\sqrt{z}=\dfrac{1}{2}\mathrm{Ln}z$.

18. 求 $e^{1-i\frac{\pi}{2}}$，$\exp[(1+i\pi)/4]$，3^i 和 $(1+i)^i$ 的值.

19. 证明 $(z^a)'=az^{a-1}$，其中 a 为实数.

20. 证明：

1) $\operatorname{ch}^2 z-\operatorname{sh}^2 z=1$；

2) $\operatorname{sh}^2 z+\operatorname{ch}^2 z=\operatorname{ch}2z$；

3) $\operatorname{sh}(z_1+z_2)=\operatorname{sh}z_1\operatorname{ch}z_2+\operatorname{ch}z_1\operatorname{sh}z_2$；

$\operatorname{ch}(z_1+z_2)=\operatorname{ch}z_1\operatorname{ch}z_2+\operatorname{sh}z_1\operatorname{sh}z_2$.

21. 解下列方程：

1) $\operatorname{sh}z=0$；

2) $\operatorname{ch}z=0$；

3) $\operatorname{sh}z=i$.

22. 证明(2.3.19)与(2.3.20).

23. 证明：$\operatorname{sh}z$ 的反函数 $\operatorname{Arsh}z=\mathrm{Ln}(z+\sqrt{z^2+1})$.

*24. 已知平面流速场的复势 $f(z)$ 为：

1) $(z+i)^2$，　2) z^3，　3) $\dfrac{1}{z^2+1}$.

求流动的速度以及流线和等势线的方程.

第三章　复变函数的积分

在微积分学中，微分法与积分法是研究函数性质的重要方法. 同样，在复变函数中，积分法也跟微分法一样是研究复变函数性质十分重要的方法和解决实际问题的有力工具.

在本章中，我们将先介绍复变函数积分的概念、性质和计算法，其次介绍关于解析函数积分的柯西-古萨基本定理及其推广——复合闭路定理. 在此基础上，建立柯西积分公式，然后利用这一重要公式证明解析函数的导数仍然是解析函数这一重要结论，从而得出高阶导数公式. 值得注意的是证明解析函数的导数仍然是解析函数，从表面上看是属于微分学问题，但它的证明却要利用积分.

柯西-古萨基本定理和柯西积分公式是探讨解析函数性质的理论基础. 在以后的章节中，直接或间接地经常要用到它们. 所以我们要透彻地理解它们和熟练地掌握它们.

最后讨论解析函数与调和函数的关系.

§1　复变函数积分的概念

1. 积分的定义　设 C 为平面上给定的一条光滑(或按段光滑)曲线. 如果选定 C 的两个可能方向中的一个作为正方向(或正向)，那么我们就把 C 理解为带有方向的曲线，称为有向曲线. 设曲线 C 的两个端点为 A 与 B，如果把从 A 到 B 的方向作为 C 的正方向，那么从 B 到 A 的方向就是 C 的负方向，并把它记作 C^-. 在今后的讨论中，常把两个端点中的一个作为起点，另一个作为终点. 除特殊声明外，正方向总是指从起点到终点的方向. 关于简单闭曲线的正方向是指当曲线上的点 P 顺此方向沿该曲线前进时，

邻近 P 点的曲线内部始终位于 P 点的左方. 与之相反的方向就是曲线的负方向.

定义 设函数 $w=f(z)$ 定义在区域 D 内, C 为在区域 D 内起点为 A 终点为 B 的一条光滑的有向曲线. 把曲线 C 任意分成 n 个弧段, 设分点为

$$A=z_0, z_1, z_2, \cdots, z_{k-1}, z_k, \cdots, z_n=B,$$

在每个弧段 $\widehat{z_{k-1}z_k}$ $(k=1,2,\cdots,n)$ 上任意取一点 ζ_k (图 3.1), 并作和式

$$S_n=\sum_{k=1}^{n}f(\zeta_k)(z_k-z_{k-1})=\sum_{k=1}^{n}f(\zeta_k)\Delta z_k.$$

这里 $\Delta z_k=z_k-z_{k-1}$. 记 $\Delta s_k=\widehat{z_{k-1}z_k}$ 的长度, $\delta=\max\limits_{1\leqslant k\leqslant n}\{\Delta s_k\}$. 当 n 无限增加, 且 δ 趋于零时, 如果不论对 C 的分法及 ζ_k 的取法如何, S_n 有唯一极限, 那么称这极限值为函数 $f(z)$ 沿曲线 C 的积分. 记作

$$\int_C f(z)dz=\lim_{n\to\infty}\sum_{k=1}^{n}f(\zeta_k)\Delta z_k. \tag{3.1.1}$$

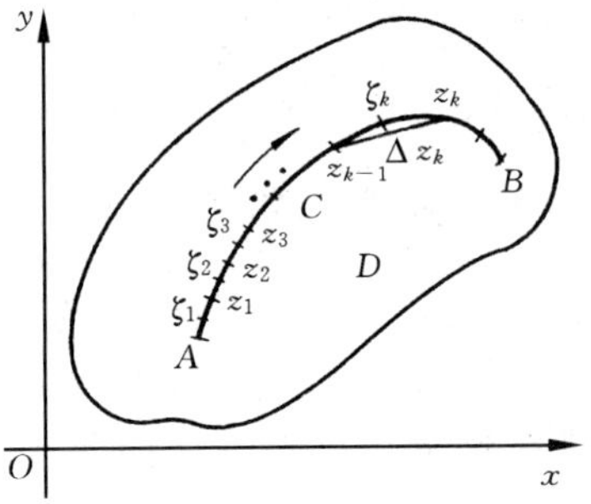

图 3.1

如果 C 为闭曲线, 那么沿此闭曲线的积分记作 $\oint\limits_C f(z)dz$.

我们容易看出, 当 C 是 x 轴上的区间 $a\leqslant x\leqslant b$, 而 $f(z)=$

$u(x)$时，这个积分定义就是一元实变函数定积分的定义.

2. 积分存在的条件及其计算法 设光滑曲线 C 由参数方程

$$z=z(t)=x(t)+iy(t),\alpha\leqslant t\leqslant\beta \tag{3.1.2}$$

给出，正方向为参数增加的方向，参数 α 及 β 对应于起点 A 及终点 B，并且 $z'(t)\neq 0,\alpha<t<\beta$.

如果 $f(z)=u(x,y)+iv(x,y)$ 在 D 内处处连续，那么 $u(x,y)$ 及 $v(x,y)$ 均为 D 内的连续函数. 设 $\zeta_k=\xi_k+i\eta_k$，由于

$$\begin{aligned}\Delta z_k&=z_k-z_{k-1}=x_k+iy_k-(x_{k-1}+iy_{k-1})\\&=(x_k-x_{k-1})+i(y_k-y_{k-1})=\Delta x_k+i\Delta y_k,\end{aligned}$$

所以

$$\begin{aligned}\sum_{k=1}^{n}f(\zeta_k)\Delta z_k&=\sum_{k=1}^{n}[u(\xi_k,\eta_k)+iv(\xi_k,\eta_k)](\Delta x_k+i\Delta y_k)\\&=\sum_{k=1}^{n}[u(\xi_k,\eta_k)\Delta x_k-v(\xi_k,\eta_k)\Delta y_k]\\&\quad+i\sum_{k=1}^{n}[v(\xi_k,\eta_k)\Delta x_k+u(\xi_k,\eta_k)\Delta y_k].\end{aligned}$$

由于 u,v 都是连续函数，根据线积分的存在定理. 我们知道当 n 无限增大而弧段长度的最大值趋于零时，不论对 C 的分法如何，点 (ξ_k,η_k) 的取法如何，上式右端的两个和式的极限都是存在的. 因此有

$$\int_C f(z)dz=\int_C udx-vdy+i\int_C vdx+udy. \tag{3.1.3}$$

公式(3.1.3)在形式上可以看作是 $f(z)=u+iv$ 与 $dz=dx+idy$ 相乘后求积分得到：

$$\begin{aligned}\int_C f(z)dz&=\int_C(u+iv)(dx+idy)=\int_C udx+ivdx+iudy-vdy\\&=\int_C udx-vdy+i\int_C vdx+udy.\end{aligned}$$

所以是很容易记住的。

(3.1.3)式说明了两个问题：

i）当 $f(z)$ 是连续函数而 C 是光滑曲线时，积分 $\int_C f(z)dz$ 是一定存在的。

ii）$\int_C f(z)dz$ 可以通过两个二元实变函数的线积分来计算.

根据线积分的计算方法，我们有：

$$\int_C f(z)dz = \int_\alpha^\beta \{u[x(t),y(t)]x'(t) - v[x(t),y(t)]y'(t)\}dt$$
$$+ i\int_\alpha^\beta \{v[x(t),y(t)]x'(t) + u[x(t),y(t)]y'(t)\}dt. \tag{3.1.4}$$

上式右端可以写成

$$\int_\alpha^\beta \{u[x(t),y(t)] + iv[x(t),y(t)]\}\{x'(t) + iy'(t)\}dt$$
$$= \int_\alpha^\beta f[z(t)]z'(t)dt.$$

所以

$$\int_C f(z)dz = \int_\alpha^\beta f[z(t)]z'(t)dt. \tag{3.1.5}$$

如果 C 是由 $C_1, C_2, \cdots, C_n$ 等光滑曲线段依次相互连接所组成的按段光滑曲线，那么我们定义

$$\int_C f(z)dz = \int_{C_1} f(z)dz + \int_{C_2} f(z)dz + \cdots + \int_{C_n} f(z)dz. \tag{3.1.6}$$

今后我们所讨论的积分，如无特别说明，总假定被积函数是连续的，曲线 C 是按段光滑的.

例 1 计算 $\int_C zdz$，其中 C 为从原点到点 $3+4i$ 的直线段.

［解］ 直线的方程可写作

$$x=3t, y=4t, 0\leqslant t\leqslant 1,$$

或

$$z=3t+i4t, 0\leqslant t\leqslant 1.$$

在 C 上，$z=(3+4i)t$，$dz=(3+4i)dt$. 于是

$$\int_C z dz = \int_0^1 (3+4i)^2 t dt = (3+4i)^2 \int_0^1 t dt = \frac{1}{2}(3+4i)^2.$$

又因
$$\int_C z dz = \int_C (x+iy)(dx+idy)$$
$$= \int_C x dx - y dy + i\int_C y dx + x dy.$$

容易验证,右边两个线积分都与路线 C 无关,所以 $\int_C z dz$ 的值,不论 C 是怎样的连接原点到 $3+4i$ 的曲线,都等于 $\frac{1}{2}(3+4i)^2$.

例 2 计算 $\oint_C \frac{dz}{(z-z_0)^{n+1}}$,其中 C 为以 z_0 为中心,r 为半径的正向圆周(图 3.2),n 为整数.

[**解**] C 的方程可写作

$$z = z_0 + re^{i\theta}, 0 \leqslant \theta \leqslant 2\pi,$$

所以

$$\oint_C \frac{dz}{(z-z_0)^{n+1}} = \int_0^{2\pi} \frac{ire^{i\theta}}{r^{n+1}e^{i(n+1)\theta}} d\theta = \int_0^{2\pi} \frac{i}{r^n e^{in\theta}} d\theta = \frac{i}{r^n}\int_0^{2\pi} e^{-in\theta} d\theta.$$

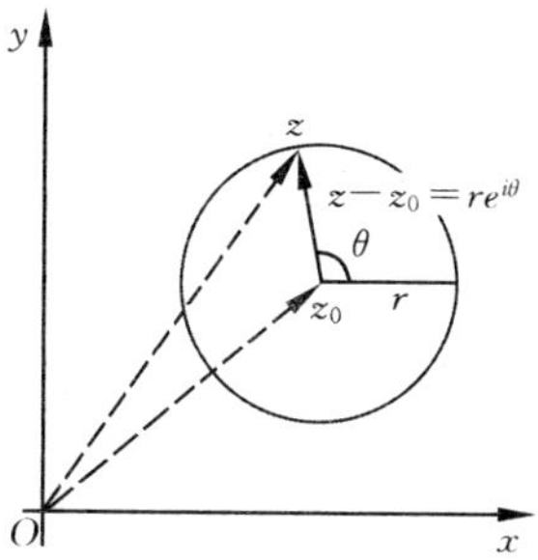

图 3.2

当 $n=0$ 时,结果为:

$$i\int_0^{2\pi} d\theta = 2\pi i,$$

当 $n \neq 0$ 时,结果为:

$$\frac{i}{r^n}\int_0^{2\pi} (\cos n\theta - i\sin n\theta) d\theta = 0.$$

所以

$$\oint_{|z-z_0|=r} \frac{dz}{(z-z_0)^{n+1}} = \begin{cases} 2\pi i, n = 0, \\ 0, \quad n \neq 0. \end{cases}$$

这个结果以后经常要用到,它的特点是与积分路线圆周的中心和半径无关,应记住.

例 3 计算 $\int_C \bar{z} dz$ 的值，其中 C（图 3.3）为

1) 沿从原点到点 $z_0 = 1+i$ 的直线段 C_1 ：$z=(1+i)t, 0 \leqslant t \leqslant 1$；

2) 沿从原点到点 $z_1 = 1$ 的直线段 C_2 ：$z=t, 0 \leqslant t \leqslant 1$，与从 z_1 到 z_0 的直线段 C_3 ：$z=1+it, 0 \leqslant t \leqslant 1$ 所接成的折线.

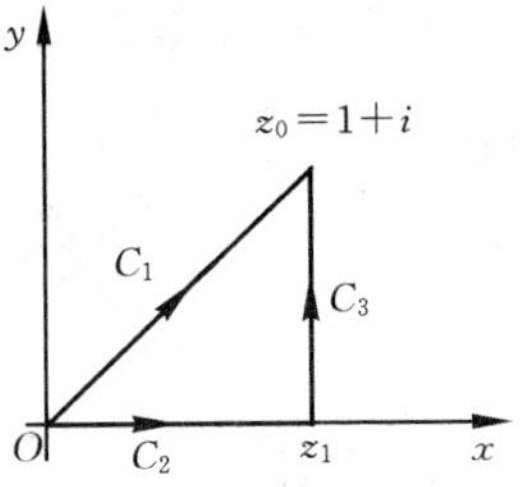

图 3.3

［解］ 1) $\int_C \bar{z} dz = \int_0^1 (t - it)(1+i) dt = \int_0^1 2t dt = 1$；

2) $$\int_C \bar{z} dz = \int_{C_2} \bar{z} dz + \int_{C_3} \bar{z} dz = \int_0^1 t dt + \int_0^1 (1-it) i dt$$

$$= \frac{1}{2} + \left(\frac{1}{2} + i\right) = 1 + i.$$

3. 积分的性质 从积分的定义我们可以推得积分有下列一些简单性质，它们是与实变函数中定积分的性质相类似的：

i) $\int_C f(z) dz = -\int_{C^-} f(z) dz$； (3.1.7)

ii) $\int_C k f(z) dz = k \int_C f(z) dz$；（$k$ 为常数） (3.1.8)

iii) $\int_C [f(z) \pm g(z)] dz = \int_C f(z) dz \pm \int_C g(z) dz$； (3.1.9)

iv) 设曲线 C 的长度为 L，函数 $f(z)$ 在 C 上满足 $|f(z)| \leqslant M$，那么

$$\left| \int_C f(z) dz \right| \leqslant \int_C |f(z)| ds \leqslant ML. \qquad (3.1.10)$$

事实上，$|\Delta z_k|$ 是 z_k 与 z_{k-1} 两点之间的距离，Δs_k 为这两点之间的弧段的长度，所以

$$\left| \sum_{k=1}^{n} f(\zeta_k) \Delta z_k \right| \leqslant \sum_{k=1}^{n} |f(\zeta_k) \Delta z_k| \leqslant \sum_{k=1}^{n} |f(\zeta_k)| \Delta s_k,$$

两端取极限，得

$$\left|\int_C f(z)dz\right| \leqslant \int_C |f(z)| ds.$$

这里$\int_C |f(z)| ds$表示连续函数(非负的)$|f(z)|$沿 C 的曲线积分，因此便得不等式(3.1.10)的第一部分. 又因

$$\sum_{k=1}^{n} |f(\zeta_k)| \Delta s_k \leqslant M \sum_{k=1}^{n} \Delta s_k = ML,$$

所以

$$\int_C |f(z)| ds \leqslant ML,$$

这是不等式(3.1.10)的第二部分.

例 4 设 C 为从原点到点 $3+4i$ 的直线段，试求积分 $\int_C \frac{1}{z-i} dz$ 绝对值的一个上界.

［**解**］ C 的方程为 $z=(3+4i)t$, $0\leqslant t\leqslant 1$. 由估值不等式(3.1.10)知

$$\left|\int_C \frac{1}{z-i} dz\right| \leqslant \int_C \left|\frac{1}{z-i}\right| ds.$$

在 C 上，$\left|\frac{1}{z-i}\right| = \frac{1}{|3t+(4t-1)i|} = \frac{1}{\sqrt{25\left(t-\frac{4}{25}\right)^2+\frac{9}{25}}} \leqslant \frac{5}{3}$,

从而有

$$\left|\int_C \frac{1}{z-i} dz\right| \leqslant \frac{5}{3}\int_C ds, \text{而} \int_C ds = 5, \text{所以}$$

$$\left|\int_C \frac{1}{z-i} dz\right| \leqslant \frac{25}{3}.$$

§2 柯西-古萨(Cauchy-Goursat)基本定理

从上一节所举的例子看来，例 1 中的被积函数 $f(z)=z$ 在复平面内是处处解析的，它沿连结起点及终点的任何路线的积分值都相同，换句话说，积分是与路线无关的. 例 2 中的被积函数当 $n=0$ 时为$\frac{1}{(z-z_0)}$，它在以 z_0 为中心的圆周 C 的内部不是处处解

析的，因为它在 z_0 没有定义，当然在 z_0 不解析了，而此时 $\oint_C \frac{1}{z-z_0}dz = 2\pi i \neq 0$. 如果我们把 z_0 除去，虽然在除去 z_0 的 C 的内部，函数是处处解析的，但是这个区域已经不是单连通的了. 例 3 中的被积函数 $f(z)=\bar{z}=x-iy$，它的实部 $u=x$，虚部 $v=-y$，由于 $u_x=1, u_y=0, v_x=0, v_y=-1$，因而柯西-黎曼方程不满足，所以在复平面内处处不解析，且积分 $\int_C \bar{z}dz$ 的值与路线有关.

由此可见，积分的值与路线无关，或沿封闭曲线的积分值为零的条件，可能与被积函数的解析性及区域的单连通性有关. 究竟关系如何，我们不妨先在加强条件下做些初步探讨. 假设 $f(z)=u+iv$ 在单连通域 B 内处处解析，且 $f'(z)$ 在 B 内连续. 由于 $f'(z)=u_x+iv_x=v_y-iu_y$，所以 u 和 v 以及它们的偏导数 u_x, u_y, v_x, v_y 在 B 内都是连续的，并满足柯西-黎曼方程

$$u_x=v_y, v_x=-u_y.$$

根据(3.1.3)，有

$$\oint_C f(z)dz = \oint_C udx - vdy + i\oint_C vdx + udy, \quad (3.2.1)$$

其中 C 为 B 内任何一条简单闭曲线. 从格林公式与柯西-黎曼方程(路线 C 取正向)得

$$\oint_C udx - vdy = \iint_D (-v_x - u_y)d\sigma = 0,$$

$$\oint_C vdx + udy = \iint_D (u_x - v_y)d\sigma = 0,$$

其中 D 是 C 所围的区域. 所以(3.2.1)的左端为零. 因此，在上面的假设下，函数 $f(z)$ 沿 B 内任何一条闭曲线的积分为零. 实际上，$f'(z)$ 在 B 内连续的假设是不必要的. 我们有下面一条在解析函数理论中最基本的定理.

柯西-古萨基本定理 如果函数 $f(z)$ 在单连通域 B 内处处解析，那么函数 $f(z)$ 沿 B 内的任何一条封闭曲线 C(图 3.4)的积分

为零：

$$\oint_C f(z)dz = 0. \tag{3.2.2}$$

定理中的 C 可以不是简单曲线.这个定理又称柯西积分定理，它的证明比较复杂，我们在这里就不证明了.

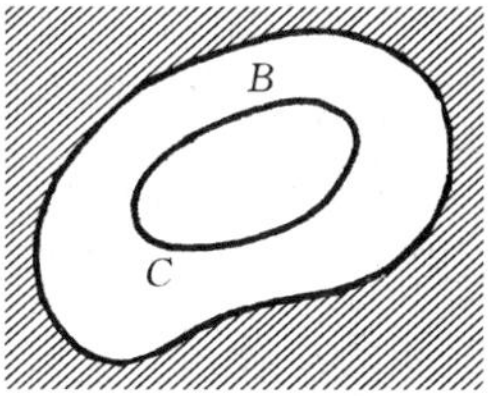

图 3.4

这个定理成立的条件之一是曲线 C 要属于区域 B. 如果曲线 C 是区域 B 的边界，函数 $f(z)$ 在 B 内与 C 上解析，即在闭区域 $\overline{B}=B+C$ 上解析，那么

$$\oint_C f(z)dz = 0$$

是否仍然成立呢？回答是肯定的.不仅如此，我们还可以证明：如果 C 是区域 B 的边界，$f(z)$ 在 B 内解析，在闭区域 $\overline{B}$ 上连续，那么定理还是成立的.

§3 基本定理的推广——复合闭路定理

我们可以把柯西-古萨基本定理推广到多连通域的情况.设函数 $f(z)$ 在多连通域 D 内解析，C 为 D 内的任意一条简单闭曲线.如果 C 的内部完全含于 D，从而 $f(z)$ 在 C 上及其内部解析，故知

$$\oint_C f(z)dz = 0 .$$

但是，当 C 的内部不完全含于 D 时，我们就不一定有上面的等式，如本章 §1 例 2 就说明了这一点.

为了把基本定理推广到多连通域的情形，我们假设 C 及 C_1 为 D 内的任意两条(正向为逆时针方向)简单闭曲线，C_1 在 C 的内部，而且以 C 及 C_1 为边界的区域 D_1 全含于 D. 作两条不相交

的弧段$\widehat{AA'}$及$\widehat{BB'}$，它们依次连接C上某一点A到C_1上的一点A'，以及C_1上某一点B'（异于A'）到C上的一点B，而且此两弧段除去它们的端点外全含于D_1.这样就使得$AEBB'E'A'A$及$AA'F'B'BFA$形成两条全在D内的简单闭曲线，它们的内部全含于D（图3.5）.据上所说，得知

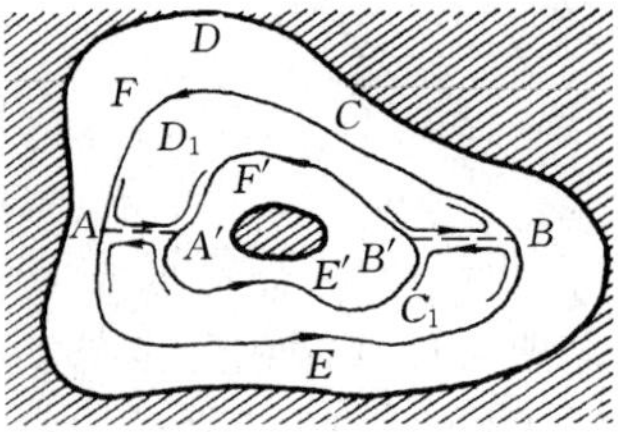

图 3.5

$$\oint_{AEBB'E'A'A} f(z)dz = 0. \qquad \oint_{AA'F'B'BFA} f(z)dz = 0.$$

将上面两等式相加，得

$$\oint_C f(z)dz + \oint_{C_1^-} f(z)dz + \int_{\widehat{AA'}} f(z)dz$$
$$+ \int_{\widehat{A'A}} f(z)dz + \int_{\widehat{B'B}} f(z)dz + \int_{\widehat{BB'}} f(z)dz = 0,$$

即
$$\oint_C f(z)dz + \oint_{C_1^-} f(z)dz = 0, \qquad (3.3.1)$$

或
$$\oint_C f(z)dz = \oint_{C_1} f(z)dz. \qquad (3.3.2)$$

(3.3.1)说明，如果我们把如上两条简单闭曲线C及C_1^-看成一条复合闭路Γ，而且它的正向为：外面的闭曲线C按逆时针进行，内部的闭曲线C_1按顺时针进行（就是沿Γ的正向进行时，Γ的内部总在Γ的左手边），那么

$$\oint_\Gamma f(z)dz = 0.$$

(3.3.2)说明，在区域内的一个解析函数沿闭曲线的积分，不因闭曲线在区域内作连续变形而改变它的值，只要在变形过程中曲线

不经过函数 $f(z)$ 不解析的点. 这一重要事实,称为闭路变形原理。

用同样的方法,我们可以证明:

定理 (复合闭路定理) 设 C 为多连通域 D 内的一条简单闭曲线,$C_1, C_2, \cdots, C_n$ 是在 C 内部的简单闭曲线,它们互不包含也互不相交,并且以 $C, C_1, C_2, \cdots, C_n$ 为边界的区域全含于 D(图 3.6). 如果 $f(z)$ 在 D 内解析,那么

i) $\oint_C f(z)dz = \sum_{k=1}^{n} \oint_{C_k} f(z)dz$,

其中 C 及 C_k 均取正方向;

ii) $\oint_\Gamma f(z)dz = 0$.

这里 Γ 为由 C 及 $C_k(k=1,2,\cdots,n)$ 所组成的复合闭路(其方向是:C 按逆时针进行,C_k 按顺时针进行).

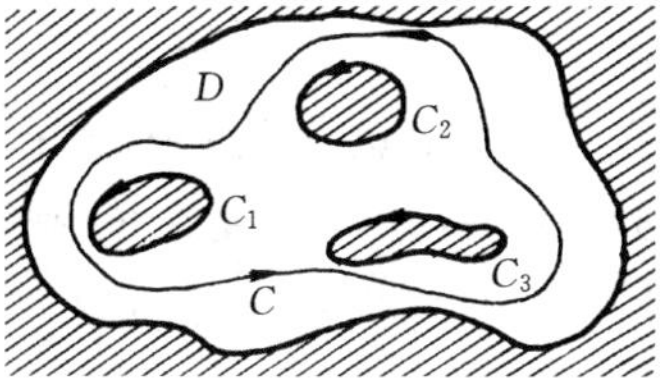

图 3.6

例如,从本章 §1 的例 2 知:当 C 为以 z_0 为中心的正向圆周时,$\oint_C \frac{dz}{z-z_0} = 2\pi i$,所以,根据闭路变形原理,对于包含 z_0 的任何一条正向简单闭曲线 Γ 都有:$\oint_\Gamma \frac{dz}{z-z_0} = 2\pi i$.

例 计算 $\oint_\Gamma \frac{2z-1}{z^2-z}dz$ 的值,Γ 为包含圆周 $|z|=1$ 在内的任何正向简单闭曲线.

[解] 我们知道,函数 $\frac{2z-1}{z^2-z}$ 在复平面内除 $z=0$ 和 $z=1$ 两个奇点外是处处解析的. 由于 Γ 是包含圆周 $|z|=1$ 在内的任何正向简单闭曲线,因此它也包含这两个奇点. 在 Γ 内作两个互不包含也互不相交的正向圆周 C_1 与 C_2,C_1 只包含奇点 $z=0$,C_2 只包含奇点 $z=1$(图 3.7),那么根据复合闭路定理的 i),得

$$\oint_\Gamma \frac{2z-1}{z^2-z}dz = \oint_{C_1} \frac{2z-1}{z^2-z}dz + \oint_{C_2} \frac{2z-1}{z^2-z}dz$$

$$= \oint_{C_1} \frac{1}{z-1}dz + \oint_{C_1} \frac{1}{z}dz$$

$$+ \oint_{C_2} \frac{1}{z-1}dz + \oint_{C_2} \frac{1}{z}dz$$

$$= 0 + 2\pi i + 2\pi i + 0 = 4\pi i.$$

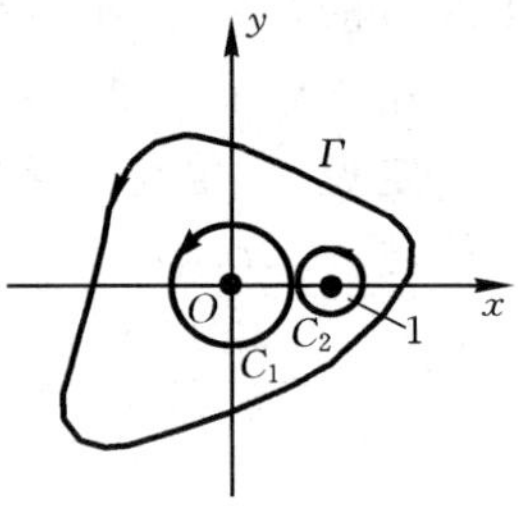

图 3.7

从这个例子我们看到:借助于复合闭路定理,有些比较复杂的函数的积分可以化为比较简单的函数的积分来计算它的值.这是计算积分常用的一种方法.

§4 原函数与不定积分

我们知道,线积分沿封闭曲线的积分为零跟曲线积分与路线无关是两个等价的概念,所以根据柯西-古萨基本定理,下面的定理显然成立.

定理一 如果函数 $f(z)$ 在单连通域 B 内处处解析,那么积分 $\int_C f(z)dz$ 与连结起点及终点的路线 C 无关.

由定理一可知,解析函数在单连通域内的积分只与起点 z_0 及终点 z_1 有关,如图 3.8 所示,所以我们有

$$\int_{C_1} f(z)dz = \int_{C_2} f(z)dz = \int_{z_0}^{z_1} f(z)dz.$$

固定 z_0,让 z_1 在 B 内变动,并令 $z_1 = z$,那么积分 $\int_{z_0}^{z} f(\zeta)d\zeta$ 在 B 内确定了一个单值函数 $F(z)$,即

$$F(z) = \int_{z_0}^{z} f(\zeta)d\zeta. \tag{3.4.1}$$

对这个函数,我们有

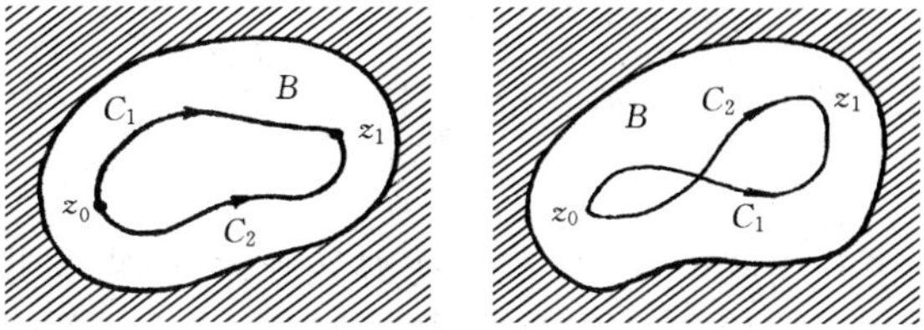

(a)　　　　(b)

图 3.8

定理二　如果 $f(z)$ 在单连通域 B 内处处解析，那么函数 $F(z)$ 必为 B 内的一个解析函数，并且 $F'(z)=f(z)$.

［证］　我们从导数的定义出发来证. 设 z 为 B 内任意一点，以 z 为中心作一含于 B 内的小圆 K. 取 $|\Delta z|$ 充分小使 $z+\Delta z$ 在 K 内(图 3.9). 于是由(3.4.1)得

$$F(z+\Delta z)-F(z)=\int_{z_0}^{z+\Delta z} f(\zeta)d\zeta-\int_{z_0}^{z} f(\zeta)d\zeta.$$

由于积分与路线无关，因此积分 $\int_{z_0}^{z+\Delta z} f(\zeta)d\zeta$ 的积分路线可取先从 z_0 到 z，然后再从 z 沿直线段到 $z+\Delta z$，而从 z_0 到 z 的积分路线取得跟积分 $\int_{z_0}^{z} f(\zeta)d\zeta$ 的积分路线相同. 于是有

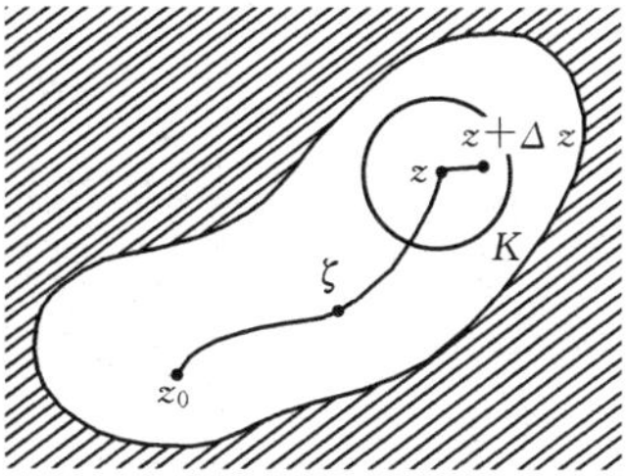

图 3.9

$$F(z+\Delta z)-F(z)=\int_{z}^{z+\Delta z} f(\zeta)d\zeta.$$

又因　$$\int_{z}^{z+\Delta z} f(z)d\zeta=f(z)\int_{z}^{z+\Delta z} d\zeta=f(z)\Delta z,$$

从而有

$$\frac{F(z+\Delta z)-F(z)}{\Delta z}-f(z)=\frac{1}{\Delta z}\int_z^{z+\Delta z}f(\zeta)d\zeta-f(z)$$
$$=\frac{1}{\Delta z}\int_z^{z+\Delta z}[f(\zeta)-f(z)]d\zeta.$$

因为 $f(z)$在 B 内解析，所以 $f(z)$在 B 内连续. 因此对于任意给定的正数 $\varepsilon>0$，总可找到一个 $\delta>0$，使得对于满足 $|\zeta-z|<\delta$ 的一切 ζ 都在 K 内，也就是当 $|\Delta z|<\delta$ 时，总有

$$|f(\zeta)-f(z)|<\varepsilon.$$

根据积分的估值性质(3.1.10)

$$\left|\frac{F(z+\Delta z)-F(z)}{\Delta z}-f(z)\right|=\frac{1}{|\Delta z|}\left|\int_z^{z+\Delta z}[f(\zeta)-f(z)]d\zeta\right|$$
$$\leqslant\frac{1}{|\Delta z|}\int_z^{z+\Delta z}|f(\zeta)-f(z)|d\zeta$$
$$\leqslant\frac{1}{|\Delta z|}\cdot\varepsilon\cdot|\Delta z|=\varepsilon.$$

这就是说 $$\lim_{\Delta z\to 0}\left|\frac{F(z+\Delta z)-F(z)}{\Delta z}-f(z)\right|=0,$$

即

$$F'(z)=f(z).$$ [证毕]

这个定理跟微积分学中的对变上限积分的求导定理完全类似. 在此基础上，我们也可以得出类似于微积分学中的基本定理和牛顿-莱布尼兹公式. 先引入原函数的概念.

定义 如果函数 $\varphi(z)$在区域 B 内的导数等于 $f(z)$，即 $\varphi'(z)=f(z)$，那么称 $\varphi(z)$为 $f(z)$在区域 B 内的原函数.

定理二表明 $F(z)=\int_{z_0}^{z}f(\zeta)d\zeta$是 $f(z)$ 的一个原函数.

容易证明，$f(z)$的任何两个原函数相差一个常数. 设 $G(z)$和 $H(z)$是 $f(z)$的任何两个原函数，那么

$$[G(z)-H(z)]'=G'(z)-H'(z)=f(z)-f(z)\equiv 0,$$

所以(见第二章§2 例 3)

$$G(z)-H(z)=c,$$

c 为任意常数.

由此可知,如果函数 $f(z)$在区域 B 内有一个原函数 $F(z)$,那么它就有无穷多个原函数,而且具有一般表达式 $F(z)+c$,c 为任意常数.

跟在微积分学中一样,我们定义:$f(z)$的原函数的一般表达式 $F(z)+c$(其中 c 为任意常数.)为 $f(z)$的不定积分,记作

$$\int f(z)dz = F(z) + c.$$

利用任意两个原函数之差为一常数这一性质,我们可以推得跟牛顿-莱布尼兹公式类似的解析函数的积分计算公式.

定理三 如果 $f(z)$在单连通域 B 内处处解析,$G(z)$为 $f(z)$的一个原函数,那么

$$\int_{z_0}^{z_1} f(z)dz = G(z_1) - G(z_0),$$

这里 z_0,z_1 为域 B 内的两点.

[证] 因为 $\int_{z_0}^{z} f(z)dz$ 也是 $f(z)$的原函数,所以

$$\int_{z_0}^{z} f(z)dz = G(z) + c.$$

当 $z=z_0$ 时,根据柯西-古萨基本定理,得 $c=-G(z_0)$. 因此

$$\int_{z_0}^{z} f(z)dz = G(z) - G(z_0),$$

或

$$\int_{z_0}^{z_1} f(z)dz = G(z_1) - G(z_0). \tag{3.4.2}$$

[证毕]

有了原函数、不定积分和积分计算公式(3.4.2),复变函数的积分就可用跟微积分学中类似的方法去计算.

例 1 求积分$\int_0^i z\cos z dz$ 的值.

[解] 函数 $z\cos z$ 在全平面内解析,容易求得它有一个原函数为 $z\sin z+\cos z$. 所以

$$\int_0^i z\cos z dz = [z\sin z + \cos z]_0^i = i\sin i + \cos i - 1$$
$$= i\frac{e^{-1}-e}{2i} + \frac{e^{-1}+e}{2} - 1 = e^{-1} - 1.$$

例 2 试沿区域 $\mathrm{Im}(z)\geqslant 0,\mathrm{Re}(z)\geqslant 0$ 内的圆弧 $|z|=1$，计算积分 $\int_1^i \frac{\ln(z+1)}{z+1}dz$ 的值.

[解] 函数 $\frac{\ln(z+1)}{z+1}$ 在所设区域内解析，它的一个原函数为 $\frac{1}{2}\ln^2(z+1)$，所以

$$\int_1^i \frac{\ln(z+1)}{z+1}dz = \frac{1}{2}\ln^2(z+1)\bigg|_1^i = \frac{1}{2}[\ln^2(1+i) - \ln^2 2]$$
$$= \frac{1}{2}\left[\left(\frac{1}{2}\ln 2 + \frac{\pi}{4}i\right)^2 - \ln^2 2\right]$$
$$= -\frac{\pi^2}{32} - \frac{3}{8}\ln^2 2 + \frac{\pi\ln 2}{8}i.$$

§5 柯西积分公式

设 B 为一单连通域，z_0 为 B 中的一点. 如果 $f(z)$ 在 B 内解析，那么函数 $\frac{f(z)}{z-z_0}$ 在 z_0 不解析. 所以在 B 内沿围绕 z_0 的一条闭曲线 C 的积分 $\oint_C \frac{f(z)}{z-z_0}dz$ 一般不为零. 又根据闭路变形原理，这积分的值沿任何一条围绕 z_0 的简单闭曲线都是相同的. 现在来求这个积分的值. 既然沿围绕 z_0 的任何简单闭曲线积分值都相同. 那么我们就取以 z_0 为中心，半径为 δ 的很小的圆周 $|z-z_0|=\delta$（取其正向）作为积分曲线 C. 由于 $f(z)$ 的连续性，在 C 上的函数 $f(z)$ 的值将随着 δ 的缩小而逐渐接近于它在圆心 z_0 处的值，从而使我们猜想积分 $\oint_C \frac{f(z)}{z-z_0}dz$ 的值也将随着 δ 的缩小而接近于

$$\oint_C \frac{f(z_0)}{z-z_0}dz = f(z_0)\oint_C \frac{1}{z-z_0}dz = 2\pi i f(z_0).$$

其实两者是相等的，即

$$\oint_C \frac{f(z)}{z-z_0}dz = 2\pi i f(z_0).$$

我们有下面的定理.

定理(柯西积分公式) 如果 $f(z)$ 在区域 D 内处处解析，C 为 D 内的任何一条正向简单闭曲线，它的内部完全含于 D，z_0 为 C 内的任一点，那么

$$f(z_0) = \frac{1}{2\pi i}\oint_C \frac{f(z)}{z-z_0}dz. \tag{3.5.1}$$

[证] 由于 $f(z)$ 在 z_0 连续，任意给定 $\varepsilon>0$，必有一个 $\delta(\varepsilon)>0$，当 $|z-z_0|<\delta$ 时，$|f(z)-f(z_0)|<\varepsilon$. 设以 z_0 为中心、R 为半径的圆周 K： $|z-z_0|=R$ 全部在 C 的内部，且 $R<\delta$(图 3.10)，那么

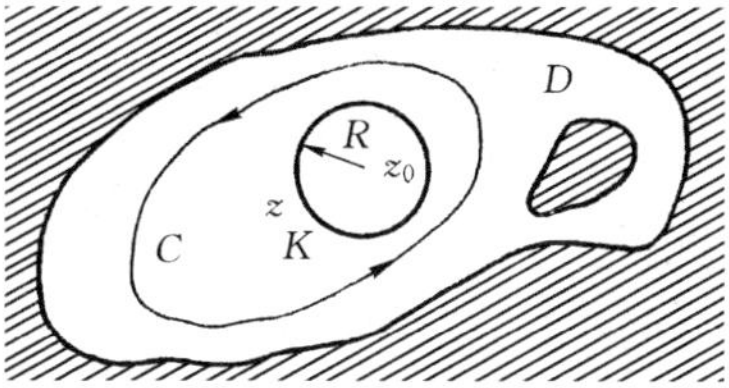

图 3.10

$$\oint_C \frac{f(z)}{z-z_0}dz = \oint_K \frac{f(z)}{z-z_0}dz = \oint_K \frac{f(z_0)}{z-z_0}dz + \oint_K \frac{f(z)-f(z_0)}{z-z_0}dz$$

$$= 2\pi i f(z_0) + \oint_K \frac{f(z)-f(z_0)}{z-z_0}dz. \tag{3.5.2}$$

由(3.1.10)，有

$$\left|\oint_K \frac{f(z)-f(z_0)}{z-z_0}dz\right| \leqslant \oint_K \frac{|f(z)-f(z_0)|}{|z-z_0|}ds < \frac{\varepsilon}{R}\oint_K ds = 2\pi\varepsilon.$$

这表明不等式左端积分的模可以任意小，只要 R 足够小就行了. 根据闭路变形原理，该积分的值与 R 无关，所以只有在对所有的 R 积

分值为零时才有可能.因此,由(3.5.2)即得所要证的(3.5.1)式.

[证毕]

如果 $f(z)$ 在简单闭曲线 C 所围成的区域内及 C 上解析,那么公式(3.5.1)仍然成立.

公式(3.5.1)称为柯西积分公式.通过这个公式就可以把一个函数在 C 内部任一点的值用它在边界上的值来表示。换句话说,如果 $f(z)$ 在区域边界上的值一经确定,那么它在区域内部任一点处的值也就确定.这是解析函数的又一特征.柯西积分公式不但提供了计算某些复变函数沿闭路积分的一种方法,而且给出了解析函数的一个积分表达式,从而是研究解析函数的有力工具(见§6).

如果 C 是圆周 $z=z_0+Re^{i\theta}$,那么(3.5.1)式成为

$$f(z_0)=\frac{1}{2\pi}\int_0^{2\pi}f(z_0+Re^{i\theta})d\theta. \tag{3.5.3}$$

这就是说,一个解析函数在圆心处的值等于它在圆周上的平均值,

例 求下列积分(沿圆周正向)的值:

1) $\dfrac{1}{2\pi i}\oint\limits_{|z|=4}\dfrac{\sin z}{z}dz$; 2) $\oint\limits_{|z|=4}\left(\dfrac{1}{z+1}+\dfrac{2}{z-3}\right)dz$.

[解] 由(3.5.1)得

1) $\dfrac{1}{2\pi i}\oint\limits_{|z|=4}\dfrac{\sin z}{z}dz=\sin z\Big|_{z=0}=0$;

2) $$\oint\limits_{|z|=4}\left(\frac{1}{z+1}+\frac{2}{z-3}\right)dz=\oint\limits_{|z|=4}\frac{dz}{z+1}+\oint\limits_{|z|=4}\frac{2dz}{z-3}$$
$$=2\pi i\cdot 1+2\pi i\cdot 2=6\pi i.$$

§6 解析函数的高阶导数

一个解析函数不仅有一阶导数,而且有各高阶导数,它的值也可以用函数在边界上的值通过积分来表示.这一点跟实变函数完全不同.一个实变函数在某一区间上可导,它的导数在这区域上是

否连续也不一定，更不要说它有高阶导数存在了.

关于解析函数的高阶导数我们有下面的定理.

定理 解析函数 $f(z)$ 的导数仍为解析函数，它的 n 阶导数为：

$$f^{(n)}(z_0)=\frac{n!}{2\pi i}\oint_C\frac{f(z)}{(z-z_0)^{n+1}}dz\quad(n=1,2,\cdots)\tag{3.6.1}$$

其中 C 为在函数 $f(z)$ 的解析区域 D 内围绕 z_0 的任何一条正向简单闭曲线，而且它的内部全含于 D.

［**证**］ 设 z_0 为 D 内任意一点，我们先证 $n=1$ 的情形，即

$$f'(z_0)=\frac{1}{2\pi i}\oint_C\frac{f(z)}{(z-z_0)^2}dz.$$

根据定义

$$f'(z_0)=\lim_{\Delta z\to 0}\frac{f(z_0+\Delta z)-f(z_0)}{\Delta z},$$

从柯西积分公式得

$$f(z_0)=\frac{1}{2\pi i}\oint_C\frac{f(z)}{z-z_0}dz,$$

$$f(z_0+\Delta z)=\frac{1}{2\pi i}\oint_C\frac{f(z)}{z-z_0-\Delta z}dz,$$

从而有

$$\begin{aligned}\frac{f(z_0+\Delta z)-f(z_0)}{\Delta z}&=\frac{1}{2\pi i\Delta z}\left[\oint_C\frac{f(z)}{z-z_0-\Delta z}dz-\oint_C\frac{f(z)}{z-z_0}dz\right]\\&=\frac{1}{2\pi i}\oint_C\frac{f(z)}{(z-z_0)(z-z_0-\Delta z)}dz\end{aligned}$$

$$=\frac{1}{2\pi i}\oint_C\frac{f(z)}{(z-z_0)^2}dz+\frac{1}{2\pi i}\oint_C\frac{\Delta zf(z)}{(z-z_0)^2(z-z_0-\Delta z)}dz.$$

设后一个积分为 I，那么

$$|I|=\frac{1}{2\pi}\left|\oint_C\frac{\Delta zf(z)dz}{(z-z_0)^2(z-z_0-\Delta z)}\right|$$

$$\leqslant \frac{1}{2\pi}\oint_C \frac{|\Delta z||f(z)|\,ds}{|z-z_0|^2\,|z-z_0-\Delta z|}.$$

因为 $f(z)$在 C 上是解析的，所以在 C 上连续，由第一章 §6 知在 C 上是有界的. 由此可知必存在一个正数 M，使得在 C 上有 $|f(z)|\leqslant M$. 设 d 为从 z_0 到曲线 C 上各点的最短距离(图 3.11)，并取 $|\Delta z|$ 适当地小，使其满足 $|\Delta z|<\frac{1}{2}d$，那么我们就有

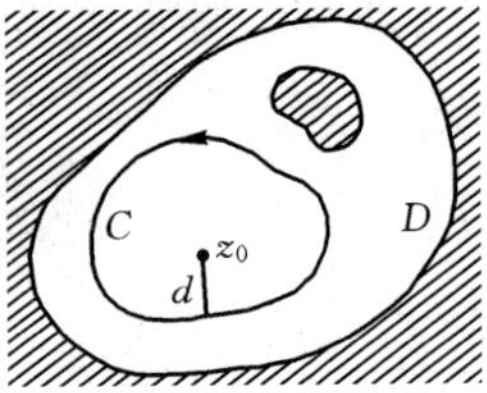

图 3.11

$$|z-z_0|\geqslant d,\quad \frac{1}{|z-z_0|}\leqslant\frac{1}{d};$$

$$|z-z_0-\Delta z|\geqslant|z-z_0|-|\Delta z|>\frac{d}{2},\quad \frac{1}{|z-z_0-\Delta z|}<\frac{2}{d}.$$

所以

$$|I|<|\Delta z|\frac{ML}{\pi d^3},$$

这里 L 为 C 的长度. 如果 $\Delta z\to 0$，那么 $I\to 0$，从而得

$$f'(z_0)=\lim_{\Delta z\to 0}\frac{f(z_0+\Delta z)-f(z_0)}{\Delta z}=\frac{1}{2\pi i}\oint_C\frac{f(z)}{(z-z_0)^2}dz. \quad (3.6.2)$$

这表明了 $f(z)$在 z_0 的导数可以由把(3.5.1)的右端在积分号下对 z_0 求导而得.

我们再利用(3.6.2)以及推出(3.6.2)的方法去求极限：

$$\lim_{\Delta z\to 0}\frac{f'(z_0+\Delta z)-f'(z_0)}{\Delta z},$$

便可得到

$$f''(z_0)=\frac{2!}{2\pi i}\oint_C\frac{f(z)}{(z-z_0)^3}dz.$$

到这里我们已经证明了一个解析函数的导数仍然是解析函数. 依次类推，用数学归纳法可以证明：

$$f^{(n)}(z_0)=\frac{n!}{2\pi i}\oint_C\frac{f(z)}{(z-z_0)^{n+1}}dz.$$

[证毕]

公式(3.6.1)可以这样记忆：把柯西积分公式(3.5.1)的两边对 z_0 求 n 阶导数，右边求导在积分号下进行，求导时把被积函数看作是 z_0 的函数，而把 z 看作常数.

高阶导数公式的作用，不在于通过积分来求导，而在于通过求导来求积分.

例 1 求下列积分的值，其中 C 为正向圆周：$|z|=r>1$.

$$1)\oint_C \frac{\cos\pi z}{(z-1)^5}dz; \qquad 2)\oint_C \frac{e^z}{(z^2+1)^2}dz.$$

[解] 1) 函数 $\dfrac{\cos\pi z}{(z-1)^5}$ 在 C 内的 $z=1$ 处不解析，但 $\cos\pi z$ 在 C 内却是处处解析的. 根据(3.6.1)，有

$$\oint_C \frac{\cos\pi z}{(z-1)^5}dz = \frac{2\pi i}{(5-1)!}(\cos\pi z)^{(4)}\Big|_{z=1} = -\frac{\pi^5 i}{12}.$$

2) 函数 $\dfrac{e^z}{(z^2+1)^2}$ 在 C 内的 $z=\pm i$ 处不解析. 我们在 C 内以 i 为中心作一个正向圆周 C_1，以 $-i$ 为中心作一个正向圆周 C_2(图3.12)，那么函数 $\dfrac{e^z}{(z^2+1)^2}$ 在由 C, C_1 和 C_2 所围成的区域内是解析的. 根据复合闭路定理，

$$\oint_C \frac{e^z}{(z^2+1)^2}dz = \oint_{C_1} \frac{e^z}{(z^2+1)^2}dz + \oint_{C_2} \frac{e^z}{(z^2+1)^2}dz,$$

由(3.6.1)有

$$\oint_{C_1} \frac{e^z}{(z^2+1)^2}dz = \oint_{C_1} \frac{\dfrac{e^z}{(z+i)^2}}{(z-i)^2}dz = \frac{2\pi i}{(2-1)!}\left[\frac{e^z}{(z+i)^2}\right]'_{z=i}$$

$$= \frac{(1-i)e^i}{2}\pi.$$

同样可得

$$\oint_{C_2} \frac{e^z}{(z^2+1)^2}dz = \frac{-(1+i)e^{-i}}{2}\pi.$$

所以 $\oint_C \frac{e^z dz}{(z^2+1)^2} = \frac{\pi}{2}(1-i)(e^i - ie^{-i})$

$= \frac{\pi}{2}(1-i)^2(\cos 1 - \sin 1)$

$= i\pi\sqrt{2}\sin\left(1-\frac{\pi}{4}\right).$

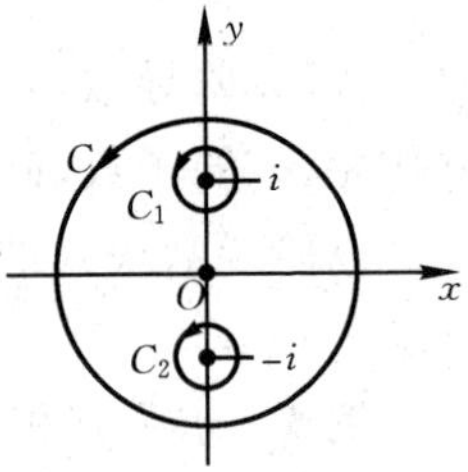

图 3.12

例 2 设函数 $f(z)$在单连通域 B 内连续，且对于 B 内任何一条简单闭曲线 C 都有 $\oint_C f(z)dz = 0$，证明 $f(z)$ 在 B 内解析(Morera 定理).

［证］ 在 B 内取定一点 z_0，z 为 B 内任意一点. 根据已知条件，知积分$\int_{z_0}^{z} f(\zeta)d\zeta$ 的值与连接 z_0 与 z 的路线无关，它定义了一个 z 的单值函数：

$$F(z) = \int_{z_0}^{z} f(\zeta)d\zeta$$

用跟证明§4 中定理二完全相同的方法，可以证明

$$F'(z) = f(z)$$

所以 $F(z)$是 B 内的一个解析函数，再根据刚才证明的定理知解析函数的导数仍为解析函数，故 $f(z)$为解析函数.

§7 解析函数与调和函数的关系

在前一节，我们证明了在区域 D 内解析的函数，其导数仍为解析函数，因而具有任意阶的导数. 本节利用这个重要结论研究它与调和函数之间的关系.

如果二元实变函数 $\varphi(x,y)$在区域 D 内具有二阶连续偏导数并且满足拉普拉斯(Laplace)方程

$$\frac{\partial^2\varphi}{\partial x^2}+\frac{\partial^2\varphi}{\partial y^2}=0,$$

那么称 $\varphi(x,y)$为区域 D 内的调和函数.

调和函数在诸如流体力学和电磁场理论等实际问题中都有重要的应用.下面的定理说明了调和函数与解析函数的关系.

定理 任何在区域 D 内解析的函数,它的实部和虚部都是 D 内的调和函数.

[**证**] 设 $w=f(z)=u+iv$ 为 D 内的一个解析函数,那么

$$\frac{\partial u}{\partial x}=\frac{\partial v}{\partial y},\ \frac{\partial u}{\partial y}=-\frac{\partial v}{\partial x},$$

从而

$$\frac{\partial^2 u}{\partial x^2}=\frac{\partial^2 v}{\partial y\partial x},\ \frac{\partial^2 u}{\partial y^2}=-\frac{\partial^2 v}{\partial x\partial y}.$$

根据解析函数高阶导数定理,u 与 v 具有任意阶的连续偏导数.所以

$$\frac{\partial^2 v}{\partial y\partial x}=\frac{\partial^2 v}{\partial x\partial y},$$

从而

$$\frac{\partial^2 u}{\partial x^2}+\frac{\partial^2 u}{\partial y^2}=0.$$

同理

$$\frac{\partial^2 v}{\partial x^2}+\frac{\partial^2 v}{\partial y^2}=0.$$

因此 u 与 v 都是调和函数.

[证毕]

设 $u(x,y)$ 为区域 D 内给定的调和函数,我们把使 $u+iv$ 在 D 内构成解析函数的调和函数 $v(x,y)$ 称为 $u(x,y)$ 的共轭调和函数.换句话说,在 D 内满足柯西-黎曼方程

$$\frac{\partial u}{\partial x}=\frac{\partial v}{\partial y},\ \frac{\partial v}{\partial x}=-\frac{\partial u}{\partial y} \tag{3.7.1}$$

的两个调和函数中,v 称为 u 的共轭调和函数.因此,上面的定理说明:区域 D 内的解析函数的虚部为实部的共轭调和函数.

解析函数和调和函数的上述关系,使我们可以借助于解析函数的理论解决调和函数的问题.在第六章§7中我们将举例说明解析函数在这个方面的应用.

应当指出，如果已知一个调和函数 u，那么就可以利用柯西-黎曼方程(3.7.1)求得它的共轭调和函数 v，从而构成一个解析函数 $u+vi$. 下面举例说明求法. 这种方法可以称为偏积分法

例 1 证明 $u(x,y)=y^3-3x^2y$ 为调和函数，并求其共轭调和函数 $v(x,y)$ 和由它们构成的解析函数.

［**解**］ 1）因为 $\dfrac{\partial u}{\partial x}=-6xy$，$\dfrac{\partial^2 u}{\partial x^2}=-6y$。

$$\frac{\partial u}{\partial y}=3y^2-3x^2,\quad \frac{\partial^2 u}{\partial y^2}=6y,$$

所以
$$\frac{\partial^2 u}{\partial x^2}+\frac{\partial^2 u}{\partial y^2}=0.$$

这就证明了 $u(x,y)$ 为调和函数.

2）由
$$\frac{\partial v}{\partial y}=\frac{\partial u}{\partial x}=-6xy,\text{得}$$

$$v=\int -6xydy=-3xy^2+g(x),$$

$$\frac{\partial v}{\partial x}=-3y^2+g'(x),$$

由 $\dfrac{\partial v}{\partial x}=-\dfrac{\partial u}{\partial y}$，得

$$-3y^2+g'(x)=-3y^2+3x^2,$$

故
$$g(x)=\int 3x^2dx=x^3+c,$$

因此
$$v(x,y)=x^3-3xy^2+c.$$

从而得到一个解析函数

$$w=y^3-3x^2y+i(x^3-3xy^2+c).$$

这个函数可以化为

$$w=f(z)=i(z^3+c).$$

此例说明，已知解析函数的实部，就可以确定它的虚部，至多相差一个任意常数. 下面的例子则说明可以类似地由解析函数的虚部确定(可能相差一个常数)它的实部.

例 2 已知一调和函数 $v=e^x(y\cos y+x\sin y)+x+y$，求一解

析函数 $f(z)=u+iv$,使 $f(0)=0$.

［解］ 因为

$$\frac{\partial v}{\partial x}=e^x(y\cos y+x\sin y+\sin y)+1,$$

$$\frac{\partial v}{\partial y}=e^x(\cos y-y\sin y+x\cos y)+1,$$

由 $$\frac{\partial u}{\partial x}=\frac{\partial v}{\partial y}=e^x(\cos y-y\sin y+x\cos y)+1,$$

得 $$\begin{aligned}u&=\int[e^x(\cos y-y\sin y+x\cos y)+1]dx\\&=e^x(x\cos y-y\sin y)+x+g(y).\end{aligned}$$

由 $\dfrac{\partial v}{\partial x}=-\dfrac{\partial u}{\partial y}$,得

$$\begin{aligned}&e^x(y\cos y+x\sin y+\sin y)+1\\&=e^x(x\sin y+y\cos y+\sin y)-g'(y)\end{aligned}$$

故 $$g(y)=-y+c.$$

因此 $$u=e^x(x\cos y-y\sin y)+x-y+c,$$

而 $$\begin{aligned}f(z)&=e^x(x\cos y-y\sin y)+x-y+c\\&\quad+i[e^x(y\cos y+x\sin y)+x+y]\\&=xe^xe^{iy}+iye^xe^{iy}+x(1+i)+iy(1+i)+c,\end{aligned}$$

它可以写成

$$f(z)=ze^z+(1+i)z+c.$$

由 $f(0)=0$,得 $c=0$,所以所求的解析函数为

$$f(z)=ze^z+(1+i)z.$$

下面再介绍一种已知调和函数 $u(x,y)$ 或 $v(x,y)$ 求解析函数 $f(z)=u+iv$ 的方法.

我们知道,解析函数 $f(z)=u+iv$ 的导数 $f'(z)$ 仍为解析函数,且由(2.2.2)式知

$$f'(z)=u_x+iv_x=u_x-iu_y=v_y+iv_x$$

把 u_x-iu_y 与 v_y+iv_x 还原成 z 的函数(即用 z 来表示),得

$$f'(z)=u_x-iu_y=U(z) \quad 与 \quad f'(z)=v_y+iv_x=V(z).$$

将它们积分，即得

$$f(z)=\int U(z)dz+c \tag{3.7.2}$$

$$f(z)=\int V(z)dz+c \tag{3.7.3}$$

已知实部 u 求 $f(z)$ 可用(3.7.2)； 已知虚部 v 求 $f(z)$ 可用(3.7.3).

在上面的例 1 中，因 $u=y^3-3x^2y$，故 $u_x=-6xy, u_y=3y^2-3x^2$，从而

$$\begin{aligned}f'(z)&=-6xy-i(3y^2-3x^2)\\&=3i(x^2+2xyi-y^2)\\&=3iz^2.\end{aligned}$$

故

$$f(z)=\int 3iz^2dz=iz^3+c_1$$

其中常数 c_1 为任意纯虚数，因为 $f(z)$ 的实部为已知函数，不可能包含实的任意常数. 所以

$$f(z)=i(z^3+c),$$

其中 c 为任意实常数.

又如上面的例 2，因 $v=e^x(y\cos y+x\sin y)+x+y$，故

$$v_x=e^x(y\cos y+x\sin y+\sin y)+1,$$

$$v_y=e^x(\cos y-y\sin y+x\cos y)+1$$

从而

$$\begin{aligned}f'(z)&=e^x(\cos y-y\sin y+x\cos y)+1+i[e^x(y\cos y+x\sin y+\\&\quad\sin y)+1]\\&=e^x(\cos y+i\sin y)+i(x+iy)e^x\sin y+(x+iy)e^x\cos y\\&\quad+1+i\\&=e^{x+iy}+(x+iy)e^{x+iy}+1+i=e^z+ze^z+1+i.\end{aligned}$$

积分，得

$$f(z)=\int(e^z+ze^z+1+i)dz=ze^z+(1+i)z+c,$$

其中 c 为实常数.

以上这种方法可以称为不定积分法.

小　　结

1. 复变函数的积分是定积分在复数域中的自然推广，两者的定义在形式上是相似的，只是把定积分的被积函数从 $f(x)$ 换成 $f(z)$，积分区间 $[a,b]$ 换成了平面上的一条起点为 A 终点为 B 的光滑曲线 C，即

$$\int_{C_A}^{C_B} f(z)dz = \lim_{n\to\infty}\sum_{k=1}^{n} f(\zeta_k)\Delta z_k.$$

所以，复变函数的积分实际上是复平面上的线积分.

如果 $f(z)=u(x,y)+iv(x,y)$，那么

$$\int_{C_A}^{C_B} f(z)dz = \int_{C_A}^{C_B} udx - vdy + i\int_{C_A}^{C_B} vdx + udy. \tag{1}$$

设曲线 C 的参数方程为 $z=z(t)=x(t)+iy(t)$，$\alpha\leqslant t\leqslant\beta$，那么

$$\int_{C_A}^{C_B} f(z)dz = \int_{\alpha}^{\beta} f[z(t)]z'(t)dt. \tag{2}$$

(1)式与(2)式常常用来计算积分的值. 在计算积分时，公式

$$\oint_{|z-z_0|=r} \frac{dz}{(z-z_0)^{n+1}} = \begin{cases} 2\pi i, & n=0 \\ 0, & n\neq 0 \end{cases}$$

是经常用到的，应把它记住.

复变函数的积分有跟微积分学中的线积分完全相似的性质：(3.1.7)，(3.1.8)，(3.1.9)，(3.1.10). 也应把它们记住.

2. **柯西-古萨基本定理**　如果函数 $f(z)$ 在单连通域 B 内处处解析，那么函数 $f(z)$ 沿 B 内任意一条封闭曲线 C 的积分值为零，即

$$\oint_C f(z)dz = 0.$$

定理的推广　(1) 如果函数 $f(z)$ 在以简单闭曲线 C 为边界

的有界闭域上解析，那么

$$\oint_C f(z)dz = 0.$$

(2) 如果函数 $f(z)$在单连通域 B 内解析，在闭域 $\overline{B}$ 上连续，那么

$$\oint_C f(z)dz = 0.$$

(3) **复合闭路定理** 设 C 为多连通域 D 内的一条简单闭曲线，$C_1, C_2, \cdots, C_n$ 为在 C 内的简单闭曲线，它们互不包含又互不相交，又设由 C 与 $C_1, C_2, \cdots, C_n$ 所围成的区域全含于 D，如果 $f(z)$ 在 D 内解析，那么

1° $\oint_C f(z)dz = \sum_{k=1}^{n}\oint_{C_k} f(z)dz$，其中 C 与 C_k 均取正向；

2° $\oint_\Gamma f(z)dz = 0$，其中 Γ 为由 C 与 C_k 组成的复合闭路.

(4) **闭路变形原理** 在区域 D 内的一个解析函数沿闭曲线的积分，不因闭曲线在 D 内作连续变形而改变积分的值，只要在变形过程中曲线不经过 $f(z)$不解析的点.

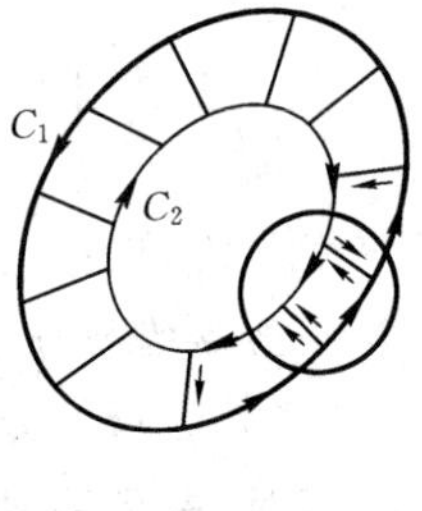

图 3.13

我们可以像下面那样来理解原理的正确性. 设想 C_1 连续变动到与 C_1 适当靠近的曲线 C_2，使 C_1 与 C_2 围成一个较窄的环形域(图 3.13). 在 C_1 与 C_2 上各自取个数相同的一组点，并将这些点用线段连接起来形成许多网格. 这样的每一个网格都落在一个 $f(z)$在其内部解析的圆域内，因而根据基本定理沿每一个网格边界的积分均为零. 把沿所有网格边界的积分加起来，因为沿线段的积分互相抵消，故有

$$\oint_{C_1} f(z)dz + \oint_{C_2^-} f(z)dz = 0,$$

即

$$\oint_{C_1} f(z)dz = \oint_{C_2} f(z)dz.$$

如果要 C_1 变到某一曲线 C，那么让 C_2 逐步向 C 变动而积分值不变.

3. 柯西积分公式

$$f(z_0) = \frac{1}{2\pi i}\oint_C \frac{f(z)}{z - z_0}dz \tag{3}$$

与高阶导数公式

$$f^{(n)}(z_0) = \frac{n!}{2\pi i}\oint_C \frac{f(z)}{(z - z_0)^{n+1}}dz \tag{4}$$

是复变函数中两个十分重要的公式，既有理论价值，又有实际应用. 它们也都是计算积分的重要工具.

柯西积分公式的证明基于柯西-古萨基本定理，它的重要性在于一个解析函数在区域内部的值可以用它在边界上的值通过积分来表示，所以它是研究解析函数的重要工具. 例如假定解析函数 $f(z)$ 在区域边界上的值为 1，那么由(4)式知 $f(z)$ 在区域内的值处处等于 1，这一特性非一般二元实函数所能具有，例如函数 $f(x,y) = 2x^2 + 4y^2 - 9$ 在椭圆 $2x^2 + 4y^2 = 9$ 上的值处处为零，但在椭圆内点(0,0)、(1,0)与(0,1)处的值却分别为 -9、-7 与 -5.

高阶导数公式(4)表明了解析函数的导数仍然是解析函数这一异常重要的结论. 同时表明了解析函数与实变函数的本质区别.

4. 在计算沿封闭路线的积分时，我们常以柯西-古萨基本定理、复合闭路定理、闭路变形原理为依据，以柯西积分公式、高阶导数公式为主要工具. 由于被积函数往往形式多样，有时还比较复杂，所以常常不能直接套用某个公式就能奏效，而需将被积函数作适当的变形，例如把它化为部分分式或公式中的形式，然后联合使用这些定理、公式和积分性质才能解决. 至于计算沿非封闭路线的积分，我们往往先求被积函数的原函数，然后用公式(3.4.2)来计算．当然利用公式(1)与(2)来计算积分，不论路线是否封闭都是可以的，但其间存在着难、易、繁、简之别，究竟用何者为好，要根据具体问题而定．

以上所说，只就一般情况而言，在第五章中还要介绍用留数来计算积分的方法．

5. 在一个区域 D 内，具有二阶连续偏导数且满足拉普拉斯方程的二元函数 $\varphi(x,y)$，称为在区域 D 内的调和函数、流速场的流函数与势函数、静电场的力函数与势函数以及热流场的流函数与温度分布函数都是调和函数．调和函数跟拉普拉斯方程的边值问题密切相关，而解析函数的实部和虚部恰恰是调和函数，因此，解析函数就跟拉普拉斯方程的边值问题紧密相连．我们在第六章中将看到用复变函数的理论与方法来解决拉普拉斯方程的边值问题是比较方便的．

由于一个解析函数 $f(z)=u+iv$ 的导数仍然是解析函数，如果把它的各阶导数写出来，得

$$
\begin{aligned}
&f'(z)=u_x+iv_x=v_y-iu_y,\\
&f''(z)=u_{xx}+iv_{xx}=v_{xy}+i(-u_{xy})=v_{yx}+i(-u_{yx})\\
&\qquad\quad =-u_{yy}+i(-u_{xx}),\\
&\cdots\cdots.
\end{aligned}
$$

可知，u、v 的四个一阶偏导数，八个二阶偏导数，……，任意阶的偏导数都存在而且连续，并都是调和函数．

解析函数 $u+iv$ 的虚部 v 称为实部 u 的共轭调和函数，或者说，满足 C-R 方程：$u_x=v_y$，$v_x=-u_y$ 的 v 称为 u 的共轭调和函数．要注意的是 u 与 v 的地位不能颠倒，另外，任意两个调和函数 u 与 v 所构成的函数 $u+iv$ 不一定是解析函数．

已知解析函数的实部或虚部求解析函数的方法，已经介绍过两种，下面再介绍一种方法，称为线积分法．

设 u 为区域 D 内解析函数 $f(z)$ 的实部，由于它是调和函数，

故有 $u_{xx}+u_{yy}=0$，即有 $(-u_y)_y=(u_x)_x$，由此可知 $-u_ydx+u_xdy$ 必为某一个二元函数 v 的全微分：

$$dv=-u_ydx+u_xdy=v_xdx+v_ydy.$$

于是有 $u_x=v_y$，$v_x=-u_y$，即 u,v 满足 C-R 方程，从而 $u+iv$ 为一解析函数，而

$$v=\int_{(x_0,y_0)}^{(x,y)}-u_ydx+u_xdy+c$$

其中 c 为常数，(x_0,y_0) 为 D 中的某一点.

第三章习题

1. 沿下列路线计算积分 $\int_0^{3+i} z^2dz$.

1）自原点至 $3+i$ 的直线段；

2）自原点沿实轴至 3，再由 3 沿竖直方向向上至 $3+i$；

3）自原点沿虚轴至 i，再由 i 沿水平方向向右至 $3+i$.

2. 分别沿 $y=x$ 与 $y=x^2$ 算出积分 $\int_0^{1+i}(x^2+iy)dz$ 的值.

3. 设 $f(z)$ 在单连通域 B 内处处解析，C 为 B 内任何一条正向简单闭曲线. 问

$$\oint_C \mathrm{Re}[f(z)]dz=0,\oint_C \mathrm{Im}[f(z)]dz=0$$

是否成立？如果成立，给出证明；如果不成立，举例说明.

4. 利用在单位圆上 $\bar{z}=\dfrac{1}{z}$ 的性质，及柯西积分公式说明 $\oint_C \bar{z}dz=2\pi i$，其中 C 为正向单位圆周 $|z|=1$.

5. 计算积分 $\oint_C \dfrac{\bar{z}}{|z|}dz$ 的值，其中 C 为正向圆周：

1）$|z|=2$，　　2）$|z|=4$.

6. 试用观察法得出下列积分的值，并说明观察时所依据的是什么？C 是正向的圆周 $|z|=1$.

1）$\oint_C \dfrac{dz}{z-2}$；　2）$\oint_C \dfrac{dz}{z^2+2z+4}$；　3）$\oint_C \dfrac{dz}{\cos z}$；

4）$\oint_C \dfrac{dz}{z-\frac{1}{2}}$；　5）$\oint_C ze^z dz$；　6）$\oint_C \dfrac{dz}{\left(z-\frac{i}{2}\right)(z+2)}$.

7. 沿指定曲线的正向计算下列各积分：

1) $\oint_C \frac{e^z}{z-2}dz$，$C: |z-2|=1$；

2) $\oint_C \frac{dz}{z^2-a^2}$，$C: |z-a|=a$；

3) $\oint_C \frac{e^{iz}dz}{z^2+1}$，$C: |z-2i|=\frac{3}{2}$；

4) $\oint_C \frac{zdz}{z-3}$，$C: |z|=2$；

5) $\oint_C \frac{dz}{(z^2-1)(z^3-1)}$，$C: |z|=r<1$；

6) $\oint_C z^3\cos z dz$，C 为包围 $z=0$ 的闭曲线；

7) $\oint_C \frac{dz}{(z^2+1)(z^2+4)}$，$C: |z|=\frac{3}{2}$；

8) $\oint_C \frac{\sin z dz}{z}$，$C: |z|=1$；

9) $\oint_C \frac{\sin z dz}{\left(z-\frac{\pi}{2}\right)^2}$，$C: |z|=2$；

10) $\oint_C \frac{e^z dz}{z^5}$，$C: |z|=1$.

8. 计算下列各题：

1) $\int_{-\pi i}^{3\pi i} e^{2z}dz$；　2) $\int_{\frac{\pi}{6}i}^{0} \mathrm{ch}3z dz$；　3) $\int_{-\pi i}^{\pi i} \sin^2 z dz$；

4) $\int_0^1 z\sin z dz$；　5) $\int_0^i (z-i)e^{-z}dz$；

6) $\int_1^i \frac{1+\mathrm{tg}z}{\cos^2 z}dz$（沿 1 到 i 的直线段）.

9. 计算下列积分：

1) $\oint_C \left(\frac{4}{z+1}+\frac{3}{z+2i}\right)dz$，其中 $C: |z|=4$ 为正向；

2) $\oint_C \frac{2i}{z^2+1}dz$，其中 $C: |z-1|=6$ 为正向；

3) $\oint_{C=C_1+C_2} \frac{\cos z}{z^3}dz$，其中 $C_1: |z|=2$ 为正向，$C_2: |z|=3$ 为负向；

4) $\oint_C \frac{dz}{z-i}$，其中 C 为以 $\pm\frac{1}{2}$，$\pm\frac{6}{5}i$ 为顶点的正向菱形；

5) $\oint_C \frac{e^z}{(z-\alpha)^3}dz$，其中 α 为 $|\alpha|\neq 1$ 的任何复数，C：$|z|=1$ 为正向.

10. 证明：当 C 为任何不通过原点的简单闭曲线时，$\oint_C \frac{1}{z^2}dz = 0$.

11. 下列两个积分的值是否相等？积分 2)的值能否利用闭路变形原理从 1)的值得到？为什么？

1) $\oint_{|z|=2} \frac{\bar{z}}{z}dz$；　　2) $\oint_{|z|=4} \frac{\bar{z}}{z}dz$.

12. 设区域 D 为右半平面，z 为 D 内圆周 $|z|=1$ 上的任意一点，用在 D 内的任意一条曲线 C 连结原点与 z，证明 $\mathrm{Re}\left[\int_0^z \frac{1}{1+\zeta^2}d\zeta\right]=\frac{\pi}{4}$.［提示：可取从原点沿实轴到 1，再从 1 沿圆周 $|z|=1$ 到 z 的曲线作为 C.］

13. 设 C_1 与 C_2 为相交于 M、N 两点的简单闭曲线，它们所围的区域分别为 B_1 与 B_2. B_1 与 B_2 的公共部分为 B. 如果 $f(z)$ 在 B_1-B 与 B_2-B 内解析，在 C_1、C_2 上也解析，证明：$\oint_{C_1} f(z)dz = \oint_{C_2} f(z)dz$.

14. 设 C 为不经过 α 与 $-\alpha$ 的正向简单闭曲线，α 为不等于零的任何复数. 试就 α 与 $-\alpha$ 跟 C 的各种不同位置，计算积分

$$\oint_C \frac{z}{z^2-\alpha^2}dz$$

的值.

15. 设 C_1 与 C_2 为两条互不包含，也不相交的正向简单闭曲线，证明：

$$\frac{1}{2\pi i}\left[\oint_{C_1}\frac{z^2dz}{z-z_0}+\oint_{C_2}\frac{\sin z dz}{z-z_0}\right]=\begin{cases} z_0^2, & \text{当 } z_0 \text{ 在 } C_1 \text{ 内时}, \\ \sin z_0, & \text{当 } z_0 \text{ 在 } C_2 \text{ 内时}. \end{cases}$$

16. 设函数 $f(z)$ 在 $0<|z|<1$ 内解析，且沿任何圆周 C：$|z|=r$，$0<r<1$ 的积分等于零，问 $f(z)$ 是否必需在 $z=0$ 处解析？试举例说明之.

17. 设 $f(z)$ 与 $g(z)$ 在区域 D 内处处解析，C 为 D 内的任何一条简单闭曲线，它的内部全含于 D. 如果 $f(z)=g(z)$ 在 C 上所有的点处成立，试证在 C 内所有的点处 $f(z)=g(z)$ 也成立.

18. 设区域 D 是圆环域，$f(z)$ 在 D 内解析，以圆环的中心为中心作正向圆周 K_1 与 K_2，K_2 包含 K_1，z_0 为 K_1，K_2 之间任一点，试证(3.5.1)仍成立，但 C 要换成 $K_1^- + K_2$(见图).

19. 设 $f(z)$ 在单连通域 B 内处处解析，且不为零. C 为 B 内任何一条简单闭曲线. 问积分

$$\oint_C \frac{f'(z)}{f(z)} dz$$

是否等于零？为什么？

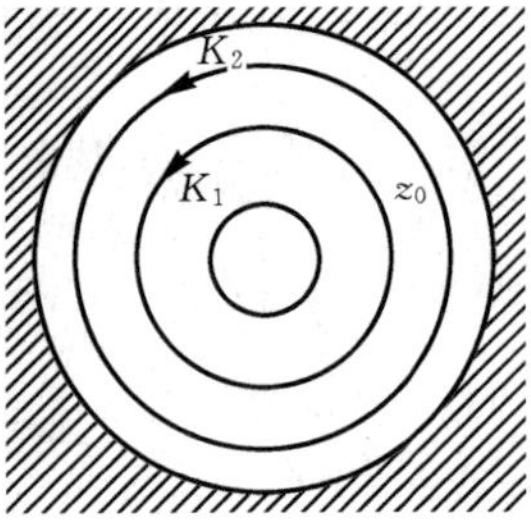

第 18 题图

20. 试说明柯西-古萨基本定理中的 C 为什么可以不是简单闭曲线？

21. 设 $f(z)$ 在区域 D 内解析，C 为 D 内的任意一条正向简单闭曲线，证明：对在 D 内但不在 C 上的任意一点 z_0，等式：

$$\oint_C \frac{f'(z)}{z-z_0} dz = \oint_C \frac{f(z)}{(z-z_0)^2} dz$$

成立.

22. 如果 $\varphi(x,y)$ 和 $\psi(x,y)$ 都具有二阶连续偏导数，且适合拉普拉斯方程，而 $s=\varphi_y-\psi_x, t=\varphi_x+\psi_y$，那么 $s+it$ 是 $x+iy$ 的解析函数.

23. 设 u 为区域 D 内的调和函数及 $f=\frac{\partial u}{\partial x}-i\frac{\partial u}{\partial y}$，问 f 是不是 D 内的解析函数？为什么？

24. 函数 $v=x+y$ 是 $u=x+y$ 的共轭调和函数吗？为什么？

25. 设 u 和 v 都是调和函数，如果 v 是 u 的共轭调和函数，那么 u 也是 v 的共轭调和函数. 这句话对吗？为什么？

26. 证明：一对共轭调和函数的乘积仍为调和函数.

27. 如果 $f(z)=u+iv$ 是一解析函数，试证：

1) $\overline{i\overline{f(z)}}$ 也是解析函数；

2) $-u$ 是 v 的共轭调和函数；

3) $\frac{\partial^2|f(z)|^2}{\partial x^2}+\frac{\partial^2|f(z)|^2}{\partial y^2}=4(u_x^2+v_x^2)=4|f'(z)|^2$.

28. 证明：$u=x^2-y^2$ 和 $v=\frac{y}{x^2+y^2}$ 都是调和函数，但是 $u+iv$ 不是解析函数.

29. 求具有下列形式的所有调和函数 u：

1) $u=f(ax+by)$，a 与 b 为常数；

2）$u=f\left(\dfrac{y}{x}\right)$.［提示：1）令 $t=ax+by$，因 $u_{xx}+u_{yy}=0$，从而有 $f''(t)=0$；2）令 $t=\dfrac{y}{x}$.］

30. 由下列各已知调和函数求解析函数 $f(z)=u+iv$.

1）$u=(x-y)(x^2+4xy+y^2)$；

2）$v=\dfrac{y}{x^2+y^2}$，$f(2)=0$；

3）$u=2(x-1)y$，$f(2)=-i$；

4）$v=\operatorname{arctg}\dfrac{y}{x}$，$x>0$.

31. 设 $v=e^{px}\sin y$，求 p 的值使 v 为调和函数，并求出解析函数 $f(z)=u+iv$.

*32. 如果 $u(x,y)$ 是区域 D 内的调和函数，C 为 D 内以 z_0 为中心的任何一个正向圆周：$|z-z_0|=r$，它的内部全含于 D. 试证：

1）$u(x,y)$ 在 (x_0,y_0) 的值等于 $u(x,y)$ 在圆周 C 上的平均值，即

$$u(x_0,y_0)=\frac{1}{2\pi}\int_0^{2\pi}u(x_0+r\cos\varphi,y_0+r\sin\varphi)d\varphi;$$

2）$u(x,y)$ 在 (x_0,y_0) 的值等于 $u(x,y)$ 在圆域 $|z-z_0|\leqslant r_0$ 上的平均值，即

$$u(x_0,y_0)=\frac{1}{\pi r_0^2}\int_0^{r_0}\int_0^{2\pi}u(x_0+r\cos\varphi,y_0+r\sin\varphi)rd\varphi dr.$$

提示：利用平均值公式(3.5.3).

*33. 如果 $f(z)=u+iv$ 在区域 D 内处处解析，C 为 D 内的正向圆周：$|z|=R$，它的内部全含于 D. 设 z 为 C 内一点，并令 $\tilde{z}=R^2/\bar{z}$，试证

$$\oint_C\frac{f(\zeta)}{\zeta-\tilde{z}}d\zeta=\oint_C\frac{\bar{z}f(\zeta)}{\zeta\bar{z}-R^2}d\zeta=0.$$

*34. 根据柯西积分公式与习题 33 的结果，证明

$$\begin{aligned}f(z)&=\frac{1}{2\pi i}\oint_C\left[\frac{1}{\zeta-z}+\frac{\bar{z}}{R^2-\zeta\bar{z}}\right]f(\zeta)d\zeta\\&=\frac{1}{2\pi i}\oint_C\frac{(R^2-z\bar{z})f(\zeta)}{(\zeta-z)(R^2-\zeta\bar{z})}d\zeta,\end{aligned}$$

其中 C 为 $|z|=R$.

*35. 如果令 $\zeta=Re^{i\theta}$，$z=re^{i\varphi}$，验证

$$\frac{d\zeta}{(\zeta-z)(R^2-\zeta\bar{z})}=\frac{d\zeta/\zeta}{(\zeta-z)(\bar{\zeta}-\bar{z})}=\frac{id\theta}{R^2-2Rr\cos(\theta-\varphi)+r^2}.$$

并由 34 题的结果，证明

$$f(z)=\frac{1}{2\pi}\int_0^{2\pi}\frac{(R^2-r^2)f(Re^{i\theta})}{R^2-2Rr\cos(\theta-\varphi)+r^2}d\theta.$$

取其实部，得

$$\begin{aligned}u(x,y)&=u(r\cos\varphi,r\sin\varphi)\\&=\frac{1}{2\pi}\int_0^{2\pi}\frac{(R^2-r^2)u(R\cos\theta,R\sin\theta)}{R^2-2Rr\cos(\theta-\varphi)+r^2}d\theta\end{aligned}$$

这个积分称为泊松(Poisson)积分. 通过这个公式，一个调和函数在一个圆内的值可用它在圆周上的值来表示.

*36. 设 $f(z)$在简单闭曲线 C 内及 C 上解析，且不恒为常数，n 为正整数.

1) 试用柯西积分公式证明：

$$[f(z)]^n=\frac{1}{2\pi i}\oint_C\frac{[f(\zeta)]^n}{\zeta-z}d\zeta.$$

2) 设 M 为 $|f(\zeta)|$ 在 C 上的最大值，L 为 C 的长，d 为 z 到 C 的最短距离，试用积分估值公式(3.1.10)于 1)中的等式，证明不等式：

$$|f(z)|\leqslant M\left(\frac{L}{2\pi d}\right)^{\frac{1}{n}}.$$

3) 令 $n\to+\infty$，对 2)中的不等式取极限，证明：$|f(z)|\leqslant M$. 这个结果表明：在闭区域内不恒为常数的解析函数的模的最大值只能在区域的边界上取得(最大模原理).

根据这一结果可知：在无源无旋的平面稳定非等速的流速场中的流速最大值，即它的复势 $f(z)$的模 $|f'(z)|$，不能在场的内部取得，只能在场的边界上取得.

第四章　级　　数

我们在高等数学中学习级数时，已经知道级数和数列有着密切的关系．在复数范围内，级数和数列的关系与实数范围内的情况十分类似．我们即将看到，关于复数项级数和复变函数项级数的某些概念和定理都是实数范围内的相应内容在复数范围内的直接推广．因此，在学习本章内容时，要结合高等数学中级数部分的复习，并在对比中进行学习．

本章的主要内容是：除了介绍关于复数项和复变函数项级数的一些基本概念与性质以外，着重介绍复变函数项级数中的幂级数和由正、负整次幂项所组成的洛朗级数，并围绕如何将解析函数展开成幂级数或洛朗级数这一中心内容来进行．这两类级数都是研究解析函数的重要工具，也是学习下一章“留数”的必要基础．

§1　复数项级数

1．复数列的极限　设$\{\alpha_n\}(n=1,2,\cdots)$为一复数列，其中$\alpha_n=a_n+ib_n$，又设$\alpha=a+ib$为一确定的复数．如果任意给定$\varepsilon>0$，相应地能找到一个正数$N(\varepsilon)$，使$|\alpha_n-\alpha|<\varepsilon$在$n>N$时成立，那么$\alpha$称为复数列$\{\alpha_n\}$当$n\to\infty$时的极限，记作

$$\lim_{n\to\infty}\alpha_n=\alpha.$$

此时也称复数列$\{\alpha_n\}$收敛于α．

定理一　复数列$\{\alpha_n\}(n=1,2,\cdots)$收敛于$\alpha$的充要条件是

$$\lim_{n\to\infty}a_n=a,\ \lim_{n\to\infty}b_n=b.$$

［**证**］　如果$\lim\limits_{n\to\infty}\alpha_n=\alpha$，那么对于任意给定的$\varepsilon>0$，就能找到一个正数$N$，当$n>N$时，

$$|(a_n+ib_n)-(a+ib)|<\varepsilon,$$

从而有 $$|a_n-a|\leqslant|(a_n-a)+i(b_n-b)|<\varepsilon,$$

所以 $$\lim_{n\to\infty}a_n=a.$$

同理 $$\lim_{n\to\infty}b_n=b.$$

反之，如果 $\lim\limits_{n\to\infty}a_n=a$，$\lim\limits_{n\to\infty}b_n=b$，那么当 $n>N$ 时，

$$|a_n-a|<\frac{\varepsilon}{2},|b_n-b|<\frac{\varepsilon}{2}.$$

从而有 $|\alpha_n-\alpha|=|(a_n-a)+i(b_n-b)|\leqslant|a_n-a|+|b_n-b|<\varepsilon$，

所以 $$\lim_{n\to\infty}\alpha_n=\alpha.$$

［证毕］

2. 级数概念 设 $\{\alpha_n\}=\{a_n+ib_n\}(n=1,2,\cdots)$ 为一复数列，表达式

$$\sum_{n=1}^{\infty}\alpha_n=\alpha_1+\alpha_2+\cdots+\alpha_n+\cdots$$

称为无穷级数，其最前面 n 项的和

$$s_n=\alpha_1+\alpha_2+\cdots+\alpha_n$$

称为级数的部分和.

如果部分和数列 $\{s_n\}$ 收敛，那么级数 $\sum\limits_{n=1}^{\infty}\alpha_n$ 称为收敛，并且极限 $\lim\limits_{n\to\infty}s_n=s$ 称为级数的和. 如果数列 $\{s_n\}$ 不收敛，那么级数 $\sum\limits_{n=1}^{\infty}\alpha_n$ 称为发散.

定理二 级数 $\sum\limits_{n=1}^{\infty}\alpha_n$ 收敛的充要条件是级数 $\sum\limits_{n=1}^{\infty}a_n$ 和 $\sum\limits_{n=1}^{\infty}b_n$ 都收敛.

［证］ 因 $$s_n=\alpha_1+\alpha_2+\cdots+\alpha_n=(a_1+a_2+\cdots+a_n)+i(b_1+b_2+\cdots+b_n)=\sigma_n+i\tau_n,$$

其中 $\sigma_n=a_1+a_2+\cdots+a_n$，$\tau_n=b_1+b_2+\cdots+b_n$ 分别为 $\sum\limits_{n=1}^{\infty}a_n$ 和

$\sum_{n=1}^{\infty} b_n$ 的部分和. 由定理一, $\{s_n\}$ 有极限存在的充要条件是 $\{\sigma_n\}$ 和 $\{\tau_n\}$ 的极限存在, 即级数 $\sum_{n=1}^{\infty} a_n$ 和 $\sum_{n=1}^{\infty} b_n$ 都收敛.

［证毕］

定理二将复数项级数的审敛问题转化为实数项级数的审敛问题, 而由实数项级数 $\sum_{n=1}^{\infty} a_n$ 和 $\sum_{n=1}^{\infty} b_n$ 收敛的必要条件

$$\lim_{n\to\infty} a_n = 0 \text{ 和} \lim_{n\to\infty} b_n = 0,$$

立即可得 $\lim_{n\to\infty}\alpha_n = 0$, 从而推出复数项级数 $\sum_{n=1}^{\infty}\alpha_n$ 收敛的必要条件是 $\lim_{n\to\infty}\alpha_n = 0$.

定理三 如果 $\sum_{n=1}^{\infty} |\alpha_n|$ 收敛, 那么 $\sum_{n=1}^{\infty}\alpha_n$ 也收敛, 且不等式 $\left|\sum_{n=1}^{\infty}\alpha_n\right| \leqslant \sum_{n=1}^{\infty} |\alpha_n|$ 成立.

［证］ 由于 $\sum_{n=1}^{\infty} |\alpha_n| = \sum_{n=1}^{\infty} \sqrt{a_n^2 + b_n^2}$,

而 $$|a_n| \leqslant \sqrt{a_n^2 + b_n^2}, \quad |b_n| \leqslant \sqrt{a_n^2 + b_n^2},$$

根据实数项级数的比较准则, 可知级数 $\sum_{n=1}^{\infty} |a_n|$ 及 $\sum_{n=1}^{\infty} |b_n|$ 都收敛, 因而 $\sum_{n=1}^{\infty} a_n$ 和 $\sum_{n=1}^{\infty} b_n$ 也都收敛. 由定理二, 可知 $\sum_{n=1}^{\infty}\alpha_n$ 是收敛的. 由对于级数 $\sum_{n=1}^{\infty}\alpha_n$ 与 $\sum_{n=1}^{\infty} |\alpha_n|$ 的部分和成立的不等式

$$\left|\sum_{k=1}^{n}\alpha_k\right| \leqslant \sum_{k=1}^{n} |\alpha_k|,$$

可以得出: $\lim_{n\to\infty}\left|\sum_{k=1}^{n}\alpha_k\right| \leqslant \lim_{n\to\infty}\sum_{k=1}^{n} |\alpha_k|$ 或 $\left|\sum_{k=1}^{\infty}\alpha_k\right| \leqslant \sum_{k=1}^{\infty} |\alpha_k|$.

［证毕］

如果 $\sum_{n=1}^{\infty}|\alpha_n|$ 收敛，那么称级数 $\sum_{n=1}^{\infty}\alpha_n$ 为绝对收敛. 非绝对收敛的收敛级数称为条件收敛级数.

顺便指出，由于 $\sqrt{a_n^2+b_n^2}\leqslant|a_n|+|b_n|$，因此

$$\sum_{k=1}^{n}\sqrt{a_n^2+b_n^2}\leqslant\sum_{k=1}^{n}|a_n|+\sum_{k=1}^{n}|b_n|,$$

所以当 $\sum_{n=1}^{\infty}a_n$ 与 $\sum_{n=1}^{\infty}b_n$ 绝对收敛时，$\sum_{n=1}^{\infty}\alpha_n$ 也绝对收敛. 结合定理三的证明过程，可知 $\sum_{n=1}^{\infty}\alpha_n$ 绝对收敛的充要条件是级数 $\sum_{n=1}^{\infty}a_n$ 与 $\sum_{n=1}^{\infty}b_n$ 绝对收敛.

另外，因为 $\sum_{n=1}^{\infty}|\alpha_n|$ 的各项都是非负的实数，所以它的收敛性可用正项级数的判定法来判定.

例 1 下列数列是否收敛？如果收敛，求出其极限.

1) $\alpha_n=\left(1+\frac{1}{n}\right)e^{i\frac{\pi}{n}}$； 2) $\alpha_n=n\cos in$.

［解］ 1) 因 $\alpha_n=\left(1+\frac{1}{n}\right)e^{i\frac{\pi}{n}}=\left(1+\frac{1}{n}\right)\left(\cos\frac{\pi}{n}+i\sin\frac{\pi}{n}\right)$，

故

$$a_n=\left(1+\frac{1}{n}\right)\cos\frac{\pi}{n},b_n=\left(1+\frac{1}{n}\right)\sin\frac{\pi}{n}.$$

而

$$\lim_{n\to\infty}a_n=1,\lim_{n\to\infty}b_n=0$$

所以数列 $\alpha_n=\left(1+\frac{1}{n}\right)e^{i\frac{\pi}{n}}$ 收敛，且有 $\lim_{n\to\infty}\alpha_n=1$.

2) 由于 $\alpha_n=n\cos in=n\operatorname{ch}n$，因此，当 $n\to\infty$ 时，$\alpha_n\to\infty$. 所以 α_n 发散.

例 2 下列级数是否收敛？是否绝对收敛？

1) $\sum_{n=1}^{\infty}\frac{1}{n}\left(1+\frac{i}{n}\right)$； 2) $\sum_{n=0}^{\infty}\frac{(8i)^n}{n!}$； 3) $\sum_{n=1}^{\infty}\left[\frac{(-1)^n}{n}+\frac{1}{2^n}i\right]$.

［解］ 1) 因 $\sum_{n=1}^{\infty}a_n=\sum_{n=1}^{\infty}\frac{1}{n}$ 发散；$\sum_{n=1}^{\infty}b_n=\sum_{n=1}^{\infty}\frac{1}{n^2}$ 收敛. 故原

级数发散.

2) 因 $\left|\frac{(8i)^n}{n!}\right| = \frac{8^n}{n!}$,由正项级数的比值审敛法知 $\sum_{n=1}^{\infty}\frac{8^n}{n!}$ 收敛,故原级数收敛,且为绝对收敛.

3) 因 $\sum_{n=1}^{\infty}\frac{(-1)^n}{n}$ 收敛;$\sum_{n=1}^{\infty}\frac{1}{2^n}$ 也收敛,故原级数收敛. 但因 $\sum_{n=1}^{\infty}\frac{(-1)^n}{n}$ 为条件收敛,所以原级数非绝对收敛.

§2 幂 级 数

1. 幂级数概念 设 $\{f_n(z)\}(n=1,2,\cdots)$ 为一复变函数序列,其中各项在区域 D 内有定义. 表达式

$$\sum_{n=1}^{\infty} f_n(z) = f_1(z) + f_2(z) + \cdots + f_n(z) + \cdots \quad (4.2.1)$$

称为复变函数项级数,记作 $\sum_{n=1}^{\infty} f_n(z)$. 这级数的最前面 n 项的和

$$s_n(z)=f_1(z)+f_2(z)+\cdots+f_n(z)$$

称为这级数的部分和.

如果对于 D 内的某一点 z_0,极限

$$\lim_{n\to\infty} s_n(z_0)=s(z_0)$$

存在,那么我们称复变函数项级数(4.2.1)在 z_0 收敛,而 $s(z_0)$ 称为它的和. 如果级数在 D 内处处收敛,那么它的和一定是 z 的一个函数 $s(z)$:

$$s(z)=f_1(z)+f_2(z)+\cdots+f_n(z)+\cdots.$$

$s(z)$ 称为级数 $\sum_{n=1}^{\infty} f_n(z)$ 的 和函数.

当 $f_n(z)=c_{n-1}(z-a)^{n-1}$ 或 $f_n(z)=c_{n-1}z^{n-1}$ 时,就得到函数项级数的特殊情形.

$$\sum_{n=0}^{\infty} c_n(z-a)^n = c_0 + c_1(z-a) + c_2(z-a)^2 + \cdots + c_n(z-a)^n + \cdots \quad (4.2.2)$$

或 $$\sum_{n=0}^{\infty} c_n z^n = c_0 + c_1 z + c_2 z^2 + \cdots + c_n z^n + \cdots. \quad (4.2.3)$$

这种级数称为幂级数.

如果令 $z-a=\zeta$，那么(4.2.2)成为 $\sum_{n=0}^{\infty} c_n \zeta^n$，这是(4.2.3)的形式. 为了方便，今后常就(4.2.3)来讨论.

同高等数学中的实变幂级数一样，复变幂级数也有所谓幂级数的收敛定理，即阿贝尔定理.

定理一(阿贝尔 Abel 定理)　如果级数 $\sum_{n=0}^{\infty} c_n z^n$ 在 $z=z_0(\neq 0)$ 收敛，那么对满足 $|z|<|z_0|$ 的 z，级数必绝对收敛. 如果在 $z=z_0$ 级数发散，那么对满足 $|z|>|z_0|$ 的 z，级数必发散.

[**证**]　由于级数 $\sum_{n=0}^{\infty} c_n z_0^n$ 收敛，根据收敛的必要条件，有 $\lim\limits_{n\to\infty} c_n z_0^n = 0$，因而存在正数 M，使对所有的 n 有

$$|c_n z_0^n| < M$$

如果 $|z|<|z_0|$，那么 $|z|/|z_0|=q<1$，而

$$|c_n z^n| = |c_n z_0^n| \cdot \left|\frac{z}{z_0}\right|^n < Mq^n.$$

由于 $\sum_{n=0}^{\infty} Mq^n$ 为公比小于 1 的等比级数，故收敛，从而根据正项级数的比较审敛法知

$$\sum_{n=0}^{\infty} |c_n z^n| = |c_0| + |c_1 z| + |c_2 z^2| + \cdots + |c_n z^n| + \cdots \quad (4.2.4)$$

收敛，从而级数 $\sum_{n=0}^{\infty} c_n z^n$ 是绝对收敛的.

另一部分的证明，由读者自己来完成.

[证毕]

2. 收敛圆与收敛半径　利用阿贝尔定理，可以定出幂级数的

收敛范围. 对一个幂级数来说,它的收敛情况不外乎下述三种:

i) 对所有的正实数都是收敛的. 这时,根据阿贝尔定理可知级数在复平面内处处绝对收敛.

ii) 对所有的正实数除 $z=0$ 外都是发散的. 这时,级数在复平面内除原点外处处发散.

iii) 既存在使级数收敛的正实数,也存在使级数发散的正实数. 设 $z=\alpha$(正实数)时,级数收敛,$z=\beta$(正实数)时,级数发散,那么在以原点为中心,α 为半径的圆周 C_α 内,级数绝对收敛;在以原点为中心,β 为半径的圆周 C_β 外,级数发散. 显然,$\alpha<\beta$. 否则,级数将在 α 处发散. 现在我们设想把 z 平面内级数收敛的部分染以红色,发散的部分染以蓝色. 当 α 由小逐渐变大时,C_α 必定逐渐接近一个以原点为中心,R 为半径的圆周 C_R. 在 C_R 的内部都是红色,外部都是蓝色. 这个红蓝两色的分界圆周 C_R 称为幂级数的收敛圆(图 4.1). 在收敛圆的内部,级数绝对收敛;在收敛圆的外部,级数发散. 收敛圆的半径 R 称为收敛半径. 所以幂级数(4.2.3)的收敛范围是以原点为中心的圆域. 对幂级数(4.2.2)来说,它的收敛范围是以 $z=a$ 为中心的圆域. 在收敛圆的圆周上是收敛还是发散,不能作出一般的结论,要对具体级数进行具体分析.

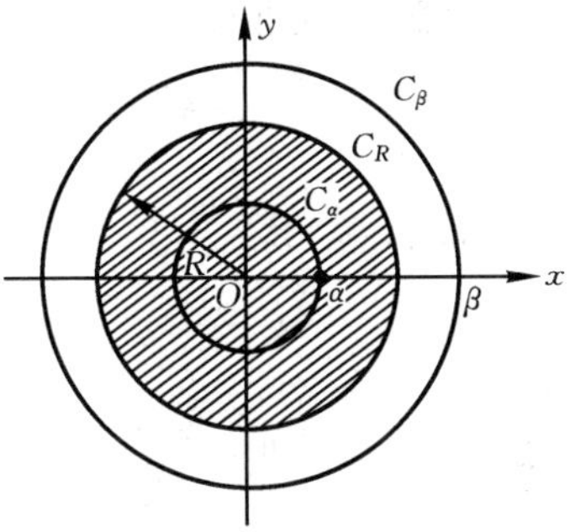

图 4.1

例 1 求幂级数

$$\sum_{n=0}^{\infty} z^n = 1 + z + z^2 + \cdots + z^n + \cdots$$

的收敛范围与和函数.

[解] 级数的部分和为

$$s_n=1+z+z^2+\cdots+z^{n-1}=\frac{1-z^n}{1-z},(z\neq 1).$$

当$|z|<1$时，由于$\lim\limits_{n\to\infty}z^n=0$，从而有$\lim\limits_{n\to\infty}s_n=\dfrac{1}{1-z}$，即$|z|<1$时，级数$\sum\limits_{n=0}^{\infty}z^n$收敛，和函数为$\dfrac{1}{1-z}$；当$|z|\geqslant 1$时，由于$n\to\infty$时，级数的一般项$z^n$不趋于零①，故级数发散. 由阿贝尔定理知级数的收敛范围为一单位圆域$|z|<1$，在此圆域内，级数不仅收敛，而且绝对收敛. 收敛半径为1，并有

$$\frac{1}{1-z}=1+z+z^2+\cdots+z^n+\cdots.$$

3. 收敛半径的求法 关于幂级数(4.2.3)的收敛半径的求法，我们有

定理二(比值法) 如果$\lim\limits_{n\to\infty}\left|\dfrac{c_{n+1}}{c_n}\right|=\lambda\neq 0$，那么收敛半径$R=\dfrac{1}{\lambda}$.

［**证**］ 由于

$$\lim_{n\to\infty}\frac{|c_{n+1}||z|^{n+1}}{|c_n||z|^n}=\lim_{n\to\infty}\left|\frac{c_{n+1}}{c_n}\right||z|=\lambda|z|,$$

故知当$|z|<\dfrac{1}{\lambda}$时，$\sum\limits_{n=0}^{\infty}|c_n||z|^n$收敛. 根据上节的定理三，级数$\sum\limits_{n=0}^{\infty}c_nz^n$在圆$|z|=\dfrac{1}{\lambda}$内收敛.

再证当$|z|>\dfrac{1}{\lambda}$时，级数$\sum\limits_{n=0}^{\infty}c_nz^n$发散. 假设在圆$|z|=\dfrac{1}{\lambda}$外有一点$z_0$，使级数$\sum\limits_{n=0}^{\infty}c_nz_0^n$收敛. 在圆外再取一点$z_1$，使$|z_1|<|z_0|$，那么根据阿贝尔定理，级数$\sum\limits_{n=0}^{\infty}|c_n||z_1^n|$必收敛. 然而$|z_1|>\dfrac{1}{\lambda}$，

① 见本章习题第2题.

所以

$$\lim_{n\to\infty}\frac{|c_{n+1}||z_1|^{n+1}}{|c_n||z_1|^n}=\lambda|z_1|>1.$$

这跟 $\sum_{n=0}^{\infty}|c_n||z_1|^n$ 收敛相矛盾，即在圆周 $|z|=\frac{1}{\lambda}$ 外有一点 z_0，使级数 $\sum_{n=0}^{\infty}c_n z_0^n$ 收敛的假定不能成立. 因而 $\sum_{n=0}^{\infty}c_n z^n$ 在圆 $|z|=\frac{1}{\lambda}$ 外发散. 以上的结果表明了收敛半径 $R=\frac{1}{\lambda}$.

［证毕］

我们必须注意，定理中的极限是假定存在的而且不为零. 如果 $\lambda=0$，那么对任何 z，级数 $\sum_{n=0}^{\infty}|c_n||z|^n$ 收敛，从而级数 $\sum_{n=0}^{\infty}c_n z^n$ 在复平面内处处收敛，即 $R=\infty$. 如果 $\lambda=+\infty$，那么对于复平面内除 $z=0$ 以外的一切 z，级数 $\sum_{n=0}^{\infty}|c_n||z|^n$ 都不收敛. 因此 $\sum_{n=0}^{\infty}c_n z^n$ 也不能收敛，即 $R=0$. 否则，根据阿贝尔定理将有 $z\neq 0$ 使得级数 $\sum_{n=0}^{\infty}|c_n||z|^n$ 收敛.

定理三（根值法） 如果 $\lim_{n\to\infty}\sqrt[n]{|c_n|}=\mu\neq 0$，那么收敛半径 $R=\frac{1}{\mu}$.

证明从略.

例 2 求下列幂级数的收敛半径：

1） $\sum_{n=1}^{\infty}\frac{z^n}{n^3}$（并讨论在收敛圆周上的情形）；

2） $\sum_{n=1}^{\infty}\frac{(z-1)^n}{n}$（并讨论 $z=0,2$ 时的情形）；

3） $\sum_{n=0}^{\infty}(\cos in)z^n$.

［解］ 1）因为$\lim\limits_{n\to\infty}\left|\dfrac{c_{n+1}}{c_n}\right|=\lim\limits_{n\to\infty}\left(\dfrac{n}{n+1}\right)^3=1$，

或 $$\lim_{n\to\infty}\sqrt[n]{|c_n|}=\lim_{n\to\infty}\sqrt[n]{\frac{1}{n^3}}=\lim_{n\to\infty}\frac{1}{\sqrt[n]{n^3}}=1,$$

所以收敛半径 $R=1$，也就是原级数在圆 $|z|=1$ 内收敛，在圆外发散. 在圆周 $|z|=1$ 上，级数 $\sum\limits_{n=1}^{\infty}\left|\dfrac{z^n}{n^3}\right|=\sum\limits_{n=1}^{\infty}\dfrac{1}{n^3}$ 是收敛的，因为这是一个 p 级数，$p=3>1$. 所以原级数在收敛圆上是处处收敛的.

2）$\lim\limits_{n\to\infty}\left|\dfrac{c_{n+1}}{c_n}\right|=\lim\limits_{n\to\infty}\dfrac{n}{n+1}=1$，即 $R=1$.

用根值审敛法也得同样结果.

在收敛圆 $|z-1|=1$ 上，当 $z=0$ 时，原级数成为 $\sum\limits_{n=1}^{\infty}(-1)^n\cdot\dfrac{1}{n}$，它是交错级数，根据莱布尼茨准则，级数收敛；当 $z=2$ 时，原级数成为 $\sum\limits_{n=1}^{\infty}\dfrac{1}{n}$，它是调和级数，所以发散. 这个例子表明，在收敛圆周上既有级数的收敛点，也有级数的发散点.

3）因为 $c_n=\cos in=\operatorname{ch}n=\dfrac{1}{2}(e^n+e^{-n})$，所以

$$\lim_{n\to\infty}\left|\frac{c_{n+1}}{c_n}\right|=\lim_{n\to\infty}\frac{e^{n+1}+e^{-n-1}}{e^n+e^{-n}}=e,$$

故收敛半径 $R=\dfrac{1}{e}$.

4. 幂级数的运算和性质 像实变幂级数一样，复变幂级数也能进行有理运算. 具体说来，设

$$f(z)=\sum_{n=0}^{\infty}a_nz^n,R=r_1,\quad g(z)=\sum_{n=0}^{\infty}b_nz^n,R=r_2,$$

那么在以原点为中心，r_1,r_2 中较小的一个为半径的圆内，这两个幂级数可以像多项式那样进行相加、相减、相乘，所得到的幂级数的和函数分别就是 $f(z)$ 与 $g(z)$ 的和、差与积. 在各种情形，所得到的幂级数的收敛半径大于或等于 r_1 与 r_2 中较小的一个. 也就是

$$f(z)\pm g(z)=\sum_{n=0}^{\infty}a_nz^n\pm\sum_{n=0}^{\infty}b_nz^n=\sum_{n=0}^{\infty}(a_n\pm b_n)z^n,\ |z|<R,$$

$$\begin{aligned}f(z)g(z)&=\left(\sum_{n=0}^{\infty}a_nz^n\right)\left(\sum_{n=0}^{\infty}b_nz^n\right)\\&=\sum_{n=0}^{\infty}(a_nb_0+a_{n-1}b_1+a_{n-2}b_2+\cdots\\&\quad+a_0b_n)z^n,\ |z|<R.\end{aligned}$$

这里 $R=\min(r_1,r_2)$. 为了说明两个幂级数经过运算后所得的幂级数的收敛半径确实可以大于 r_1 与 r_2 中较小的一个,下面举一个例子.

例 3 设有幂级数 $\sum\limits_{n=0}^{\infty}z^n$ 与 $\sum\limits_{n=0}^{\infty}\frac{1}{1+a^n}z^n\,(0<a<1)$,求 $\sum\limits_{n=0}^{\infty}z^n-\sum\limits_{n=0}^{\infty}\frac{1}{1+a^n}z^n=\sum\limits_{n=0}^{\infty}\frac{a^n}{1+a^n}z^n$ 的收敛半径.

[解] 容易验证,$\sum\limits_{n=0}^{\infty}z^n$ 与 $\sum\limits_{n=0}^{\infty}\frac{1}{1+a^n}z^n$ 的收敛半径都等于 1. 但级数 $\sum\limits_{n=0}^{\infty}\frac{a^n}{1+a^n}z^n$ 的收敛半径

$$R=\lim_{n\to\infty}\left|\frac{a^n}{1+a^n}\bigg/\frac{a^{n+1}}{1+a^{n+1}}\right|=\lim_{n\to\infty}\frac{1+a^{n+1}}{a(1+a^n)}=\frac{1}{a}>1.$$

这就是说,$\sum\limits_{n=0}^{\infty}\frac{a^n}{1+a^n}z^n$ 自身的收敛圆域大于 $\sum\limits_{n=0}^{\infty}z^n$ 与 $\sum\limits_{n=0}^{\infty}\frac{1}{1+a^n}z^n$ 的公共收敛圆域 $|z|<1$,但应注意,使等式

$$\sum_{n=0}^{\infty}z^n-\sum_{n=0}^{\infty}\frac{1}{1+a^n}z^n=\sum_{n=0}^{\infty}\frac{a^n}{1+a^n}z^n$$

成立的收敛圆域仍应为 $|z|<1$,不能扩大.

更为重要的是所谓代换(复合)运算,就是:如果当 $|z|<r$ 时,$f(z)=\sum\limits_{n=0}^{\infty}a_nz^n$,又设在 $|z|<R$ 内 $g(z)$ 解析且满足 $|g(z)|<r$,那么当 $|z|<R$ 时,$f[g(z)]=\sum\limits_{n=0}^{\infty}a_n[g(z)]^n$. 这个代换运算,

在把函数展开成幂级数时，有着广泛的应用.

例 4 把函数$\frac{1}{z-b}$表成形如 $\sum_{n=0}^{\infty} c_n(z-a)^n$ 的幂级数，其中 a 与 b 是不相等的复常数.

［**解**］ 把函数$\frac{1}{z-b}$写成如下的形式：

$$\frac{1}{z-b}=\frac{1}{(z-a)-(b-a)}=-\frac{1}{b-a}\cdot\frac{1}{1-\frac{z-a}{b-a}}$$

由例 1 知道，当$\left|\frac{z-a}{b-a}\right|<1$ 时，有

$$\frac{1}{1-\frac{z-a}{b-a}}=1+\left(\frac{z-a}{b-a}\right)+\left(\frac{z-a}{b-a}\right)^2+\cdots+\left(\frac{z-a}{b-a}\right)^n+\cdots,$$

从而得到

$$\frac{1}{z-b}=-\frac{1}{b-a}-\frac{1}{(b-a)^2}(z-a)-\frac{1}{(b-a)^3}(z-a)^2-\cdots$$
$$-\frac{1}{(b-a)^{n+1}}(z-a)^n-\cdots.$$

设$|b-a|=R$，那么当$|z-a|<R$ 时，上式右端的级数收敛，且其和为$\frac{1}{z-b}$. 因为 $z=b$ 时，上式右端的级数发散，故由阿贝尔定理知，当$|z-a|>|b-a|=R$ 时，级数发散，即上式右端的级数的收敛半径为 $R=|b-a|$.

细察本题的解题步骤，不难看出：首先要把函数作代数变形，使其分母中出现量 $z-a$，因为我们要展成 $z-a$ 的幂级数. 再把它按照展开式为已知的函数$\frac{1}{1-z}$的形式写成$\frac{1}{1-g(z)}$，其中 $g(z)=\frac{z-a}{b-a}$. 然后把$\frac{1}{1-z}$展开式中的 z 换成 $g(z)$.

以后，把函数展成幂级数时，常用例 4 中的方法，希望读者注意.

复变幂级数也像实变幂级数一样，在其收敛圆内具有下列性质（证明从略）：

定理四 设幂级数$\sum\limits_{n=0}^{\infty}c_n(z-z_0)^n$的收敛半径为$R$,那么

1）它的和函数$f(z)$,即

$$f(z)=\sum_{n=0}^{\infty}c_n(z-a)^n$$

是收敛圆:$|z-a|<R$内的解析函数.

2）$f(z)$在收敛圆内的导数可将其幂级数逐项求导得到,即

$$f'(z)=\sum_{n=1}^{\infty}nc_n(z-a)^{n-1}.$$

3）$f(z)$在收敛圆内可以逐项积分,即

$$\int_C f(z)dz=\sum_{n=0}^{\infty}c_n\int_C(z-a)^n dz,\quad C\in|z-a|<R.$$

或
$$\int_a^z f(\zeta)d\zeta=\sum_{n=0}^{\infty}\frac{c_n}{n+1}(z-a)^{n+1}.$$

§3 泰勒级数

在上一节中,我们已经知道一个幂级数的和函数在它的收敛圆的内部是一个解析函数.现在我们来研究与此相反的问题,就是:任何一个解析函数是否能用幂级数来表达?这个问题不但具有理论意义,而且很有实用价值.

设函数$f(z)$在区域D内解析,而$|\zeta-z_0|=r$为D内以z_0为中心的任何一个圆周,它与它的内部全含于D,把它记作K,又设z为K内任一点(图4.2).于是按照柯西积分公式,有

$$f(z)=\frac{1}{2\pi i}\oint_K\frac{f(\zeta)}{\zeta-z}d\zeta,\qquad(4.3.1)$$

其中K取正方向.由于积分变量ζ取在圆周K上,点z在K的内部,所以$\left|\frac{z-z_0}{\zeta-z_0}\right|<1$.根据§2中的例4,就有

$$\frac{1}{\zeta-z}=\frac{1}{(\zeta-z_0)-(z-z_0)}=\frac{1}{\zeta-z_0}\frac{1}{1-\dfrac{z-z_0}{\zeta-z_0}}$$

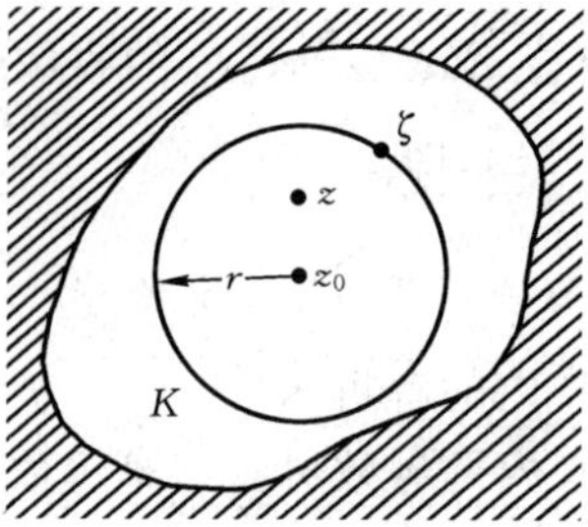

图 4.2

$$
=\frac{1}{\zeta-z_0}\left[1+\left(\frac{z-z_0}{\zeta-z_0}\right)+\left(\frac{z-z_0}{\zeta-z_0}\right)^2+\cdots+\left(\frac{z-z_0}{\zeta-z_0}\right)^n+\cdots\right]
$$

$$
=\sum_{n=0}^{\infty}\frac{1}{(\zeta-z_0)^{n+1}}(z-z_0)^n.
$$

以此代入(4.3.1),并把它写成

$$
f(z)=\sum_{n=0}^{N-1}\left[\frac{1}{2\pi i}\oint_K\frac{f(\zeta)d\zeta}{(\zeta-z_0)^{n+1}}\right](z-z_0)^n+\frac{1}{2\pi i}\oint_K\left[\sum_{n=N}^{\infty}\frac{f(\zeta)}{(\zeta-z_0)^{n+1}}(z-z_0)^n\right]d\zeta.
$$

由解析函数的高阶导数公式(3.6.1),上式又可写成

$$
f(z)=\sum_{n=0}^{N-1}\frac{f^{(n)}(z_0)}{n!}(z-z_0)^n+R_N(z) \tag{4.3.2}
$$

其中

$$
R_N(z)=\frac{1}{2\pi i}\oint_K\left[\sum_{n=N}^{\infty}\frac{f(\zeta)}{(\zeta-z_0)^{n+1}}(z-z_0)^n\right]d\zeta \tag{4.3.3}
$$

我们如果能够证明 $\lim\limits_{N\to\infty}R_N(z)=0$ 在 K 内成立,那么由(4.3.2)就可得知

$$f(z)=\sum_{n=0}^{\infty}\frac{f^{(n)}(z_0)}{n!}(z-z_0)^n \qquad (4.3.4)$$

在 K 内成立，即 $f(z)$ 在 K 内可以用幂级数来表达. 为此，我们令

$$\left|\frac{z-z_0}{\zeta-z_0}\right|=\frac{|z-z_0|}{r}=q.$$

显然，q 是与积分变量 ζ 无关的量，并且 $0\leqslant q<1$. 由于 K 含于 D，而 $f(z)$ 在 D 内解析，从而在 K 上连续，因此，$f(\zeta)$ 在 K 上也连续. 于是 $f(\zeta)$ 在 K 上有界，即存在一个正常数 M，在 K 上 $|f(\zeta)|\leqslant M$. 由(4.3.3)，有

$$\begin{aligned}|R_N(z)|&\leqslant\frac{1}{2\pi}\oint_K\left|\sum_{n=N}^{\infty}\frac{f(\zeta)}{(\zeta-z_0)^{n+1}}(z-z_0)^n\right|ds\\&\leqslant\frac{1}{2\pi}\oint_K\left[\sum_{n=N}^{\infty}\frac{|f(\zeta)|}{|\zeta-z_0|}\left|\frac{z-z_0}{\zeta-z_0}\right|^n\right]ds\\&\leqslant\frac{1}{2\pi}\cdot\sum_{n=N}^{\infty}\frac{M}{r}q^n\cdot 2\pi r=\frac{Mq^N}{1-q}.\end{aligned}$$

因为 $\lim\limits_{N\to\infty}q^N=0$，所以 $\lim\limits_{N\to\infty}R_N(z)=0$ 在 K 内成立，从而公式(4.3.4)在 K 内成立. 这个公式称为 $f(z)$ 在 z_0 的泰勒展开式，它右端的级数称为 $f(z)$ 在 z_0 的泰勒级数，与实变函数的情形完全一样.

圆周 K 的半径可以任意增大，只要 K 在 D 内. 所以，如果 z_0 到 D 的边界上各点的最短距离为 d，那么 $f(z)$ 在 z_0 的泰勒展开式(4.3.4)在圆域 $|z-z_0|<d$ 内成立. 但这时对 $f(z)$ 在 z_0 的泰勒级数来说，它的收敛半径 R 至少等于 d，因为凡满足 $|z-z_0|<d$ 的 z 必能使(4.3.4)成立，即 $R\geqslant d$.

从以上的讨论，我们得到下面的定理(泰勒展开定理)

定理 设 $f(z)$ 在区域 D 内解析，z_0 为 D 内的一点，d 为 z_0 到 D 的边界上各点的最短距离，那么当 $|z-z_0|<d$ 时，

$$f(z)=\sum_{n=0}^{\infty}c_n(z-z_0)^n$$

成立，其中 $c_n=\frac{1}{n!}f^{(n)}(z_0)$，$n=0,1,2,\cdots$.

应当指出，如果 $f(z)$ 在 z_0 解析，那么使 $f(z)$ 在 z_0 的泰勒展开式成立的圆域的半径 R 就等于从 z_0 到 $f(z)$ 的距 z_0 最近一个奇点 α 之间的距离，即 $R=|\alpha-z_0|$. 这是因为 $f(z)$ 在收敛圆内解析，故奇点 α 不可能在收敛圆内. 又因为奇点 α 不可能在收敛圆外，不然收敛半径还可以扩大，因此奇点 α 只能在收敛圆周上.

利用泰勒级数可以把函数展开成幂级数. 但这样的展开式是否唯一呢？

设 $f(z)$ 在 z_0 已经用另外的方法展开为幂级数：

$$f(z)=a_0+a_1(z-z_0)+a_2(z-z_0)^2+\cdots+a_n(z-z_0)^n+\cdots,$$

那么

$$f(z_0)=a_0.$$

由幂级数的性质定理四的 2)，得

$$f'(z)=a_1+2a_2(z-z_0)+\cdots,$$

于是

$$f'(z_0)=a_1.$$

同理可得

$$a_n=\frac{1}{n!}f^{(n)}(z_0),\cdots.$$

由此可见，任何解析函数展开成幂级数的结果就是泰勒级数，因而是唯一的.

利用泰勒展开式，我们可以直接通过计算系数：

$$c_n=\frac{1}{n!}f^{(n)}(z_0)\quad(n=0,1,2,\cdots)$$

把函数 $f(z)$ 在 z_0 展开成幂级数. 下面我们把一些最简单的初等函数展开成幂级数. 例如，求 e^z 在 $z=0$ 的泰勒展开式. 由于

$$(e^z)^{(n)}=e^z,(e^z)^{(n)}|_{z=0}=1,(n=0,1,2,\cdots)$$

故有

$$e^z=1+z+\frac{z^2}{2!}+\frac{z^3}{3!}+\cdots+\frac{z^n}{n!}+\cdots. \qquad (4.3.5)$$

因为 e^z 在复平面内处处解析，所以这个等式在复平面内处处成立，并且右端幂级数的收敛半径等于 ∞.

同样，可求得 $\sin z$ 与 $\cos z$ 在 $z=0$ 的泰勒展开式：

$$\sin z=z-\frac{z^3}{3!}+\frac{z^5}{5!}-\cdots+(-1)^n\frac{z^{2n+1}}{(2n+1)!}+\cdots. \quad (4.3.6)$$

$$\cos z=1-\frac{z^2}{2!}+\frac{z^4}{4!}-\cdots+(-1)^n\frac{z^{2n}}{(2n)!}+\cdots. \quad (4.3.7)$$

因为 $\sin z$ 与 $\cos z$ 在复平面内处处解析，所以这些等式也在复平面内处处成立.

以上求 e^z 在 $z=0$ 的泰勒展开式所用的方法是直接算出各阶导数后套用泰勒展开式而得到的. 这种方法称为直接法. 我们也可以借助于一些已知函数的展开式，利用幂级数的运算性质和分析性质（定理四）. 以唯一性为依据来得出一个函数的泰勒展开式. 这种方法称为间接展开法. 例如 $\sin z$ 在 $z=0$ 的泰勒展开式也可用间接展开法得出：

$$\sin z=\frac{1}{2i}(e^{iz}-e^{-iz})=\frac{1}{2i}\left[\sum_{n=0}^{\infty}\frac{(iz)^n}{n!}-\sum_{n=0}^{\infty}\frac{(-iz)^n}{n!}\right]$$

$$=z-\frac{z^3}{3!}+\frac{z^5}{5!}-\cdots=\sum_{n=0}^{\infty}(-1)^n\frac{z^{2n+1}}{(2n+1)!}.$$

例 1 把函数 $\frac{1}{(1+z)^2}$ 展开成 z 的幂级数.

[解] 由于函数 $\frac{1}{(1+z)^2}$ 在单位圆周 $|z|=1$ 上有一奇点 $z=-1$，而在 $|z|<1$ 内处处解析，所以它在 $|z|<1$ 内可展开成 z 的幂级数. 根据 §2 中的例 1，把其中的 z 换成 $-z$，得

$$\frac{1}{1+z}=1-z+z^2-\cdots+(-1)^nz^n+\cdots,\ |z|<1. \quad (4.3.8)$$

把上式两边逐项求导，即得所求的展开式

$$\frac{1}{(1+z)^2}=1-2z+3z^2-4z^3+\cdots+(-1)^{n-1}nz^{n-1}+\cdots,\ |z|<1.$$

例 2 求对数函数的主值 $\ln(1+z)$ 在 $z=0$ 处的泰勒展开式.

[解] 我们知道，$\ln(1+z)$ 在从 -1 向左沿负实轴剪开的平面内是解析的，而 -1 是它的一个奇点，所以它在 $|z|<1$ 内可以展

开成 z 的幂级数(图 4.3).

因为$[\ln(1+z)]'=\frac{1}{1+z}$,而$\frac{1}{1+z}$有展开式(4.3.8).在此展开式的收敛圆$|z|<1$内,任取一条从 0 到 z 的积分路线 C,把(4.3.8)式的两端沿 C 逐项积分,得

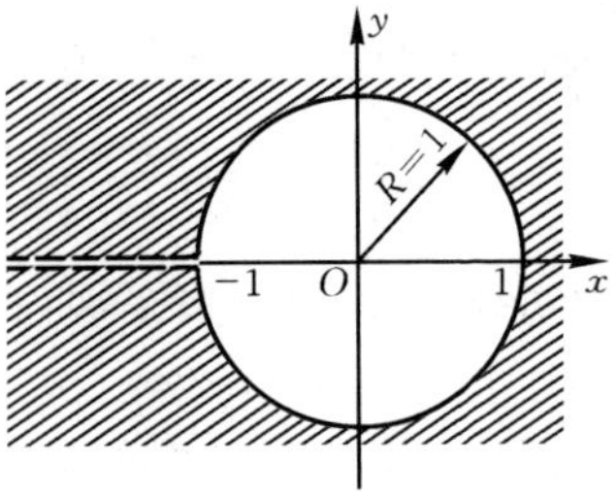

图 4.3

$$\int_0^z \frac{1}{1+z}dz = \int_0^z dz - \int_0^z zdz + \cdots + \int_0^z (-1)^n z^n dz + \cdots,$$

即

$$\ln(1+z) = z - \frac{z^2}{2} + \frac{z^3}{3} - \frac{z^4}{4} + \cdots + (-1)^n \frac{z^{n+1}}{n+1} + \cdots,$$

$$|z| < 1. \tag{4.3.9}$$

这就是所求的泰勒展开式.

最后,我们再举一个二项展开式的例子.

例 3 求幂函数$(1+z)^\alpha$(α 为复数)的主值支:

$$f(z)=e^{\alpha\ln(1+z)},f(0)=1,$$

在 $z=0$ 处的泰勒展开式.

显然,$f(z)$在从-1起向左沿负实轴剪开的复平面内解析,因此必能在$|z|<1$内展开成 z 的幂级数.

[解法 1] 用待定系数法展开.由于

$$f'(z)=e^{\alpha\ln(1+z)}\cdot\frac{\alpha}{1+z},$$

可知 $f(z)$满足微分方程

$$(1+z)f'(z)=\alpha f(z).$$

设

$$f(z)=a_0+a_1z+a_2z^2+\cdots+a_nz^n+\cdots,$$

把它代入上列微分方程,得

$$(1+z)(a_1+2a_2z+3a_3z^2+\cdots+na_nz^{n-1}+\cdots)$$
$$=\alpha(a_0+a_1z+a_2z^2+a_3z^3+\cdots+a_nz^n+\cdots),$$

即

$$a_1+(a_1+2a_2)z+(2a_2+3a_3)z^2+(3a_3+4a_4)z^3$$
$$+\cdots+[(n-1)a_{n-1}+na_n]z^{n-1}+\cdots$$
$$=\alpha a_0+\alpha a_1z+\alpha a_2z^2+\alpha a_3z^3+\cdots+\alpha a_{n-1}z^{n-1}+\cdots.$$

比较上式两端 z 的同次幂的系数并注意 $a_0=f(0)=1$,得

$$a_1=\alpha a_0 \qquad a_1=\alpha,$$
$$a_1+2a_2=\alpha a_1, \qquad a_2=\frac{\alpha(\alpha-1)}{1\cdot 2},$$
$$2a_2+3a_3=\alpha a_2, \qquad a_3=\frac{\alpha(\alpha-1)(\alpha-2)}{1\cdot 2\cdot 3},$$
$$\cdots\cdots \qquad \cdots\cdots$$
$$(n-1)a_{n-1}+na_n=\alpha a_{n-1}, \qquad a_n=\frac{\alpha(\alpha-1)\cdots(\alpha-n+1)}{1\cdot 2\cdot 3\cdots n},$$
$$\cdots\cdots \qquad \cdots\cdots$$

所以所求的展开式为

$$(1+z)^\alpha=1+\alpha z+\frac{\alpha(\alpha-1)}{2!}z^2+\frac{\alpha(\alpha-1)(\alpha-2)}{3!}z^3+\cdots$$
$$+\frac{\alpha(\alpha-1)\cdots(\alpha-n+1)}{n!}z^n+\cdots,|z|<1. \quad (4.3.10)$$

[解法 2] 直接从 $f(z)=e^{\alpha\ln(1+z)}$ 算出泰勒展开式的系数. 为了方便,设

$$\varphi(z)=\ln(1+z), \quad 1+z=e^{\varphi(z)},$$

所以

$$f(z)=e^{\alpha\varphi(z)}.$$

求导,得

$$f'(z)=e^{\alpha\varphi(z)}\alpha\varphi'(z)=\alpha\frac{1}{1+z}e^{\alpha\varphi(z)}=\frac{\alpha}{e^{\varphi(z)}}e^{\alpha\varphi(z)},$$

即

$$f'(z)=\alpha e^{(\alpha-1)\varphi(z)}.$$

继续求导得

$$f''(z)=\alpha(\alpha-1)e^{(\alpha-2)\varphi(z)},$$

$$\cdots\cdots\cdots$$

$$f^{(n)}(z)=\alpha(\alpha-1)\cdots(\alpha-n+1)e^{(\alpha-n)\varphi(z)},$$

$$\cdots\cdots\cdots$$

令 $z=0$,得

$$f(0)=1,\quad f'(0)=\alpha,\quad f''(0)=\alpha(\alpha-1),\quad \cdots,$$
$$f^{(n)}(0)=\alpha(\alpha-1)\cdots(\alpha-n+1),\cdots$$

于是得所求的展开式(4.3.10).

总之,把一个复变函数展开成幂级数的方法与实变函数的情形基本一样.读者必须通过练习,掌握展开的基本方法和技巧.

最后我们指出,根据§2中的定理四与本节的定理知,幂级数 $\sum\limits_{n=0}^{\infty}c_n(z-z_0)^n$ 在收敛圆 $|z-z_0|<R$ 内的和函数是解析函数;反过来,在圆域 $|z-z_0|<R$ 内解析的函数 $f(z)$ 必能在 z_0 展开成幂级数 $\sum\limits_{n=0}^{\infty}c_n(z-z_0)^n$. 所以,$f(z)$ 在 z_0 解析跟 $f(z)$ 在 z_0 的邻域内可以展开成幂级数 $\sum\limits_{n=0}^{\infty}c_n(z-z_0)^n$ 是两种等价的说法.

§4 洛朗级数

在上一节中,我们已经看到,一个在以 z_0 为中心的圆域内解析的函数 $f(z)$,可以在该圆域内展开成 $z-z_0$ 的幂级数. 如果 $f(z)$在 z_0 处不解析,那么在 z_0 的领域内就不能用 $z-z_0$ 的幂级数来表示. 但是这种情况在实际问题中却经常遇到. 因此,在这一节中将讨论在以 z_0 为中心的圆环域内的解析函数的级数表示法,并以此为工具为下一章研究解析函数在孤立奇点邻域内的性质,以及定义留数和计算留数奠定必要的基础.

首先让我们探讨具有下列形式的级数:

$$\sum_{n=-\infty}^{\infty} c_n (z-z_0)^n = \cdots + c_{-n}(z-z_0)^{-n} + \cdots + c_{-1}(z-z_0)^{-1} + c_0 + c_1(z-z_0) + \cdots + c_n(z-z_0)^n + \cdots, \tag{4.4.1}$$

其中 z_0 及 $c_n(n=0,\pm 1,\pm 2,\cdots)$都是常数.

把级数(4.4.1)分成两部分来考虑,即

正幂项(包括常数项)部分:

$$\sum_{n=0}^{\infty} c_n (z-z_0)^n = c_0 + c_1(z-z_0) + \cdots + c_n(z-z_0)^n + \cdots, \tag{4.4.2}$$

与负幂项部分:

$$\sum_{n=1}^{\infty} c_{-n} (z-z_0)^{-n} = c_{-1}(z-z_0)^{-1} + \cdots + c_{-n}(z-z_0)^{-n} + \cdots. \tag{4.4.3}$$

级数(4.4.2)是一个通常的幂级数,它的收敛范围是一个圆域. 设它的收敛半径为 R_2,那么当 $|z-z_0|<R_2$ 时,级数收敛,当 $|z-z_0|>R_2$时,级数发散.

级数(4.4.3)是一个新型的级数. 如果令 $\zeta=(z-z_0)^{-1}$,那么就得到

$$\sum_{n=1}^{\infty} c_{-n} (z-z_0)^{-n} = \sum_{n=1}^{\infty} c_{-n}\zeta^n = c_{-1}\zeta + c_{-2}\zeta^2 + \cdots + c_{-n}\zeta^n + \cdots. \tag{4.4.4}$$

对变数 ζ 来说,级数(4.4.4)是一个通常的幂级数. 设它的收敛半径为 R,那么当 $|\zeta|<R$ 时,级数收敛;当 $|\zeta|>R$ 时,级数发散. 因此,如果我们要判定级数(4.4.3)的收敛范围,只需把 ζ 用 $(z-z_0)^{-1}$代回去就可以了. 如果令 $\dfrac{1}{R}=R_1$,那么当且仅当 $|\zeta|<R$ 时,$|z-z_0|>R_1$;当且仅当 $|\zeta|>R$ 时,$|z-z_0|<R_1$. 由此可知,级数(4.4.3)当 $|z-z_0|>R_1$ 时收敛;当 $|z-z_0|<R_1$ 时发散.

由于级数(4.4.1)中的正幂项与负幂项分别在常数项 c_0 的两

边，各无尽头，因此没有首项. 所以对它的敛散性我们无法像前面讨论的幂级数那样用前 n 项的部分和的极限来定义. 对这种具有正、负幂项的双边幂级数，它的敛散性我们作如下的规定：当且仅当级数(4.4.2)与(4.4.3)都收敛时，级数(4.4.1)才收敛. 并把级数(4.4.1)看做级数(4.4.2)与(4.4.3)的和. 因此，当 $R_1>R_2$ 时(图 4.4(a))，级数(4.4.2)与(4.4.3)没有公共的收敛范围，所以，级数(4.4.1)处处发散；当 $R_1<R_2$ 时(图 4.4(b))，级数(4.4.2)与(4.4.3)的公共收敛范围是圆环域 $R_1<|z-z_0|<R_2$. 所以，级数(4.4.1)在这圆环域内收敛，在这圆环域外发散. 在圆环域的边界 $|z-z_0|=R_1$ 及 $|z-z_0|=R_2$ 上可能有些点收敛，有些点发散. 这就是说，级数(4.4.1)的收敛域是圆环域：$R_1<|z-z_0|<R_2$. 在特殊情形，圆环域的内半径 R_1 可能等于零，外半径 R_2 可能是无穷大. 例如级数

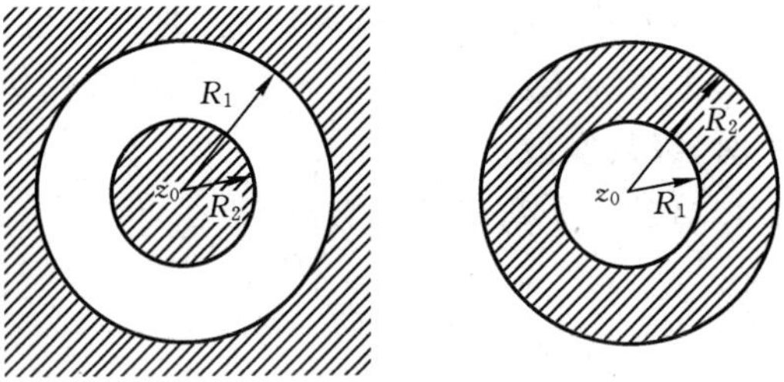

(a)　　(b)

图 4.4

$$\sum_{n=1}^{\infty}\frac{a^n}{z^n}+\sum_{n=0}^{\infty}\frac{z^n}{b^n}\quad (a\text{ 与 }b\text{ 为复常数})$$

中的前面部分由负幂项组成的级数 $\sum_{n=1}^{\infty}\frac{a^n}{z^n}=\sum_{n=1}^{\infty}\left(\frac{a}{z}\right)^n$，当 $\left|\frac{a}{z}\right|<1$ 即 $|z|>|a|$ 时收敛；而后面部分由正幂项组成的级数 $\sum_{n=0}^{\infty}\frac{z^n}{b^n}=$

$\sum_{n=0}^{\infty}\left(\frac{z}{b}\right)^n$，当$\left|\frac{z}{b}\right|<1$即$|z|<|b|$时收敛.所以，在$|a|<|b|$的情形，原级数中正、负幂项各自组成的级数的公共收敛范围为圆环域$|a|<|z|<|b|$，即原级数在此圆环域内收敛.在$|a|>|b|$的情形.原级数中的两个级数没有公共的收敛点，所以原级数处处发散.

幂级数在收敛圆内所具有的许多性质，级数(4.4.1)在收敛圆环域内也具有.例如，可以证明，级数(4.4.1)在收敛圆环域内其和函数是解析的，而且可以逐项求积和逐项求导.

现在我们要反过来问，在圆环域内解析的函数是否一定能展开成级数？试先看下例.

函数$f(z)=\frac{1}{z(1-z)}$在$z=0$及$z=1$都不解析，但在圆环域$0<|z|<1$及$0<|z-1|<1$内都是处处解析的.先研究在圆环域：$0<|z|<1$内的情形.我们有

$$f(z)=\frac{1}{z(1-z)}=\frac{1}{z}+\frac{1}{1-z},$$

由§2的例1，当$|z|<1$时，有

$$\frac{1}{1-z}=1+z+z^2+\cdots+z^n+\cdots,$$

所以 $$f(z)=\frac{1}{z(1-z)}=z^{-1}+1+z+z^2+\cdots+z^n+\cdots.$$

由此可见，$f(z)$在$0<|z|<1$内是可以展开为级数的.

其次，在圆环域：$0<|z-1|<1$内也可以展开为级数：

$$\begin{aligned}f(z)&=\frac{1}{z(1-z)}=\frac{1}{1-z}\left[\frac{1}{1-(1-z)}\right]\\&=\frac{1}{1-z}[1+(1-z)+(1-z)^2+\cdots+(1-z)^n+\cdots]\\&=(1-z)^{-1}+1+(1-z)+(1-z)^2+\cdots+(1-z)^{n-1}+\cdots.\end{aligned}$$

从以上的讨论看来，函数$f(z)=\frac{1}{z(1-z)}$是可以展开为级数的，只是这个级数含有负幂的项罢了.据此推想起来，在圆环域R_1

$<|z-z_0|<R_2$ 内处处解析的函数 $f(z)$，可能展开成形如(4.4.1)的级数，事实上确是这样，我们有

定理 设 $f(z)$ 在圆环域 $R_1<|z-z_0|<R_2$ 内处处解析，那么

$$f(z)=\sum_{n=-\infty}^{\infty}c_n(z-z_0)^n,$$

其中

$$c_n=\frac{1}{2\pi i}\oint_C\frac{f(\zeta)}{(\zeta-z_0)^{n+1}}d\zeta.\ (n=0,\pm1,\pm2,\cdots)$$

这里 C 为在圆环域内绕 z_0 的任何一条正向简单闭曲线.

［**证**］ 设 z 为圆环域内的任一点，在圆环域内作以 z_0 为中心的正向圆周 K_1 与 K_2，K_2 的半径 R 大于 K_1 的半径 r，且使 z 在 K_1 与 K_2 之间(图 4.5). 于是由柯西积分公式(参看第三章习题第 18 题)得

$$f(z)=\frac{1}{2\pi i}\oint_{K_2}\frac{f(\zeta)}{\zeta-z}d\zeta-\frac{1}{2\pi i}\oint_{K_1}\frac{f(\zeta)}{\zeta-z}d\zeta.$$

对于上式右端第一个积分来说，积分变量 ζ 取在圆周 K_2 上，点 z 在 K_2 的内部，所以 $\left|\dfrac{z-z_0}{\zeta-z_0}\right|<1$. 又由于 $|f(\zeta)|$ 在 K_2 上连续，因此存在一个常数 M，使得 $|f(\zeta)|\leqslant M$. 跟 §3 中泰勒展开式的证明一样，可以推得

$$\frac{1}{2\pi i}\oint_{K_2}\frac{f(\zeta)}{\zeta-z}d\zeta=\sum_{n=0}^{\infty}\left[\frac{1}{2\pi i}\oint_{K_2}\frac{f(\zeta)}{(\zeta-z_0)^{n+1}}d\zeta\right](z-z_0)^n.$$

应当指出，在这里不能对 $\dfrac{1}{2\pi i}\oint_{K_2}\dfrac{f(\zeta)}{(\zeta-z_0)^{n+1}}d\zeta$ 应用高阶导数公式，它并不等于 $\dfrac{f^{(n)}(z_0)}{n!}$，因为这时函数 $f(z)$ 在 K_2 内不是处处解析的.

再来考虑第二个积分 $-\dfrac{1}{2\pi i}\oint_{K_1}\dfrac{f(\zeta)}{\zeta-z}d\zeta$. 由于积分变量 ζ 取在

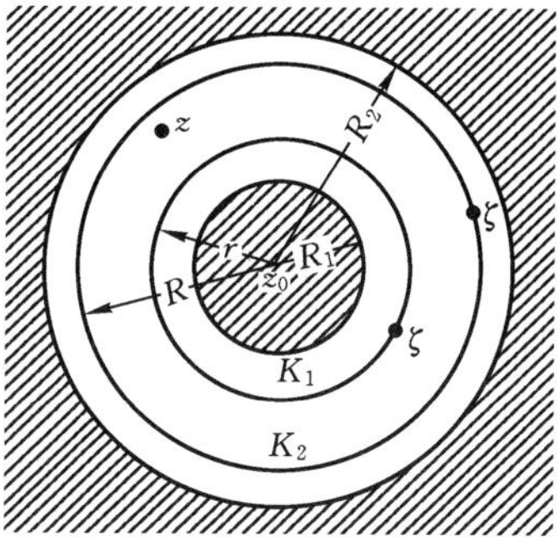

图 4.5

K_1 上，点 z 在 K_1 的外部，所以 $\left|\dfrac{\zeta-z_0}{z-z_0}\right|<1$. 因此就有

$$\frac{1}{\zeta-z}=-\frac{1}{z-z_0}\cdot\frac{1}{1-\dfrac{\zeta-z_0}{z-z_0}}=-\sum_{n=1}^{\infty}\frac{(\zeta-z_0)^{n-1}}{(z-z_0)^n}$$

$$=-\sum_{n=1}^{\infty}\frac{1}{(\zeta-z_0)^{-n+1}}(z-z_0)^{-n},$$

所以

$$-\frac{1}{2\pi i}\oint_{K_1}\frac{f(\zeta)}{\zeta-z}d\zeta$$

$$=\sum_{n=1}^{N-1}\left[\frac{1}{2\pi i}\oint_{K_1}\frac{f(\zeta)}{(\zeta-z_0)^{-n+1}}d\zeta\right](z-z_0)^{-n}+R_N(z),$$

其中

$$R_N(z)=\frac{1}{2\pi i}\oint_{K_1}\left[\sum_{n=N}^{\infty}\frac{(\zeta-z_0)^{n-1}f(\zeta)}{(z-z_0)^n}\right]d\zeta.$$

现在我们要证明 $\lim\limits_{N\to\infty}R_N(z)=0$ 在 K_1 外部成立. 令

$$q=\left|\frac{\zeta-z_0}{z-z_0}\right|=\frac{r}{|z-z_0|},$$

显然 q 是与积分变量 ζ 无关的量，而且 $0<q<1$，因为 z 在 K_1 的外部. 由于 $|f(\zeta)|$ 在 K_1 上连续，因此存在一个正常数 M_1，使得 $|f(\zeta)|\leqslant M_1$. 于是有

$$|R_N(z)| \leqslant \frac{1}{2\pi}\oint_{K_1}\left[\sum_{n=N}^{\infty}\frac{|f(\zeta)|}{|\zeta-z_0|}\left|\frac{\zeta-z_0}{z-z_0}\right|^n\right]ds$$

$$\leqslant \frac{1}{2\pi}\cdot\sum_{n=N}^{\infty}\frac{M_1}{r}q^n\cdot 2\pi r=\frac{M_1q^N}{1-q}.$$

因为 $\lim\limits_{N\to\infty}q^N=0$，所以 $\lim\limits_{N\to\infty}R_N(z)=0$，从而有

$$-\frac{1}{2\pi i}\oint_{K_1}\frac{f(\zeta)}{\zeta-z}d\zeta=\sum_{n=1}^{\infty}\left[\frac{1}{2\pi i}\oint_{K_1}\frac{f(\zeta)}{(\zeta-z_0)^{-n+1}}d\zeta\right](z-z_0)^{-n}.$$

综上所述，我们有

$$f(z)=\sum_{n=0}^{\infty}c_n(z-z_0)^n+\sum_{n=1}^{\infty}c_{-n}(z-z_0)^{-n}$$

$$=\sum_{n=-\infty}^{\infty}c_n(z-z_0)^n, \tag{4.4.5}$$

其中

$$c_n=\frac{1}{2\pi i}\oint_{K_2}\frac{f(\zeta)}{(\zeta-z_0)^{n+1}}d\zeta,(n=0,1,2,\cdots) \tag{4.4.6}$$

$$c_{-n}=\frac{1}{2\pi i}\oint_{K_1}\frac{f(\zeta)}{(\zeta-z_0)^{-n+1}}d\zeta,(n=1,2,\cdots) \tag{4.4.7}$$

级数(4.4.5)的系数由不同的式子(4.4.6)与(4.4.7)表出. 如果在圆环域内取绕 z_0 的任何一条正向简单的闭曲线 C(图 4.6)，那么根据闭路变形原理，这两个式子可用一个式子来表示：

$$c_n=\frac{1}{2\pi i}\oint_{C}\frac{f(\zeta)}{(\zeta-z_0)^{n+1}}d\zeta,(n=0,\pm1,\pm2,\cdots) \tag{4.4.8}$$

[证毕]

公式(4.4.5)称为函数 $f(z)$ 在以 z_0 为中心的圆环域：$R_1<|z-z_0|<R_2$ 内的洛朗(Laurent)展开式，它右端的级数称为 $f(z)$ 在此圆环域内的洛朗级数. 级数中正整次幂部分和负整次幂部分

分别称为洛朗级数的解析部分和主要部分. 在许多应用中,往往需要把在某点 z_0 不解析但在 z_0 的去心邻域内解析的函数 $f(z)$ 展开成级数,那么就利用洛朗级数来展开.

另外,一个在某一圆环域内解析的函数展开为含有正、负幂项的级数是唯一的,这个级数就是 $f(z)$ 的洛朗级数.

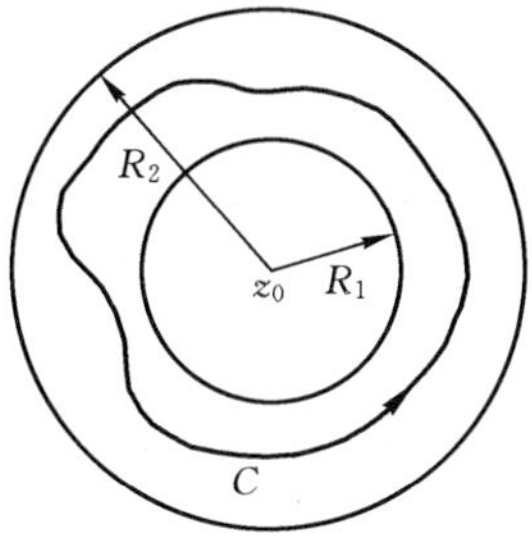

图 4.6

事实上,假定 $f(z)$ 在圆环域 $R_1<|z-z_0|<R_2$ 内不论用何种方法已展成了由正、负幂项组成的级数:$f(z)=\sum\limits_{n=-\infty}^{\infty}a_n(z-z_0)^n$,并设 C 为圆环域内任何一条正向简单闭曲线,ζ 为 C 上任一点,那么

$$f(\zeta)=\sum_{n=-\infty}^{\infty}a_n(\zeta-z_0)^n.$$

以 $(\zeta-z_0)^{-p-1}$ 去乘上式两边,这里 p 为任一整数,并沿 C 积分,得

$$\oint_C\frac{f(\zeta)}{(\zeta-z_0)^{p+1}}d\zeta=\sum_{n=-\infty}^{\infty}a_n\oint_C(\zeta-z_0)^{n-p-1}d\zeta=2\pi i a_p,$$

从而 $$a_p=\frac{1}{2\pi i}\oint_C\frac{f(\zeta)}{(\zeta-z_0)^{p+1}}d\zeta,(p=0,\pm1,\pm2,\cdots)$$

这就是(4.4.8).

上面的定理给出了将一个在圆环域内解析的函数展开成洛朗级数的一般方法. 但这个方法在用公式(4.4.8)来计算系数 c_n 时,往往是很麻烦的. 例如要把函数 $f(z)=\dfrac{e^z}{z^2}$ 在以 $z=0$ 为中心的圆环域 $0<|z|<+\infty$ 内展开成洛朗级数时,如果用公式(4.4.8)计算 c_n,那么就有

$$c_n=\frac{1}{2\pi i}\oint_C\frac{e^\zeta}{\zeta^{n+3}}d\zeta,$$

其中 C 为圆环域内的任意一条简单闭曲线.

当 $n+3\leqslant 0$，即 $n\leqslant -3$ 时，由于 $e^z z^{-n-3}$ 在圆环域内解析，故由柯西-古萨基本定理知，$c_n=0$，即 $c_{-3}=0, c_{-4}=0, \cdots$. 当 $n\geqslant -2$ 时，由高阶导数公式知

$$c_n=\frac{1}{2\pi i}\oint_C \frac{e^\zeta}{\zeta^{n+3}}d\zeta=\frac{1}{(n+2)!}(e^\zeta)^{(n+2)}\Big|_{\zeta=0}=\frac{1}{(n+2)!},$$

故有

$$\frac{e^z}{z^2}=\sum_{n=-2}^{\infty}\frac{z^n}{(n+2)!}=\frac{1}{z^2}+\frac{1}{z}+\frac{1}{2!}+\frac{1}{3!}z+\frac{1}{4!}z^2+\cdots.$$

如果我们根据由正、负整次幂项组成的级数的唯一性，可以用别的方法，特别是代数运算、代换、求导和积分等方法去展开，那么将会简便得多，像上例

$$\frac{e^z}{z^2}=\frac{1}{z^2}\left(1+z+\frac{z^2}{2!}+\frac{z^3}{3!}+\frac{z^4}{4!}+\cdots\right)=\frac{1}{z^2}+\frac{1}{z}+\frac{1}{2!}+\frac{1}{3!}z+\frac{1}{4!}z^2+\cdots.$$

两种方法相比，其繁简程度不可同日而语. 因此，以后在求函数的洛朗展开式时，通常不用公式(4.4.8)去求系数 c_n，而像求函数的泰勒展开式那样采用间接展开法.

例 1 函数 $f(z)=\dfrac{1}{(z-1)(z-2)}$ 在圆环域(图 4.7)：

i) $0<|z|<1$；

ii) $1<|z|<2$；

iii) $2<|z|<+\infty$；

内是处处解析的. 试把 $f(z)$ 在这些区域内展开成洛朗级数.

［**解**］ 先把 $f(z)$ 用部分分式来表示：

$$f(z)=\frac{1}{1-z}-\frac{1}{2-z}.$$

i) 在 $0<|z|<1$ 内(图 4.7(a))，由于 $|z|<1$，从而 $\left|\dfrac{z}{2}\right|<1$.

所以(利用§2 例 1 中的结果)

$$\frac{1}{1-z}=1+z+z^2+\cdots+z^n+\cdots, \tag{4.4.9}$$

$$\frac{1}{2-z}=\frac{1}{2}\cdot\frac{1}{1-\frac{z}{2}}=\frac{1}{2}\left(1+\frac{z}{2}+\frac{z^2}{2^2}+\cdots+\frac{z^n}{2^n}+\cdots\right). \tag{4.4.10}$$

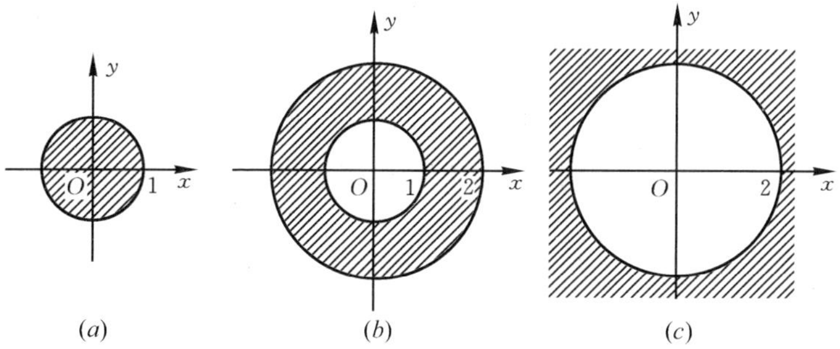

图 4.7

因此，我们有

$$\begin{aligned} f(z)&=(1+z+z^2+\cdots)-\frac{1}{2}\left(1+\frac{z}{2}+\frac{z^2}{4}+\cdots\right)\\ &=\frac{1}{2}+\frac{3}{4}z+\frac{7}{8}z^2+\cdots. \end{aligned}$$

结果中不含有 z 的负幂项，原因在于 $f(z)=\frac{1}{(z-1)(z-2)}$ 在 $z=0$ 处是解析的.

ii) 在 $1<|z|<2$(图 4.7(b))内，由于 $|z|>1$，所以(4.4.9)不成立，但此时 $\left|\frac{1}{z}\right|<1$，因此把 $\frac{1}{1-z}$ 另行展开如下：

$$\frac{1}{1-z}=-\frac{1}{z}\cdot\frac{1}{1-\frac{1}{z}}=-\frac{1}{z}\left(1+\frac{1}{z}+\frac{1}{z^2}+\cdots\right) \tag{4.4.11}$$

并由于此时 $|z|<2$，从而 $\left|\frac{z}{2}\right|<1$. 所以(4.4.10)仍然有效. 因此，我们有

$$f(z)=-\frac{1}{z}\left(1+\frac{1}{z}+\frac{1}{z^2}+\cdots\right)-\frac{1}{2}\left(1+\frac{z}{2}+\frac{z^2}{4}+\cdots\right)$$

$$=\cdots-\frac{1}{z^n}-\frac{1}{z^{n-1}}-\cdots-\frac{1}{z}-\frac{1}{2}-\frac{z}{4}-\frac{z^2}{8}-\cdots.$$

iii) 在 $2<|z|<+\infty$ 内(图 4.7(c)),由于 $|z|>2$,所以(4.4.10)不成立,但此时 $\left|\frac{2}{z}\right|<1$,因此把 $\frac{1}{2-z}$ 另行展开如下:

$$\frac{1}{2-z}=-\frac{1}{z}\cdot\frac{1}{1-\frac{2}{z}}=-\frac{1}{z}\left(1+\frac{2}{z}+\frac{4}{z^2}+\cdots\right).$$

并因此时 $\left|\frac{1}{z}\right|<\left|\frac{2}{z}\right|<1$,所以(4.4.11)仍然有效. 因此,我们有

$$f(z)=\frac{1}{z}\left(1+\frac{2}{z}+\frac{4}{z^2}+\cdots\right)-\frac{1}{z}\left(1+\frac{1}{z}+\frac{1}{z^2}+\cdots\right)$$

$$=\frac{1}{z^2}+\frac{3}{z^3}+\frac{7}{z^4}+\cdots.$$

例 2 把函数 $f(z)=z^3e^{\frac{1}{z}}$ 在 $0<|z|<+\infty$ 内展开成洛朗级数.

[解] 函数 $f(z)=z^3e^{\frac{1}{z}}$ 在 $0<|z|<+\infty$ 内是处处解析的. 我们知道,e^z 在复平面内的展开式是:

$$e^z=1+z+\frac{z^2}{2!}+\frac{z^3}{3!}+\cdots+\frac{z^n}{n!}+\cdots,$$

而 $\frac{1}{z}$ 在 $0<|z|<+\infty$ 解析,所以把上式中的 z 代换成 $\frac{1}{z}$,两边同乘以 z^3,即得所求的洛朗展开式:

$$z^3e^{\frac{1}{z}}=z^3\left(1+\frac{1}{z}+\frac{1}{2!\,z^2}+\frac{1}{3!\,z^3}+\frac{1}{4!\,z^4}+\cdots\right)$$

$$=z^3+z^2+\frac{z}{2!}+\frac{1}{3!}+\frac{1}{4!\,z}+\cdots.$$

应当注意,从以上两例可以看出,一个函数 $f(z)$ 在以 z_0 为中心的圆环域内的洛朗级数中尽管含有 $z-z_0$ 的负幂项,而且 z_0 又是这些项的奇点,但是 z_0 可能是函数 $f(z)$ 的奇点,也可能不是 $f(z)$ 的奇点. 例 1 中的 ii) 与 iii) 表明,虽然圆环域的中心 $z=0$ 是

各负幂项的奇点，但却不是函数 $f(z)=\dfrac{1}{(z-1)(z-2)}$ 的奇点. 例 2 则表明圆环域的中心 $z=0$ 是函数 $z^3e^{\frac{1}{z}}$ 的奇点.

还应注意，给定了函数 $f(z)$ 与复平面内一点 z_0 以后，由于这个函数可以在以 z_0 为中心的（由奇点隔开的）不同圆环域内解析，因而在各个不同的圆环域中有不同的洛朗展开式（包括泰勒展开式作为它的特例）. 我们不要把这种情形与洛朗展开式的唯一性相混淆. 我们知道，所谓洛朗展开式的唯一性，是指函数在某一个给定的圆环域内的洛朗展开式是唯一的. 另外，在展开式的收敛圆环域的内圆周上有 $f(z)$ 的奇点，外圆周上也有 $f(z)$ 的奇点，或者外圆周的半径为无穷大. 例如函数

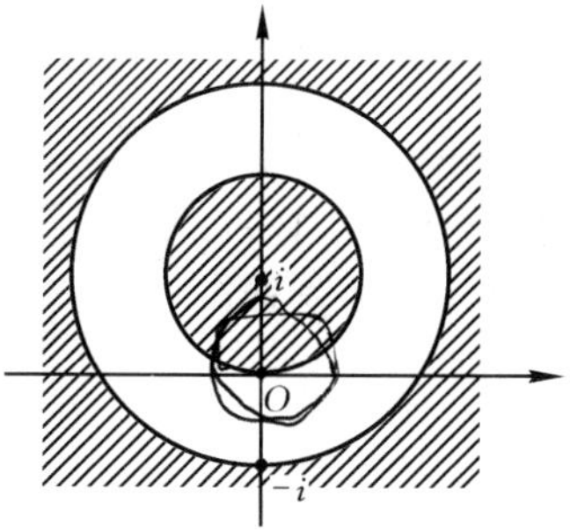

图 4.8

$$f(z)=\frac{1-2i}{z(z+i)}$$

在复平面内有两个奇点：$z=0$ 与 $z=-i$，分别在以 i 为中心的圆周：$|z-i|=1$ 与 $|z-i|=2$ 上（图 4.8）. 因此，$f(z)$ 在以 i 为中心的圆环域（包括圆域）内的展开式有三个：

1）在 $|z-i|<1$ 中的泰勒展开式；

2）在 $1<|z-i|<2$ 中的洛朗展开式；

3）在 $2<|z-i|<+\infty$ 中的洛朗展开式；

最后，说明一下公式(4.4.8)在计算沿封闭路线积分中的应用，旨在承前启后为下一章学习用留数计算积分打一基础.

在公式(4.4.8)中，令 $n=-1$，得

$$c_{-1}=\frac{1}{2\pi i}\oint_C f(z)dz \quad 或 \quad \oint_C f(z)dz=2\pi i c_{-1}, \qquad (4.4.12)$$

其中 C 为圆环域 $R_1<|z-z_0|<R_2$ 内的任何一条简单闭曲线，

$f(z)$在此圆环域内解析. 从(4.4.12)式看,计算积分可转化为求被积函数的洛朗展开式中 z 的负一次幂项的系数 c_{-1}.

例 3 求下列各积分的值:

1) $\oint\limits_{|z|=3} \frac{1}{z(z+1)(z+4)}dz$; 2) $\oint\limits_{|z|=2} \frac{ze^{\frac{1}{z}}}{1-z}dz$.

[**解**] 1) 函数 $f(z)=\frac{1}{z(z+1)(z+4)}$ 在圆环域 $1<|z|<4$ 内处处解析,且 $|z|=3$ 在此圆环域内,所以 $f(z)$ 在此圆环域内洛朗展开式的系数 c_{-1} 乘以 $2\pi i$ 即为所求积分的值.

$$f(z)=\frac{1}{4z}-\frac{1}{3(z+1)}+\frac{1}{12(z+4)}=\frac{1}{4z}-\frac{1}{3z\left(1+\frac{1}{z}\right)}+\frac{1}{48\left(1+\frac{z}{4}\right)}$$

$$=\frac{1}{4z}-\frac{1}{3z}+\frac{1}{3z^2}-\cdots+\frac{1}{48}\left(1-\frac{z}{4}+\frac{z^2}{16}-\cdots\right).$$

由此可见 $c_{-1}=\frac{1}{4}-\frac{1}{3}=-\frac{1}{12}$,从而

$$\oint\limits_C \frac{1}{z(z+1)(z+4)}dz = 2\pi i\left(-\frac{1}{12}\right)=-\frac{\pi i}{6}.$$

2) 函数 $f(z)=\frac{ze^{\frac{1}{z}}}{1-z}$ 在 $1<|z|<+\infty$ 内解析,$|z|=2$ 在此圆环域内,把它在此圆环域内展开得

$$f(z)=\frac{e^{\frac{1}{z}}}{-\left(1-\frac{1}{z}\right)}$$

$$=-\left(1+\frac{1}{z}+\frac{1}{z^2}+\cdots\right)\left(1+\frac{1}{z}+\frac{1}{2!\ z^2}+\cdots\right)$$

$$=-\left(1+\frac{2}{z}+\frac{5}{2z^2}+\cdots\right).$$

故 $c_{-1}=-2$,从而

$$\oint\limits_{|z|=2} \frac{ze^{\frac{1}{z}}}{1-z}dz = 2\pi i c_{-1} =-4\pi i.$$

小　结

1. 数列 $\alpha_n=a_n+ib_n(n=1,2,\cdots)$ 和级数 $\sum\limits_{n=1}^{\infty}\alpha_n$ 的收敛定义与实数域内数列和级数的收敛定义完全类似.

数列 $\alpha_n=a_n+b_n$ 收敛的充要条件是实数列 a_n 和 b_n 同时收敛.

级数 $\sum\limits_{n=1}^{\infty}\alpha_n$ 收敛的充要条件是 $\sum\limits_{n=1}^{\infty}a_n$ 和 $\sum\limits_{n=1}^{\infty}b_n$ 同时收敛.

$\lim\limits_{n\to\infty}\alpha_n=0$ 是级数 $\sum\limits_{n=1}^{\infty}\alpha_n$ 收敛的必要条件.

如果级数 $\sum\limits_{n=1}^{\infty}|\alpha_n|=\sum\limits_{n=1}^{\infty}\sqrt{a_n{}^2+b_n{}^2}$ 收敛，那么 $\sum\limits_{n=1}^{\infty}\alpha_n$ 必收敛，称为绝对收敛. $\sum\limits_{n=1}^{\infty}\alpha_n$ 绝对收敛的充要条件是 $\sum\limits_{n=1}^{\infty}a_n$ 和 $\sum\limits_{n=1}^{\infty}b_n$ 同时绝对收敛.

2. 函数项级数 $\sum\limits_{n=1}^{\infty}f_n(z)$ 中的各项如果是幂函数(最简单的一类解析函数)：$f_n(z)=c_{n-1}(z-z_0)^{n-1}$ 或 $f_n(z)=c_{n-1}z^{n-1}$，那么就得到幂级数：

$$\sum_{n=0}^{\infty}c_n(z-z_0)^n=c_0+c_1(z-z_0)+c_2(z-z_0)^2+\cdots+c_n(z-z_0)^n+\cdots.$$

$$\sum_{n=0}^{\infty}c_nz^n=c_0+c_1z+c_2z^2+\cdots+c_nz^n+\cdots.$$

由阿贝尔定理知幂级数的收敛范围为一圆域，称为收敛圆. 在圆的内部，级数绝对收敛. 在圆的外部，级数发散. 在圆周上可能处处收敛；也可能处处发散；或在某些点上收敛，在另一些点上发散.

收敛圆的半径称为幂级数的收敛半径. 收敛半径的求法有比值法与根值法：

1) **比值法**　如果$\lim\limits_{n\to\infty}\left|\dfrac{c_{n+1}}{c_n}\right|=\lambda\neq 0$，那么收敛半径$R=\dfrac{1}{\lambda}$.

2) **根值法**　如果$\lim\limits_{n\to\infty}\sqrt[n]{|c_n|}=\mu\neq 0$，那么收敛半径$R=\dfrac{1}{\mu}$.

如果$\lambda=0$或$\mu=0$，那么$R=\infty$；如果$\lambda=\infty$或$\mu=\infty$，那么$R=0$.

3. **幂级数的性质**

1) 设幂级数$\sum\limits_{n=0}^{\infty}a_nz^n$与$\sum\limits_{n=0}^{\infty}b_nz^n$的收敛半径分别为$R_1$与$R_2$，并设$R=\min(R_1,R_2)$，那么当$|z|<R$时，有

$$\sum_{n=0}^{\infty}(\alpha a_n\pm\beta b_n)z^n=\alpha\sum_{n=0}^{\infty}a_nz^n\pm\beta\sum_{n=0}^{\infty}b_nz^n,$$

$$\left(\sum_{n=0}^{\infty}a_nz^n\right)\left(\sum_{n=0}^{\infty}b_nz^n\right)=\sum_{n=0}^{\infty}(a_nb_0+a_{n-1}b_1+\cdots+a_0b_n)z^n.$$

2) 一个收敛半径为$R(\neq 0)$的幂级数$\sum\limits_{n=0}^{\infty}c_nz^n$，在收敛圆内的和函数$f(z)$，即$f(z)=\sum\limits_{n=0}^{\infty}c_nz^n$，是解析函数.在收敛圆内，这个展开式可逐项求导与逐项积分，即有

$$f'(z)=\sum_{n=1}^{\infty}nc_nz^{n-1},\ |z|<R,$$

$$\int_{\substack{0\\C}}^{z}f(\zeta)d\zeta=\sum_{n=0}^{\infty}\int_{\substack{0\\C}}^{z}c_n\zeta^nd\zeta=\sum_{n=0}^{\infty}\frac{c_n}{n+1}z^{n+1},\ |z|<R,$$

其中C为收敛圆内连接原点与点z的任意一条曲线.

4. **泰勒展开式**　如果函数$f(z)$在圆域$|z-z_0|<R$内解析，那么在此圆域内$f(z)$可以展开成幂级数：

$$f(z)=\sum_{n=0}^{\infty}\frac{f^{(n)}(z_0)}{n!}(z-z_0)^n,$$

这样的展开式是唯一的.

1) 我们已经证明，一个解析函数具有任意阶导数.又知，任何解析函数都一定能用幂级数来表示.这是解析函数的两个令人惊

异的性质. 因为这两个性质不是一般的实变函数所能同时具备的. 在实变函数中,任意阶可导的函数是存在的,但它不一定能用幂级数来表示. 例如函数 $f(x)=\begin{cases}e^{-\frac{1}{x^2}}, x\neq 0\\ 0, x=0\end{cases}$ 就不能用 x 的幂级数来表示. 究其原因,在实变函数中,要把一个连续函数展开成幂级数,既要求它具有任意阶导数,还要求泰勒公式中的余项的极限为零. 上面这个例子就是因为余项不趋于零,所以不能展开成 x 的幂级数. 对一个具体的实变函数来说,要求出它的各阶导数已不容易,又要证明余项趋于零就更为困难. 这是我们在高等数学中学习函数展开成幂级数这一部分内容时深有体会的. 但对解析函数来说,由于它有任意阶导数存在. 而且又有泰勒展开定理的保证,因此就毋需再去考虑这两方面的问题.

2) 幂级数的和函数在收敛圆的圆周上至少有一个奇点. 现在要严格证明这一点还缺少理论基础. 但从直观上说一下证明的思路可能是有助于了解事实真相. 如果说,在收敛圆周上 $f(z)$ 没有奇点,即处处解析,那么根据解析的定义,在以圆周上各点为中心的圆域内 $f(z)$ 解析,从直观上看,在这些圆域中我们取出个数有限但数量足够的圆域定能把收敛圆的圆周盖住(这是可以严格证明的). 这样,幂级数的收敛范围就将比收敛圆大,这是与收敛圆的含义相矛盾的.

3) 在收敛圆内,幂级数处处收敛,它的和函数也处处解析. 但在收敛圆的圆周上,幂级数的收敛跟它的和函数的解析并无必然的关系. 即使幂级数在圆周上处处收敛,它的和函数仍可能在收敛的点处不解析. 例如①

$$f(z)=\frac{z}{1^2}+\frac{z^2}{2^2}+\frac{z^3}{3^2}+\cdots+\frac{z^n}{n^2}+\cdots,$$

易知其收敛半径为 1. 在单位圆周 $|z|=1$ 上级数处处收敛,因为用

① 见(日)竹内端三著《函数论》.

$z=e^{i\theta}$代入得 $\sum_{n=1}^{\infty}\frac{e^{in\theta}}{n^2}$. 由于 $\left|\frac{e^{in\theta}}{n^2}\right|=\frac{1}{n^2}$,所以这幂级数在 $|z|=1$ 上处处绝对收敛. 但

$$f'(z)=1+\frac{z}{2}+\frac{z^2}{3}+\cdots+\frac{z^{n-1}}{n}+\cdots,$$

当 z 沿实轴从圆内趋于 1 时,$f'(z)\to\infty$,也就是 $f(z)$ 在 $z=1$ 处不解析. $z=1$ 是 $f(z)$ 的奇点. 这个例子也正好说明了 2) 中所说的:在收敛圆的圆周上级数的和函数至少有一个奇点.

4) 在实变函数中有些不易理解的问题,一到复变函数中就成为显然的事情,例如在实数范围内,展开式

$$\frac{1}{1+x^2}=1-x^2+x^4-\cdots+(-1)^n x^{2n}+\cdots$$

的成立必须受 $|x|<1$ 的限制,这一点往往使人难以理解,因为上式左端的函数对任何实数都是确定的而且是可导的. 事实上,如果把函数 $\frac{1}{1+x^2}$ 中的 x 换成 z,在复平面内来看函数 $\frac{1}{1+z^2}$,那么它有两个奇点 $\pm i$,而这两个奇点都在 $\frac{1}{1+z^2}$ 的展开式:$1-z^2+z^4-\cdots$ 的收敛圆的圆周上,所以这个级数的收敛半径只能等于 1. 因此,即使我们关心的仅是 z 的实数值,但复平面内的这两个奇点却给级数 $1-x^2+x^4-\cdots$ 在 x 轴上的收敛区间设置了无法逾越的极限范围.

5. **洛朗展开式** 如果函数 $f(z)$ 在圆环域 $R_1<|z-z_0|<R_2$ 内处处解析,那么

$$f(z)=\sum_{n=-\infty}^{\infty}c_n(z-z_0)^n,\quad c_n=\frac{1}{2\pi i}\oint_C\frac{f(z)}{(z-z_0)^{n+1}}dz,\quad (n=0,\pm 1,\pm 2,\cdots)$$

其中 C 为圆环域内绕 z_0 的任何一条正向简单闭曲线.

一个函数可能在几个圆环域内解析,在不同的圆环域内的洛朗展开式是不同的,但在同一个圆环域内,不论用何种方法去展开,所得的洛朗展开式是唯一的.

在许多情况下，一个函数的洛朗展开式不是利用上述系数公式 c_n 算出系数来得到，而是用函数性质所启示的代数运算来求得的. 特别是在将有理分式展开时，先把该分式用部分分式来表示，然后用二项展开式把各种各样分母的分式展开成适当形式的级数. 这样做，往往感到便利.

6. **洛朗级数与泰勒级数的关系** 泰勒展开式中的系数公式

$$c_n = \frac{1}{2\pi i}\oint_K \frac{f(\zeta)}{(\zeta - z_0)^{n+1}} d\zeta, \quad (n = 0, 1, 2, \cdots) \qquad (3)$$

跟洛朗展开式中的系数公式

$$c_n = \frac{1}{2\pi i}\oint_C \frac{f(\zeta)}{(\zeta - z_0)^{n+1}} d\zeta, \quad (n = 0, \pm 1, \pm 2, \cdots) \quad (4)$$

从表面上看完全一样，但(4)式中的积分一般不能利用高阶导数公式把它写成 $\frac{1}{n!}f^{(n)}(z_0)$. 因为如果 z_0 是 $f(z)$ 的奇点，那么 $f^{(n)}(z_0)$ 根本不存在，即使 z_0 不是奇点而有 $f^{(n)}(z_0)$ 存在，但在圆域 $|z-z_0|<R_2$ 内可能还有其他奇点，从而简单闭曲线 C 内有奇点，因此该积分也不能写成 $\frac{1}{n!}f^{(n)}(z_0)$，除非 $f(z)$ 在 $|z-z_0|<R_2$ 内处处解析. 如果是这种情形，那么由于 $(z-z_0)^{n-1}f(z)$ $(n=1, 2, \cdots)$ 在 C 的内部处处解析，根据基本定理知

$$c_{-n} = \frac{1}{2\pi i}\oint_C (\zeta - z_0)^{n-1} f(\zeta) d\zeta = 0.$$

这时，洛朗级数成为泰勒级数. 所以说，洛朗级数是泰勒级数的推广. 这种推广非常必要，因为在实用上常常要求把一个函数在环绕它的孤立奇点的圆环域内展开成级数. 在下一章中，我们就是用洛朗级数来对孤立奇点进行分类的.

第四章习题

1. 下列数列 $\{\alpha_n\}$ 是否收敛？如果收敛，求出它们的极限：

1) $\alpha_n=\dfrac{1+ni}{1-ni}$；　　2) $\alpha_n=\left(1+\dfrac{i}{2}\right)^{-n}$；

3) $\alpha_n=(-1)^n+\dfrac{i}{n+1}$；　　4) $\alpha_n=e^{-n\pi i/2}$；

5) $\alpha_n=\dfrac{1}{n}e^{-n\pi i/2}$.

2. 证明：

$$\lim_{n\to\infty}\alpha^n=\begin{cases}0, & |\alpha|<1,\\ \infty, & |\alpha|>1,\\ 1, & \alpha=1,\\ \text{不存在}, & |\alpha|=1,\alpha\neq1.\end{cases}$$

3. 判别下列级数的绝对收敛性与收敛性：

1) $\sum\limits_{n=1}^{\infty}\dfrac{i^n}{n}$；　　2) $\sum\limits_{n=2}^{\infty}\dfrac{i^n}{\ln n}$；

3) $\sum\limits_{n=0}^{\infty}\dfrac{(6+5i)^n}{8^n}$；　　4) $\sum\limits_{n=0}^{\infty}\dfrac{\cos in}{2^n}$.

4. 下列说法是否正确？为什么？

1) 每一个幂级数在它的收敛圆周上处处收敛；

2) 每一个幂级数的和函数在收敛圆内可能有奇点；

3) 每一个在 z_0 连续的函数一定可以在 z_0 的邻域内展开成泰勒级数.

5. 幂级数 $\sum\limits_{n=0}^{\infty}c_n(z-2)^n$ 能否在 $z=0$ 收敛而在 $z=3$ 发散？

6. 求下列幂级数的收敛半径：

1) $\sum\limits_{n=1}^{\infty}\dfrac{z^n}{n^p}$（$p$ 为正整数）；　　2) $\sum\limits_{n=1}^{\infty}\dfrac{(n!)^2}{n^n}z^n$；

3) $\sum\limits_{n=0}^{\infty}(1+i)^n z^n$；　　4) $\sum\limits_{n=1}^{\infty}e^{i\frac{\pi}{n}}z^n$；

5) $\sum\limits_{n=1}^{\infty}\operatorname{ch}\left(\dfrac{i}{n}\right)(z-1)^n$；　　6) $\sum\limits_{n=1}^{\infty}\left(\dfrac{z}{\ln in}\right)^n$.

7. 如果 $\sum\limits_{n=0}^{\infty}c_n z^n$ 的收敛半径为 R，证明 $\sum\limits_{n=0}^{\infty}(\operatorname{Re}c_n)z^n$ 的收敛半径 $\geqslant R$.
[提示：$|(\operatorname{Re}c_n)z^n|<|c_n||z|^n$]

8. 证明：如果 $\lim\limits_{n\to\infty}\dfrac{c_{n+1}}{c_n}$ 存在（$\neq\infty$），下列三个幂级数有相同的收敛半径

$$\sum c_n z^n; \quad \sum \frac{c_n}{n+1} z^{n+1}; \quad \sum n c_n z^{n-1}.$$

9. 设级数 $\sum\limits_{n=0}^{\infty} c_n$ 收敛，而 $\sum\limits_{n=0}^{\infty} |c_n|$ 发散，证明 $\sum\limits_{n=0}^{\infty} c_n z^n$ 的收敛半径为 1.

10. 如果级数 $\sum\limits_{n=0}^{\infty} c_n z^n$ 在它的收敛圆的圆周上一点 z_0 处绝对收敛，证明它在收敛圆所围的闭区域上绝对收敛.

11. 把下列各函数展开成 z 的幂级数，并指出它们的收敛半径：

1) $\dfrac{1}{1+z^3}$；　　2) $\dfrac{1}{(1+z^2)^2}$；　　3) $\cos z^2$；

4) $\operatorname{sh} z$；　　5) $\operatorname{ch} z$；　　6) $e^{z^2}\sin z^2$；

7) $e^{\frac{z}{z-1}}$；　　8) $\sin\dfrac{1}{1-z}$.

提示：$\sin\dfrac{1}{1-z}=\sin\left(1+\dfrac{z}{1-z}\right)=\sin 1\cos\dfrac{z}{1-z}+\cos 1\sin\dfrac{z}{1-z}$.

12. 求下列各函数在指定点 z_0 处的泰勒展开式，并指出它们的收敛半径：

1) $\dfrac{z-1}{z+1}$，　$z_0=1$；　　2) $\dfrac{z}{(z+1)(z+2)}$，　$z_0=2$；

3) $\dfrac{1}{z^2}$，　$z_0=-1$；　　4) $\dfrac{1}{4-3z}$，　$z_0=1+i$；

5) $\operatorname{tg} z$，　$z_0=\dfrac{\pi}{4}$；　　6) $\operatorname{arctg} z$，　$z_0=0$.

13. 为什么在区域 $|z|<R$ 内解析且在区间 $(-R,R)$ 取实数值的函数 $f(z)$ 展开成 z 的幂级数时，展开式的系数都是实数？

14. 证明在 $f(z)=\cos\left(z+\dfrac{1}{z}\right)$ 以 z 的各幂表出的洛朗展开式中的各系数为

$$c_n=\frac{1}{2\pi}\int_0^{2\pi}\cos(2\cos\theta)\cos n\theta d\theta,\ (n=0,\pm 1,\pm 2,\cdots).$$

[提示：在公式(4.4.8)中，取 C 为 $|z|=1$，在此圆上设积分变量 $\zeta=e^{i\theta}$. 然后证明 c_n 的积分的虚部等于零.]

15. 下列结论是否正确？

用长除法得

$$\frac{z}{1-z}=z+z^2+z^3+z^4+\cdots,$$

$$\frac{z}{z-1}=1+\frac{1}{z}+\frac{1}{z^2}+\frac{1}{z^3}+\cdots.$$

因为
$$\frac{z}{1-z}+\frac{z}{z-1}=0,$$
所以
$$\cdots+\frac{1}{z^3}+\frac{1}{z^2}+\frac{1}{z}+1+z+z^2+z^3+z^4+\cdots=0.$$

16. 把下列各函数在指定的圆环域内展开成洛朗级数：

1) $\frac{1}{(z^2+1)(z-2)}$，$1<|z|<2$；

2) $\frac{1}{z(1-z)^2}$，$0<|z|<1$；$0<|z-1|<1$；

3) $\frac{1}{(z-1)(z-2)}$，$0<|z-1|<1$；$1<|z-2|<+\infty$；

4) $e^{\frac{1}{1-z}}$，$1<|z|<+\infty$；

5) $\frac{1}{z^2(z-i)}$，在以 i 为中心的圆环域内；

6) $\sin\frac{1}{1-z}$，在 $z=1$ 的去心邻域内.

7) $\frac{(z-1)(z-2)}{(z-3)(z-4)}$，$3<|z|<4$，$4<|z|<+\infty$.

17. 函数 $\mathrm{tg}\left(\frac{1}{z}\right)$能否在圆环域 $0<|z|<R(0<R<+\infty)$内展开成洛朗级数？为什么？

18. 如果 k 为满足关系 $k^2<1$ 的实数，证明
$$\sum_{n=0}^{\infty}k^n\sin(n+1)\theta=\frac{\sin\theta}{1-2k\cos\theta+k^2};$$
$$\sum_{n=0}^{\infty}k^n\cos(n+1)\theta=\frac{\cos\theta-k}{1-2k\cos\theta+k^2}.$$
[提示：对 $|z|>k$ 展开 $(z-k)^{-1}$ 成洛朗级数，并在展开式的结果中置 $z=e^{i\theta}$，再令两边的实部与实部相等，虚部与虚部相等.]

19. 如果 C 为正向圆周 $|z|=3$，求积分 $\int_C f(z)dz$ 的值. 设 $f(z)$ 为：

1) $\frac{1}{z(z+2)}$；2) $\frac{z+2}{(z+1)z}$；3) $\frac{1}{z(z+1)^2}$；4) $\frac{z}{(z+1)(z+2)}$.

20. 试求积分 $\oint_C\left(\sum_{n=-2}^{\infty}z^n\right)dz$ 的值，其中 C 为单位圆 $|z|=1$ 内的任何一条不经过原点的简单闭曲线.

第五章 留　　数

在这一章中，我们将以上章介绍的洛朗级数为工具，先对解析函数的孤立奇点进行分类，再对它在孤立奇点邻域内的性质进行研究. 无穷远点如为孤立奇点，我们也将对它进行分类. 这些问题的讨论为引入留数概念以及计算留数打好基础.

本章的中心问题是留数定理，它是留数理论的基础. 我们即将看到柯西-古萨基本定理、柯西积分公式都是留数定理的特殊情况. 应用留数定理可以把计算沿闭曲线的积分转化为计算在孤立奇点处的留数. 应用留数定理还可以计算一些定积分和广义积分，其中有些积分，我们过去在高等数学中已经计算过，但计算时比较复杂，用留数理论可以在分类后作统一处理，所以留数定理在作理论探讨与实际应用中都具有重要意义.

最后介绍对数留数、辐角原理、路西定理，供有关专业选用.

§1 孤 立 奇 点

在第二章§1中曾定义函数不解析的点为奇点. 如果函数 $f(z)$ 虽在 z_0 不解析，但在 z_0 的某一个去心邻域 $0<|z-z_0|<\delta$ 内处处解析，那么 z_0 称为 $f(z)$ 的孤立奇点. 例如函数 $\frac{1}{z}$，$e^{\frac{1}{z}}$ 都以 $z=0$ 为孤立奇点. 但应指出，我们不能产生这样的想法，认为函数的奇点都是孤立的. 这种想法是不对的. 例如函数 $f(z)=\dfrac{1}{\sin\frac{1}{z}}$，$z=0$ 是它的一个奇点，除此而外，$\frac{1}{z}=n\pi$ 或 $z=\frac{1}{n\pi}$（$n=\pm1,\pm2,\pm3,\cdots$）也都是它的奇点. 当 n 的绝对值逐渐增大时，$\frac{1}{n\pi}$

可任意接近 $z=0$. 换句话说，在 $z=0$ 的不论怎样小的去心邻域内总有 $f(z)$的奇点存在. 所以，$z=0$ 不是$\dfrac{1}{\sin\dfrac{1}{z}}$的孤立奇点.

用上一章的方法，我们把 $f(z)$在它的孤立奇点 z_0 的去心邻域内展开成洛朗级数. 根据展开式的不同情况将孤立奇点作如下的分类.

1. 可去奇点 如果在洛朗级数中不含 $z-z_0$ 的负幂项，那么孤立奇点 z_0 称为 $f(z)$的可去奇点.

这时，$f(z)$在 z_0 的去心邻域内的洛朗级数实际上就是一个普通的幂级数：

$$c_0+c_1(z-z_0)+\cdots+c_n(z-z_0)^n+\cdots.$$

因此，这个幂级数的和函数 $F(z)$是在 z_0 解析的函数，且当 $z\neq z_0$ 时，$F(z)=f(z)$；当 $z=z_0$ 时，$F(z_0)=c_0$. 但是，由于

$$\lim_{z\to z_0}f(z)=\lim_{z\to z_0}F(z)=F(z_0)=c_0,$$

所以不论 $f(z)$原来在 z_0 是否有定义，如果我们令 $f(z_0)=c_0$，那么在圆域$|z-z_0|<\delta$ 内就有

$$f(z)=c_0+c_1(z-z_0)+\cdots+c_n(z-z_0)^n+\cdots,$$

从而函数 $f(z)$在 z_0 就成为解析的了. 由于这个原因，所以 z_0 称为可去奇点.

例如，$z=0$ 是$\dfrac{\sin z}{z}$的可去奇点，因为这个函数在 $z=0$ 的去心邻域内的洛朗级数

$$\begin{aligned}\frac{\sin z}{z}&=\frac{1}{z}\left(z-\frac{1}{3!}z^3+\frac{1}{5!}z^5-\cdots\right)\\&=1-\frac{1}{3!}z^2+\frac{1}{5!}z^4-\cdots\end{aligned}$$

中不含负幂的项. 如果我们约定$\dfrac{\sin z}{z}$在 $z=0$ 的值为 1(即 c_0)，那么$\dfrac{\sin z}{z}$在 $z=0$ 就成为解析的了.

2. 极点　如果在洛朗级数中只有有限多个 $z-z_0$ 的负幂项，且其中关于 $(z-z_0)^{-1}$ 的最高幂为 $(z-z_0)^{-m}$，即

$$f(z)=c_{-m}(z-z_0)^{-m}+\cdots+c_{-2}(z-z_0)^{-2}+c_{-1}(z-z_0)^{-1}$$
$$+c_0+c_1(z-z_0)+\cdots\qquad(m\geqslant 1,c_{-m}\neq 0),$$

那么孤立奇点 z_0 称为函数 $f(z)$ 的 m 级极点. 上式也可写成

$$f(z)=\frac{1}{(z-z_0)^m}g(z),\tag{5.1.1}$$

其中　$g(z)=c_{-m}+c_{-m+1}(z-z_0)+c_{-m+2}(z-z_0)^2+\cdots$

在 $|z-z_0|<\delta$ 内是解析的函数，且 $g(z_0)\neq 0$. 反过来，当任何一个函数 $f(z)$ 能表示为(5.1.1)的形式，且 $g(z_0)\neq 0$ 时，那么 z_0 是 $f(z)$ 的 m 级极点.

如果 z_0 为 $f(z)$ 的极点，由(5.1.1)式，就有

$$\lim_{z\to z_0}|f(z)|=+\infty\quad 或写作 \lim_{z\to z_0}f(z)=\infty.$$

例如，对有理分式函数 $f(z)=\dfrac{z-2}{(z^2+1)(z-1)^3}$ 来说，$z=1$ 是它的一个三级极点，$z=\pm i$ 都是它的一级极点.

3. 本性奇点　如果在洛朗级数中含有无穷多个 $z-z_0$ 的负幂项，那么孤立奇点 z_0 称为 $f(z)$ 的本性奇点.

例如，函数 $f(z)=e^{\frac{1}{z}}$ 以 $z=0$ 为它的本性奇点. 因为在级数

$$e^{\frac{1}{z}}=1+z^{-1}+\frac{1}{2!}z^{-2}+\cdots+\frac{1}{n!}z^{-n}+\cdots$$

中含有无穷多个 z 的负幂项.

在本性奇点的邻域内，函数 $f(z)$ 有以下的性质(证明从略)：如果 z_0 为函数 $f(z)$ 的本性奇点，那么对于任意给定的复数 A，总可以找到一个趋向于 z_0 的数列，当 z 沿这个数列趋向于 z_0 时，$f(z)$ 的值趋向于 A. 例如，给定复数 $A=i$，我们把它写成 $i=e^{(\frac{\pi}{2}+2n\pi)i}$. 那么由 $e^{\frac{1}{z}}=i$，可得 $z_n=\dfrac{1}{(\frac{\pi}{2}+2n\pi)i}$，显然，当 $n\to\infty$ 时，$z_n\to 0$. 而 $e^{\frac{1}{z_n}}=i$，所以，当 z 沿 $\{z_n\}$ 趋向于零时，$f(z)$ 的值趋向于 i.

综上所述，如果 z_0 为 $f(z)$ 的可去奇点，那么 $\lim\limits_{z\to z_0} f(z)$ 存在且有限；如果 z_0 为 $f(z)$ 的极点，那么 $\lim\limits_{z\to z_0} f(z)=\infty$；如果 z_0 为 $f(z)$ 的本性奇点，那么 $\lim\limits_{z\to z_0} f(z)$ 不存在且不为 ∞. 因为已经讨论了孤立奇点的一切可能情形，所以反过来的结论也成立. 这就是说，我们可以利用上述极限的不同情形来判别孤立奇点的类型.

4. 函数的零点与极点的关系 不恒等于零的解析函数 $f(z)$ 如果能表示成

$$f(z)=(z-z_0)^m\varphi(z), \tag{5.1.2}$$

其中 $\varphi(z)$ 在 z_0 解析并且 $\varphi(z_0)\neq 0$，m 为某一正整数，那么 z_0 称为 $f(z)$ 的 m 级零点.

例如 $z=0$ 与 $z=1$ 分别是函数 $f(z)=z(z-1)^3$ 的一级与三级零点. 根据这个定义，我们可以得到下列结论：

如果 $f(z)$ 在 z_0 解析，那么 z_0 为 $f(z)$ 的 m 级零点的充要条件是

$$f^{(n)}(z_0)=0,(n=0,1,2,\cdots,m-1),f^{(m)}(z_0)\neq 0 \tag{5.1.3}$$

事实上，如果 z_0 是 $f(z)$ 的 m 级零点，那么 $f(z)$ 可表成(5.1.2)的形式. 设 $\varphi(z)$ 在 z_0 的泰勒展开式为

$$\varphi(z)=c_0+c_1(z-z_0)+c_2(z-z_0)^2+\cdots,$$

其中 $c_0=\varphi(z_0)\neq 0$，从而 $f(z)$ 在 z_0 的泰勒展开式为

$$f(z)=c_0(z-z_0)^m+c_1(z-z_0)^{m+1}+c_2(z-z_0)^{m+2}+\cdots$$

这个式子说明，$f(z)$ 在 z_0 的泰勒展开式的前 m 项系数都为零. 由泰勒级数的系数公式可知，这时 $f^{(n)}(z_0)=0,(n=0,1,2\cdots,m-1)$，而 $\dfrac{f^{(m)}(z_0)}{m!}=c_0\neq 0$. 这就证明了(5.1.3)是 z_0 为 $f(z)$ 的 m 级零点的必要条件. 充分条件由读者自己证明.

例如 $z=1$ 是 $f(z)=z^3-1$ 的零点，由于 $f'(1)=3z^2|_{z=1}=3\neq 0$，从而知 $z=1$ 是 $f(z)$ 的一级零点.

顺便指出，由于(5.1.2)中的 $\varphi(z)$ 在 z_0 解析，且 $\varphi(z_0)\neq 0$，因

而它在 z_0 的邻域内不为零. 这是因为 $\varphi(z)$ 在 z_0 解析，必在 z_0 连续，所以给定 $\varepsilon=\frac{1}{2}|\varphi(z_0)|$，必存在 δ，当 $|z-z_0|<\delta$ 时，有 $|\varphi(z)-\varphi(z_0)|<\varepsilon=\frac{1}{2}|\varphi(z_0)|$. 由此得

$$|\varphi(z)|\geqslant\frac{1}{2}|\varphi(z_0)|.$$

所以 $f(z)=(z-z_0)^m\varphi(z)$ 在 z_0 的去心邻域内不为零，只在 z_0 等于零. 也就说，一个不恒为零的解析函数的零点是孤立的.

函数的零点与极点有下面的关系：

定理 如果 z_0 是 $f(z)$ 的 m 级极点，那么 z_0 就是 $\frac{1}{f(z)}$ 的 m 级零点. 反过来也成立.

[证] 如果 z_0 是 $f(z)$ 的 m 级极点，根据(5.1.1)式，便有

$$f(z)=\frac{1}{(z-z_0)^m}g(z)$$

其中 $g(z)$ 在 z_0 解析，且 $g(z_0)\neq 0$. 所以当 $z\neq z_0$ 时，有

$$\frac{1}{f(z)}=(z-z_0)^m\cdot\frac{1}{g(z)}=(z-z_0)^m h(z), \qquad (5.1.4)$$

函数 $h(z)$ 也在 z_0 解析，且 $h(z_0)\neq 0$. 由于

$$\lim_{z\to z_0}\frac{1}{f(z)}=0$$

因此，我们只要令 $\frac{1}{f(z_0)}=0$，那么由(5.1.4)知 z_0 是 $\frac{1}{f(z)}$ 的 m 级零点.

反过来，如果 z_0 是 $\frac{1}{f(z)}$ 的 m 级零点，那么

$$\frac{1}{f(z)}=(z-z_0)^m\varphi(z).$$

这里 $\varphi(z)$ 在 z_0 解析，并且 $\varphi(z_0)\neq 0$，由此，当 $z\neq z_0$ 时，得

$$f(z)=\frac{1}{(z-z_0)^m}\psi(z),$$

而 $\psi(z)=1/\varphi(z)$ 在 z_0 解析，并且 $\psi(z_0)\neq 0$，所以 z_0 是 $f(z)$ 的 m

级极点.

[证毕]

这个定理为判断函数的极点提供了一个较为简便的方法.

例 1 函数$\frac{1}{\sin z}$有些什么奇点？如果是极点，指出它的级.

[**解**] 函数 $1/\sin z$ 的奇点显然是使 $\sin z=0$ 的点. 这些奇点是 $z=k\pi(k=0,\pm1,\pm2,\cdots)$. 因为从 $\sin z=0$ 得 $e^{iz}=e^{-iz}$ 或 $e^{2iz}=1$，从而有 $2iz=2k\pi i$，所以 $z=k\pi$. 很明显它们是孤立奇点. 由于

$$(\sin z)'|_{z=k\pi}=\cos z|_{z=k\pi}=(-1)^k\neq0,$$

所以 $z=k\pi$ 都是 $\sin z$ 的一级零点，也就是$\frac{1}{\sin z}$的一级极点.

应当注意，我们在求函数的孤立奇点时，不能一看函数的表面形式就急于作出结论. 像函数$\frac{e^z-1}{z^2}$，初一看似乎 $z=0$ 是它的 2 级极点，其实是一级极点. 因为

$$\frac{e^z-1}{z^2}=\frac{1}{z^2}\left(\sum_{n=0}^{\infty}\frac{z^n}{n!}-1\right)=\frac{1}{z}+\frac{1}{2!}+\frac{z}{3!}+\cdots=\frac{1}{z}\varphi(z),$$

其中 $\varphi(z)$在 $z=0$ 解析，并且 $\varphi(0)\neq0$. 类似地，$z=0$ 是$\frac{\mathrm{sh}z}{z^3}$的 2 级极点而不是 3 级极点.

5. 函数在无穷远点的性态 到现在为止，我们在讨论函数 $f(z)$的解析性和它的孤立奇点时，都假定 z 为复平面内的有限远点. 至于函数在无穷远点的性态，则尚未提及. 现在我们在扩充复平面上对此加以讨论.

如果函数 $f(z)$在无穷远点 $z=\infty$的去心邻域 $R<|z|<+\infty$ 内解析，那么称点∞为 $f(z)$的孤立奇点. 作变换 $t=\frac{1}{z}$，并且规定这个变换把扩充 z 平面上的无穷远点 $z=\infty$映射成扩充 t 平面上的点 $t=0$，那么扩充 z 平面上每一个向无穷远点收敛的序列 $\{z_n\}$与扩充 t 平面上向零收敛的序列 $\left\{t_n=\frac{1}{z_n}\right\}$相对应；反过来也是这样. 同时，$t=\frac{1}{z}$把扩充 z 平面上∞的去心邻域 $R<|z|<+\infty$

映射成扩充 t 平面上原点的去心邻域 $0<|t|<\frac{1}{R}$，又

$$f(z)=f\left(\frac{1}{t}\right)=\varphi(t).$$

这样，我们就可以把在去心邻域 $R<|z|<+\infty$ 内对函数 $f(z)$ 的研究化为在去心邻域 $0<|t|<\frac{1}{R}$ 内对函数 $\varphi(t)$ 的研究.

显然，$\varphi(t)$ 在去心邻域 $0<|t|<\frac{1}{R}$ 内是解析的，所以 $t=0$ 是 $\varphi(t)$ 的孤立奇点.

我们规定：如果 $t=0$ 是 $\varphi(t)$ 的可去奇点、m 级极点或本性奇点，那么就称点 $z=\infty$ 是 $f(z)$ 的可去奇点、m 级极点或本性奇点.

由于 $f(z)$ 在 $R<|z|<+\infty$ 内解析，所以在此圆环域内可以展开成洛朗级数. 根据(4.4.5)与(4.4.8)，我们有

$$\left.\begin{aligned} f(z) &= \sum_{n=1}^{\infty} c_{-n} z^{-n} + \sum_{n=0}^{\infty} c_n z^n \\ &= \sum_{n=1}^{\infty} c_{-n} z^{-n} + c_0 + \sum_{n=1}^{\infty} c_n z^n, \\ c_n &= \frac{1}{2\pi i} \oint_C \frac{f(\zeta)}{\zeta^{n+1}} d\zeta \quad (n=0, \pm 1, \pm 2, \cdots), \end{aligned}\right\} \tag{5.1.5}$$

其中 C 为在圆环域 $R<|z|<+\infty$ 内绕原点的任何一条正向简单闭曲线. 因此，$\varphi(t)$ 在圆环域 $0<|t|<\frac{1}{R}$ 内的洛朗级数可由(5.1.5)得到，即

$$\varphi(t) = \sum_{n=1}^{\infty} c_{-n} t^n + c_0 + \sum_{n=1}^{\infty} c_n t^{-n}. \tag{5.1.6}$$

我们知道，如果在级数(5.1.6)中 i)不含负幂项，ii)含有有限多的负幂项，且 t^{-m} 为最高负幂，iii)含有无穷多的负幂项，那么 $t=0$ 是 $\varphi(t)$ 的 i)可去奇点，ii) m 级极点，iii)本性奇点. 因此，根据前面的规定，我们有：

如果在级数(5.1.5)中，

i) 不含正幂项；

ii) 含有有限多的正幂项，且 z^m 为最高正幂；

iii) 含有无穷多的正幂项；

那么 $z=\infty$ 是 $f(z)$ 的

i) 可去奇点；

ii) m 级极点；

iii) 本性奇点.

这样一来，对于无穷远点来说，它的特性与其洛朗级数之间的关系就跟有限远点的情形一样，不过只是把正幂项与负幂项的作用互相对调就是了.

我们又知道，要确定 $t=0$ 是不是 $\varphi(t)$ 的可去奇点、极点或本性奇点，可以不必把 $\varphi(t)$ 展开成洛朗级数来考虑，只要分别看极限 $\lim\limits_{t\to 0}\varphi(t)$ 是否存在(有限值)、为无穷大或既不存在又不为无穷大就可以了. 由于 $f(z)=\varphi(t)$，对于无穷远点也有同样的确定方法，即 $z=\infty$ 是 $f(z)$ 的可去奇点、极点或本性奇点，完全看极限 $\lim\limits_{z\to\infty}f(z)$ 是否存在(有限值)、为无穷大或既不存在又不为无穷大来决定.

当 $z=\infty$ 是 $f(z)$ 的可去奇点时，我们可认为 $f(z)$ 在 ∞ 是解析的，只要取 $f(\infty)=\lim\limits_{z\to\infty}f(z)$.

例如，函数 $f(z)=\dfrac{z}{z+1}$ 在圆环域 $1<|z|<+\infty$ 内可以展开成

$$f(z)=\frac{1}{1+\dfrac{1}{z}}=1-\frac{1}{z}+\frac{1}{z^2}-\frac{1}{z^3}+\cdots+(-1)^n\frac{1}{z^n}+\cdots$$

它不含正幂项，所以 ∞ 是 $f(z)$ 的可去奇点. 如果我们取 $f(\infty)=1$，那么 $f(z)$ 就在 ∞ 解析.

又如函数 $f(z)=z+\dfrac{1}{z}$，含有正幂项，且 z 为最高正幂项，所以 ∞ 为它的一级极点.

函数 $\sin z$ 的展开式：

$$\sin z=z-\frac{z^3}{3!}+\frac{z^5}{5!}-\cdots+(-1)^n\frac{z^{2n+1}}{(2n+1)!}+\cdots$$

含有无穷多的正幂项，所以∞是它的本性奇点.

例 2 函数

$$f(z)=\frac{(z^2-1)(z-2)^3}{(\sin\pi z)^3}$$

在扩充平面内有些什么类型的奇点？如果是极点，指出它的级.

［解］ 易知，函数 $f(z)$除使分母为零的点 $z=0,\pm1,\pm2\cdots$外，在$|z|<+\infty$内解析. 由于$(\sin\pi z)'=\pi\cos\pi z$ 在 $z=0,\pm1,\pm2,\cdots$处均不为零，因此这些点都是 $\sin\pi z$ 的一级零点，从而是$(\sin\pi z)^3$ 的三级零点. 所以这些点中除去 $1,-1,2$ 外都是 $f(z)$的三级极点.

因 $z^2-1=(z-1)(z+1)$以 1 与 -1 为一级零点，所以 1 与 -1是 $f(z)$的 2 级极点.

至于 $z=2$，因为

$$\lim_{z\to2}f(z)=\lim_{z\to2}\frac{(z^2-1)(z-2)^3}{(\sin\pi z)^3}=\lim_{z\to2}(z^2-1)\cdot\left(\frac{z-2}{\sin\pi z}\right)^3$$
$$=\lim_{\zeta\to0}[(\zeta+2)^2-1]\left(\frac{\pi\zeta}{\sin\pi\zeta}\right)^3\cdot\frac{1}{\pi^3}=\frac{3}{\pi^3},$$

所以 $z=2$ 是 $f(z)$的可去奇点.

关于 $z=\infty$，因为

$$f\left(\frac{1}{\zeta}\right)=\frac{(1-\zeta^2)(1-2\zeta)^3}{\zeta^5\sin^3\pi/\zeta},$$

可知 $\zeta=0,\zeta_n=\dfrac{1}{n}$ 使分母为零. 当 $n=1$ 时，$\zeta_1=1$，即 $z=1$；当 $n=2$时，$\zeta_2=\dfrac{1}{2}$，即 $z=2$. 这两点上面已经讨论过. 所以当$n>2$时，$\zeta_n=\dfrac{1}{n}$为 $f\left(\dfrac{1}{\zeta}\right)$的极点. 显见当 $n\to\infty$时，$\zeta_n\to0$. 所以$\zeta=0$不是$f\left(\dfrac{1}{\zeta}\right)$的孤立奇点，也就是 $z=\infty$不是 $f(z)$的孤立奇点.

§2 留 数

1. 留数的定义及留数定理 如果函数 $f(z)$在 z_0 的邻域内解

析，那么根据柯西-古萨基本定理

$$\oint_C f(z)dz = 0,$$

其中 C 为 z_0 邻域内的任意一条简单闭曲线.

但是，如果 z_0 为 $f(z)$的一个孤立奇点，那么沿在 z_0 的某个去心邻域 $0<|z-z_0|<R$ 内包含 z_0 的任意一条正向简单闭曲线 C 的积分

$$\oint_C f(z)dz$$

一般就不等于零. 因此将函数 $f(z)$在此邻域内展开成洛朗级数

$$f(z)=\cdots+c_{-n}(z-z_0)^{-n}+\cdots+c_{-1}(z-z_0)^{-1}$$
$$+c_0+c_1(z-z_0)+\cdots+c_n(z-z_n)^n+\cdots$$

后，再对此展开式的两端沿 C 逐项积分，右端各项的积分除留下 $c_{-1}(z-z_0)^{-1}$的一项等于 $2\pi i c_{-1}$外，其余各项的积分都等于零，所以

$$\oint_C f(z)dz = 2\pi i c_{-1}.$$

我们把(留下的)这个积分值除以 $2\pi i$ 后所得的数称为 $f(z)$在 z_0 的留数，记作 $\operatorname{Res}[f(z),z_0]$，即

$$\operatorname{Res}[f(z),z_0] = \frac{1}{2\pi i}\oint_C f(z)dz. \tag{5.2.1}$$

从而有

$$\operatorname{Res}[f(z),z_0]=c_{-1} \tag{5.2.2}$$

也就是说，$f(z)$在 z_0 的留数就是 $f(z)$在以 z_0 为中心的圆环域内的洛朗级数中负幂项 $c_{-1}(z-z_0)^{-1}$的系数.

关于留数，我们有下面的基本定理.

定理一(留数定理) 设函数 $f(z)$在区域 D 内除有限个孤立奇点 $z_1,z_2,\cdots,z_n$ 外处处解析. C 是 D 内包围诸奇点的一条正向简单闭曲线，那么

$$\oint_C f(z)dz = 2\pi i\sum_{k=1}^{n}\operatorname{Res}[f(z),z_k]. \tag{5.2.3}$$

［证］ 把在 C 内的孤立奇点 $z_k(k=1,2,\cdots n)$ 用互不包含的正向简单闭曲线 C_k 围绕起来（图 5.1），那么根据复合闭路定理有

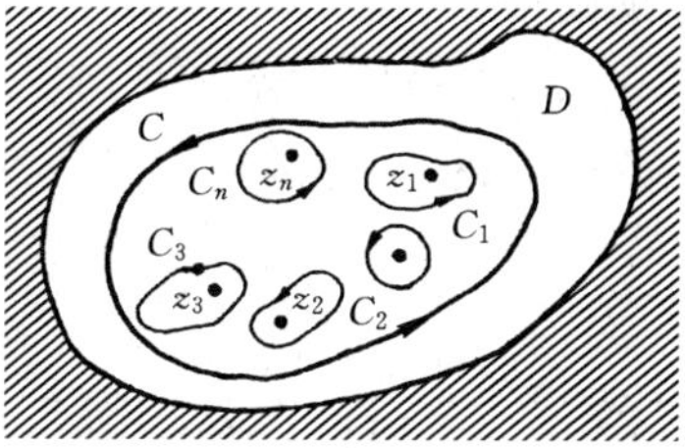

图 5.1

$$\oint_C f(z)dz = \oint_{C_1} f(z)dz + \oint_{C_2} f(z)dz + \cdots + \oint_{C_n} f(z)dz.$$

以 $2\pi i$ 除等式两边，得

$$\frac{1}{2\pi i}\oint_C f(z)dz = \text{Res}[f(z),z_1] + \text{Res}[f(z),z_2] + \cdots + \text{Res}[f(z),z_n]$$

即

$$\oint_C f(z)dz = 2\pi i \sum_{k=1}^{n} \text{Res}[f(z),z_k].$$

［证毕］

利用这个定理，求沿封闭曲线 C 的积分，就转化为求被积函数在 C 中的各孤立奇点处的留数. 由此可见，留数定理的效用有赖于如何能有效地求出 $f(z)$ 在孤立奇点 z_0 处的留数. 一般说来，求函数在其奇点 z_0 处的留数只须求出它在以 z_0 为中心的圆环域内的洛朗级数中 $c_{-1}(z-z_0)^{-1}$ 项的系数 c_{-1} 就可以了. 但是如果能先知道奇点的类型，对求留数有时更为有利. 例如，如果 z_0 是 $f(z)$ 的可去奇点，那么 $\text{Res}[f(z),z_0]=0$，因为此时 $f(z)$ 在 z_0 的展开式是泰勒展开式，所以 $c_{-1}=0$. 如果 z_0 是本性奇点，那就往往只能用把 $f(z)$ 在

z_0 展开成洛朗级数的方法来求 c_{-1}. 在 z_0 是极点的情形,下面几个在特殊情况下求 c_{-1} 的规则,都是很有用的.

2. 留数的计算规则

规则Ⅰ 如果 z_0 为 $f(z)$ 的一级极点,那么

$$\operatorname{Res}[f(z), z_0] = \lim_{z \to z_0}(z - z_0) f(z). \tag{5.2.4}$$

规则Ⅱ 如果 z_0 为 $f(z)$ 的 m 级极点,那么

$$\operatorname{Res}[f(z), z_0] = \frac{1}{(m-1)!} \lim_{z \to z_0} \frac{d^{m-1}}{dz^{m-1}} \{(z - z_0)^m f(z)\} \tag{5.2.5}$$

事实上,由于

$$f(z) = c_{-m}(z - z_0)^{-m} + \cdots + c_{-2}(z - z_0)^{-2} + c_{-1}(z - z_0)^{-1} + c_0 + c_1(z - z_0) + \cdots,$$

以 $(z - z_0)^m$ 乘上式的两端,得

$$(z - z_0)^m f(z) = c_{-m} + c_{-m+1}(z - z_0) + \cdots + c_{-1}(z - z_0)^{m-1} + c_0(z - z_0)^m + \cdots,$$

两边求 $m-1$ 阶导数,得

$$\frac{d^{m-1}}{dz^{m-1}} \{(z - z_0)^m f(z)\} = (m-1)!\ c_{-1} + \{\text{含有 } z - z_0 \text{ 正幂的项}\}.$$

令 $z \to z_0$,两端求极限,右端的极限是 $(m-1)!\ c_{-1}$,根据(5.2.2),除以 $(m-1)!$ 就是 $\operatorname{Res}[f(z), z_0]$,因此即得(5.2.5);当 $m=1$ 时就是(5.2.4).

规则Ⅲ 设 $f(z) = \dfrac{P(z)}{Q(z)}$,$P(z)$ 及 $Q(z)$ 在 z_0 都解析,如果 $P(z_0) \neq 0$,$Q(z_0) = 0$,$Q'(z_0) \neq 0$,那么 z_0 为 $f(z)$ 的一级极点,而

$$\operatorname{Res}[f(z), z_0] = \frac{P(z_0)}{Q'(z_0)}. \tag{5.2.6}$$

事实上,因为 $Q(z_0) = 0$ 及 $Q'(z_0) \neq 0$,所以 z_0 为 $Q(z)$ 的一级零点,从而 z_0 为 $\dfrac{1}{Q(z)}$ 的一级极点. 因此

$$\frac{1}{Q(z)}=\frac{1}{z-z_0}\cdot\varphi(z),$$

其中 $\varphi(z)$在 z_0 解析,且 $\varphi(z_0)\neq 0$. 由此得

$$f(z)=\frac{1}{z-z_0}g(z),$$

其中 $g(z)=\varphi(z)P(z)$在 z_0 解析,且 $g(z_0)=\varphi(z_0)P(z_0)\neq 0$. 故 z_0 为 $f(z)$的一级极点.

根据规则 I,$\text{Res}[f(z),z_0]=\lim\limits_{z\to z_0}(z-z_0)f(z)$,而 $Q(z_0)=0$. 所以

$$(z-z_0)f(z)=\frac{P(z)}{\dfrac{Q(z)-Q(z_0)}{z-z_0}},$$

令 $z\to z_0$ 即得(5.2.6).

例 1 计算积分 $\oint_C \frac{ze^z}{z^2-1}dz$,$C$ 为正向圆周:$|z|=2$.

[解] 由于 $f(z)=-\frac{ze^z}{z^2-1}$有两个一级极点$+1$,-1,而这两个极点都在圆周$|z|=2$ 内,所以

$$\oint_C \frac{ze^2}{z^2-1}dz = 2\pi i\{\text{Res}[f(z),1]+\text{Res}[f(z),-1]\},$$

由规则 I,得

$$\text{Res}[f(z),1]=\lim_{z\to 1}(z-1)\frac{ze^z}{z^2-1}=\lim_{z\to 1}\frac{ze^z}{z+1}=\frac{e}{2},$$

$$\text{Res}[f(z),-1]=\lim_{z\to -1}(z+1)\frac{ze^z}{z^2-1}=\lim_{z\to -1}\frac{ze^z}{z-1}=\frac{e^{-1}}{2}.$$

因此

$$\oint_C \frac{ze^z}{z^2-1}dz = 2\pi i\left(\frac{e}{2}+\frac{e^{-1}}{2}\right) = 2\pi i\,\text{ch}1,$$

我们也可以用规则Ⅲ来求留数:

$$\text{Res}[f(z),1]=\left.\frac{ze^z}{2z}\right|_{z=1}=\frac{e}{2};$$

$$\text{Res}[f(z),-1]=\left.\frac{ze^z}{2z}\right|_{z=-1}=\frac{e^{-1}}{2}.$$

这比用规则Ⅰ要简单些.

例 2 计算积分 $\oint_C \frac{z}{z^4-1}dz$,$C$ 为正向圆周:$|z|=2$.

[解] 被积函数 $f(z)=\frac{z}{z^4-1}$ 有四个一级极点 $\pm 1,\pm i$ 都在圆周 $|z|=2$ 内,所以

$$\oint_C \frac{z}{z^4-1}dz = 2\pi i\{\text{Res}[f(z),1]+\text{Res}[f(z),-1]$$
$$+\text{Res}[f(z),i]+\text{Res}[f(z),-i]\}.$$

由规则Ⅲ,$\frac{P(z)}{Q'(z)}=\frac{z}{4z^3}=\frac{1}{4z^2}$,故

$$\oint_C \frac{z}{z^4-1}dz = 2\pi i\left\{\frac{1}{4}+\frac{1}{4}-\frac{1}{4}-\frac{1}{4}\right\} = 0.$$

例 3 计算积分 $\oint_C \frac{e^z}{z(z-1)^2}dz$,$C$ 为正向圆周:$|z|=2$.

[解] $z=0$ 为被积函数的一级极点,$z=1$ 为二级极点,而

$$\text{Res}[f(z),0]=\lim_{z\to 0}z\cdot\frac{e^z}{z(z-1)^2}=\lim_{z\to 0}\frac{e^z}{(z-1)^2}=1.$$

$$\text{Res}[f(z),1]=\frac{1}{(2-1)!}\lim_{z\to 1}\frac{d}{dz}\left[(z-1)^2\frac{e^z}{z(z-1)^2}\right]$$
$$=\lim_{z\to 1}\frac{d}{dz}\left(\frac{e^z}{z}\right)=\lim_{z\to 1}\frac{e^z(z-1)}{z^2}=0.$$

所以

$$\oint_C \frac{e^z}{z(z-1)^2}dz = 2\pi i\{\text{Res}[f(z),0]+\text{Res}[f(z),1]\}$$
$$= 2\pi i(1+0) = 2\pi i.$$

以上我们介绍了求极点处留数的若干公式.用这些公式解题有时虽感方便,但也未必尽然.例如欲求函数

$$f(z)=\frac{P(z)}{Q(z)}=\frac{z-\sin z}{z^6}$$

在 $z=0$ 处的留数. 为了要用公式，先应定出极点 $z=0$ 的级数. 由于

$$P(0)=(z-\sin z)\big|_{z=0}=0,\quad P'(0)=(1-\cos z)\big|_{z=0}=0,$$
$$P''(0)=\sin z\big|_{z=0}=0,\quad P'''(0)=\cos z\big|_{z=0}=1\neq 0.$$

因此 $z=0$ 是 $z-\sin z$ 的三级零点，从而由 $f(z)$ 的表达式知，$z=0$ 是 $f(z)$ 的三级极点. 应用规则Ⅱ，即公式(5.2.5)，得

$$\begin{aligned}\operatorname{Res}\left[\frac{z-\sin z}{z^6},0\right]&=\frac{1}{(3-1)!}\lim_{z\to 0}\frac{d^2}{dz^2}\left[z^3\cdot\frac{z-\sin z}{z^6}\right]\\&=\frac{1}{2!}\lim_{z\to 0}\frac{d^2}{dz^2}\left(\frac{z-\sin z}{z^3}\right).\end{aligned}$$

由此可见，往下的运算既要先对一个分式函数求二阶导数，然后又要对求导结果求极限，这就十分繁杂. 如果利用洛朗展开式求 c_{-1} 就比较方便. 因为

$$\begin{aligned}\frac{z-\sin z}{z^6}&=\frac{1}{z^6}\left[z-\left(z-\frac{1}{3!}z^3+\frac{1}{5!}z^5-\cdots\right)\right]\\&=\frac{1}{3!\,z^3}-\frac{1}{5!\,z}+\cdots.\end{aligned}$$

所以

$$\operatorname{Res}\left[\frac{z-\sin z}{z^6},0\right]=c_{-1}=-\frac{1}{5!}.$$

可见解题的关键在于根据具体问题灵活选择方法，不要拘泥于套用公式.

还应指出，细察公式(5.2.5)的推导过程，不难发现，如果函数 $f(z)$ 的极点 z_0 的级数不是 m，它的实际级数要比 m 低，这时表达式

$$\begin{aligned}f(z)=&c_{-m}(z-z_0)^{-m}+c_{-m+1}(z-z_0)^{-m+1}+\cdots\\&+c_{-1}(z-z_0)^{-1}+c_0+\cdots\end{aligned}$$

的系数 $c_{-m},c_{-m+1},\cdots$ 中可能有一个或几个等于零，显然公式仍然有效.

一般说来，在应用公式(5.2.5)时，为了计算方便不要将 m 取得比实际的级数高. 但把 m 取得比实际的级数高反而使计算方便

的情形也是有的.例如上面这个例子.实际上 $z=0$ 是函数 $\frac{z-\sin z}{z^6}$ 的三级极点,如果像下面那样计算在 $z=0$ 处的留数,还是比较简便的.

$$\operatorname{Res}\left[\frac{z-\sin z}{z^6},0\right]=\frac{1}{(6-1)!}\lim_{z\to 0}\frac{d^5}{dz^5}\left[z^6\left(\frac{z-\sin z}{z^6}\right)\right]$$
$$=\frac{1}{5!}\lim_{z\to 0}(-\cos z)=-\frac{1}{5!}.$$

3. 在无穷远点的留数　设函数 $f(z)$ 在圆环域 $R<|z|<+\infty$ 内解析,C 为这圆环域内绕原点的任何一条正向简单闭曲线,那么积分

$$\frac{1}{2\pi i}\oint_{C^-} f(z)dz$$

的值与 C 无关,我们称此定值为 $f(z)$ 在 ∞ 点的留数,记作

$$\operatorname{Res}[f(z),\infty]=\frac{1}{2\pi i}\oint_{C^-} f(z)dz. \tag{5.2.7}$$

值得注意的是这里积分路线的方向是负的,也就是取顺时针的方向.

从(5.1.5)式可知,当 $n=-1$ 时,有

$$c_{-1}=\frac{1}{2\pi i}\oint_C f(z)dz,$$

因此,由(5.2.7),得

$$\operatorname{Res}[f(z),\infty]=-c_{-1}, \tag{5.2.8}$$

这就是说,$f(z)$ 在 ∞ 点的留数等于它在 ∞ 点的去心邻域 $R<|z|<+\infty$ 内洛朗展开式中 z^{-1} 的系数变号.

下面的定理在计算留数时是很有用的.

定理二　如果函数 $f(z)$ 在扩充复平面内只有有限个孤立奇点,那么 $f(z)$ 在所有各奇点(包括 ∞ 点)的留数的总和必等于零.

[证]　除 ∞ 点外,设 $f(z)$ 的有限个奇点为 $z_k(k=1,2,\cdots,n)$.又设 C 为一条绕原点的并将 $z_k(k=1,2,\cdots,n)$ 包含在它内部的正

向简单闭曲线，那么根据留数定理(即本节定理一)与在无穷远点的留数定义，就有

$$\begin{aligned}&\operatorname{Res}[f(z),\infty]+\sum_{k=1}^{n}\operatorname{Res}[f(z),z_k]\\=&\frac{1}{2\pi i}\oint_{C^-}f(z)dz+\frac{1}{2\pi i}\oint_{C}f(z)dz=0.\end{aligned}$$

[证毕]

关于在无穷远点的留数计算，我们有以下的规则：

规则Ⅳ $\operatorname{Res}[f(z),\infty]=-\operatorname{Res}\left[f\left(\frac{1}{z}\right)\cdot\frac{1}{z^2},0\right]$ (5.2.9)

事实上，在无穷远点的留数定义中，取正向简单闭曲线 C 为半径足够大的正向圆周：$|z|=\rho$. 令 $z=\frac{1}{\zeta}$，并设 $z=\rho e^{i\theta}$，$\zeta=re^{i\varphi}$，那么 $\rho=\frac{1}{r}$，$\theta=-\varphi$，于是有

$$\begin{aligned}\operatorname{Res}[f(z),\infty]&=\frac{1}{2\pi i}\oint_{C^-}f(z)dz\\&=\frac{1}{2\pi i}\int_0^{-2\pi}f(\rho e^{i\theta})\rho ie^{i\theta}d\theta\\&=-\frac{1}{2\pi i}\int_0^{2\pi}f\left(\frac{1}{re^{i\varphi}}\right)\frac{i}{re^{i\varphi}}d\varphi\\&=-\frac{1}{2\pi i}\int_0^{2\pi}f\left(\frac{1}{re^{i\varphi}}\right)\frac{1}{(re^{i\varphi})^2}d(re^{i\varphi})\\&=-\frac{1}{2\pi i}\oint_{|\zeta|=\frac{1}{\rho}}f\left(\frac{1}{\zeta}\right)\frac{1}{\zeta^2}d\zeta\quad\left(|\zeta|=\frac{1}{\rho}\text{ 为正向}\right).\end{aligned}$$

由于 $f(z)$在 $\rho<|z|<+\infty$ 内解析，从而 $f\left(\frac{1}{\zeta}\right)$在 $0<|\zeta|<\frac{1}{\rho}$ 内解析，因此 $f\left(\frac{1}{\zeta}\right)\frac{1}{\zeta^2}$在$|\zeta|<\frac{1}{\rho}$内除 $\zeta=0$ 外没有其他奇点. 由留数定理，得

$$\frac{1}{2\pi i}\oint_{|\zeta|=\frac{1}{\rho}}f\left(\frac{1}{\zeta}\right)\frac{1}{\zeta^2}d\zeta=\operatorname{Res}\left[f\left(\frac{1}{\zeta}\right)\frac{1}{\zeta^2},0\right].$$

所以(5.2.9)成立.

定理二与规则Ⅳ为我们提供了计算函数沿闭曲线积分的又一种方法,在很多情况下,它比利用上一段中的方法更简便.

例 4 计算积分$\oint_C \frac{z}{z^4-1}dz$,$C$为正向圆周:$|z|=2$.(即上一段的例 2)

[解] 函数$\frac{z}{z^4-1}$在$|z|=2$的外部,除∞点外没有其他奇点.因此根据定理二与规则Ⅳ,

$$\begin{aligned}\oint_C \frac{z}{z^4-1}dz &= -2\pi i \operatorname{Res}[f(z),\infty] \\ &= 2\pi i \operatorname{Res}\left[f\left(\frac{1}{z}\right)\frac{1}{z^2},0\right] \\ &= 2\pi i \operatorname{Res}\left[\frac{z}{1-z^4},0\right] = 0.\end{aligned}$$

这样做简便得多了.

例 5 计算积分$\oint_C \frac{dz}{(z+i)^{10}(z-1)(z-3)}$,$C$为正向圆周:$|z|=2$.

[解] 除∞点外,被积函数的奇点是:$-i$,1 与 3.根据定理二,有

$$\operatorname{Res}[f(z),-i]+\operatorname{Res}[f(z),1]+\operatorname{Res}[f(z),3] +\operatorname{Res}[f(z),\infty]=0,$$

其中

$$f(z)=\frac{1}{(z+i)^{10}(z-1)(z-3)}.$$

由于$-i$与 1 在C的内部,所以从上式、留数定理与规则Ⅳ得到

$$\oint_C \frac{dz}{(z+i)^{10}(z-1)(z-3)} = 2\pi i\{\operatorname{Res}[f(z),-i]+\operatorname{Res}[f(z),1]\}$$

$$=-2\pi i\{\text{Res}[f(z),3]+\text{Res}[f(z),\infty]\}$$

$$=-2\pi i\left\{\frac{1}{2(3+i)^{10}}+0\right\}=-\frac{\pi i}{(3+i)^{10}}.$$

如果用上一段的方法，由于 $-i$ 是 10 级极点，并且在 C 的内部，因而计算必然很繁琐.

§3 留数在定积分计算上的应用

根据留数定理，用留数来计算定积分，是计算定积分的一个有效措施，特别是当被积函数的原函数不易求得时更显得有用. 即使寻常的方法可用，如果用留数，也往往感到很方便. 当然这个方法的使用还受到很大的限制. 首先，被积函数必须要与某个解析函数密切相关. 这一点，一般讲来，关系不大，因为被积函数常常是初等函数，而初等函数是可以推广到复数域中去的. 其次，定积分的积分域是区间，而用留数来计算要牵涉到把问题化为沿闭曲线的积分. 这是比较困难的一点. 下面我们来阐述怎样利用留数求某几种特殊形式的定积分的值.

1. 形如 $\int_0^{2\pi}R(\cos\theta,\sin\theta)d\theta$ 的积分，其中 $R(\cos\theta,\sin\theta)$ 为 $\cos\theta$ 与 $\sin\theta$ 的有理函数. 令 $z=e^{i\theta}$，那么 $dz=ie^{i\theta}d\theta$，

$$\sin\theta=\frac{1}{2i}(e^{i\theta}-e^{-i\theta})=\frac{z^2-1}{2iz},$$

$$\cos\theta=\frac{1}{2}(e^{i\theta}+e^{-i\theta})=\frac{z^2+1}{2z}.$$

从而，所设积分化为沿正向单位圆周的积分：

$$\oint_{|z|=1}R\left[\frac{z^2+1}{2z},\frac{z^2-1}{2iz}\right]\frac{dz}{iz}=\oint_{|z|=1}f(z)dz,$$

其中 $f(z)$ 为 z 的有理函数，且在单位圆周 $|z|=1$ 上分母不为零，所以满足留数定理的条件. 根据留数定理，得所求的积分值：

$$2\pi i\sum_{k=1}^{n}\text{Res}[f(z),z_k],$$

其中 $z_k(k=1,2,\cdots,n)$ 为包含在单位圆周 $|z|=1$ 内的 $f(z)$ 的孤

立奇点.

例 1 计算 $I=\int_0^{2\pi}\frac{\cos 2\theta}{1-2p\cos\theta+p^2}d\theta\quad(0<p<1)$ 的值.

[解] 由于 $0<p<1$,被积函数的分母 $1-2p\cos\theta+p^2=(1-p)^2+2p(1-\cos\theta)$ 在 $0\leqslant\theta\leqslant 2\pi$ 内不为零,因而积分是有意义的.由于

$$\cos 2\theta=\frac{1}{2}(e^{2i\theta}+e^{-2i\theta})=\frac{1}{2}(z^2+z^{-2}),$$

因此

$$\begin{aligned}I&=\oint_{|z|=1}\frac{z^2+z^{-2}}{2}\cdot\frac{1}{1-2p\cdot\dfrac{z+z^{-1}}{2}+p^2}\cdot\frac{dz}{iz}\\&=\oint_{|z|=1}\frac{1+z^4}{2iz^2(1-pz)(z-p)}dz=\oint_{|z|=1}f(z)dz.\end{aligned}$$

在被积函数的三个极点 $z=0,p,\frac{1}{p}$ 中只有前两个在圆周 $|z|=1$ 内,其中 $z=0$ 为二级极点,$z=p$ 为一级极点,所以在圆周 $|z|=1$ 上被积函数无奇点.而

$$\begin{aligned}\text{Res}[f(z),0]&=\lim_{z\to 0}\frac{d}{dz}\left[z^2\cdot\frac{1+z^4}{2iz^2(1-pz)(z-p)}\right]\\&=\lim_{z\to 0}\frac{(z-pz^2-p+p^2z)4z^3-(1+z^4)(1-2pz+p^2)}{2i(z-pz^2-p+p^2z)^2}\\&=-\frac{1+p^2}{2ip^2},\end{aligned}$$

$$\begin{aligned}\text{Res}[f(z),p]&=\lim_{z\to p}\left[(z-p)\cdot\frac{1+z^4}{2iz^2(1-pz)(z-p)}\right]\\&=\frac{1+p^4}{2ip^2(1-p^2)},\end{aligned}$$

因此

$$I=2\pi i\left[-\frac{1+p^2}{2ip^2}+\frac{1+p^4}{2ip^2(1-p^2)}\right]=\frac{2\pi p^2}{1-p^2}.$$

2. 形如 $\int_{-\infty}^{\infty}R(x)dx$ 的积分 当被积函数 $R(x)$ 是 x 的有理

函数，而分母的次数至少比分子的次数高二次，并且 $R(z)$ 在实轴上没有孤立奇点时，积分是存在的. 现在来说明它的求法.

不失一般性，设

$$R(z)=\frac{z^n+a_1z^{n-1}+\cdots+a_n}{z^m+b_1z^{m-1}+\cdots+b_m},m-n\geqslant 2$$

为一已约分式.

我们取积分路线如图 5.2 所示，其中 C_R 是以原点为中心，R 为半径的在上半平面的半圆周. 取 R 适当大，使 $R(z)$ 所有的在上半平面内的极点 z_k 都包在这积分路线内. 根据留数定理，得

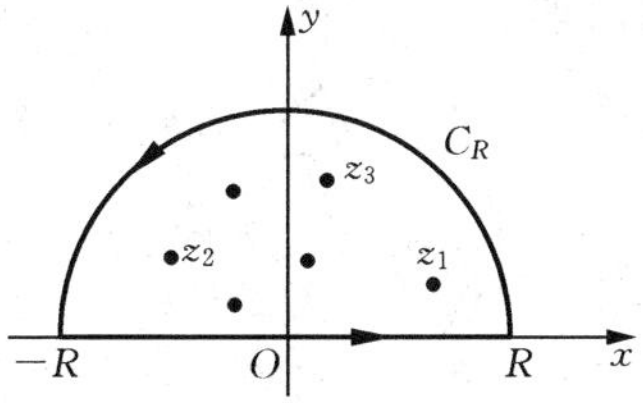

图 5.2

$$\int_{-R}^{R}R(x)dx+\int_{C_R}R(z)dz=2\pi i\sum\text{Res}[R(z),z_k]. \qquad (5.3.1)$$

这个等式，不因 C_R 的半径 R 不断增大而有所改变.

因为

$$\begin{aligned}|R(z)|&=\frac{1}{|z|^{m-n}}\cdot\frac{|1+a_1z^{-1}+\cdots+a_nz^{-n}|}{|1+b_1z^{-1}+\cdots+b_mz^{-m}|}\\&\leqslant\frac{1}{|z|^{m-n}}\cdot\frac{1+|a_1z^{-1}+\cdots+a_nz^{-n}|}{1-|b_1z^{-1}+\cdots+b_mz^{-m}|},\end{aligned}$$

而当 $|z|$ 充分大时，总可使

$$|a_1z^{-1}+\cdots+a_nz^{-n}|<\frac{1}{10},\qquad |b_1z^{-1}+\cdots+b_mz^{-m}|<\frac{1}{10};$$

由于 $m-n\geqslant 2$，故有

$$|R(z)|<\frac{1}{|z|^{m-n}}\cdot\frac{1+\frac{1}{10}}{1-\frac{1}{10}}<\frac{2}{|z|^2}.$$

因此，在半径 R 充分大的 C_R 上，有

$$\left|\int_{C_R} R(z)dz\right|\leqslant\int_{C_R}|R(z)|ds\leqslant\frac{2}{R^2}\cdot\pi R=\frac{2\pi}{R}.$$

所以，当 $R\to+\infty$ 时，$\int_{C_R} R(z)dz\to 0$，从而由(5.3.1)得

$$\int_{-\infty}^{+\infty} R(x)dx^{①}=2\pi i\sum\mathrm{Res}[R(z),z_k].$$

如果 $R(x)$ 为偶函数，那么

$$\int_0^{+\infty} R(x)dx=\pi i\sum\mathrm{Res}[R(z),z_k].$$

例 2 计算积分 $I=\int_{-\infty}^{+\infty}\frac{x^2dx}{(x^2+a^2)(x^2+b^2)}(a>0,b>0)$ 的值.

[解] 这里 $m=4,n=2,m-n=2$，并且实轴上 $R(z)$ 没有孤立奇点，因此积分是存在的. 函数

$$\frac{z^2}{(z^2+a^2)(z^2+b^2)}$$

的一级极点为 $\pm ai,\pm bi$，其中 ai 与 bi 在上半平面内. 由于

$$\begin{aligned}\mathrm{Res}[R(z),ai]&=\lim_{z\to ai}\left[(z-ai)\frac{z^2}{(z^2+a^2)(z^2+b^2)}\right]\\&=\frac{-a^2}{2ai(b^2-a^2)}=\frac{a}{2i(a^2-b^2)},\end{aligned}$$

---

① 这里求得的，实际上是广义积分 $\int_{-\infty}^{+\infty}R(x)dx$ 的主值. 按广义积分的定义：

$$\int_{-\infty}^{+\infty}R(x)dx=\lim_{\substack{A\to+\infty\\A'\to-\infty}}\int_{A'}^{A}R(x)dx=\lim_{A'\to-\infty}\int_{A'}^{a}R(x)dx+\lim_{A\to+\infty}\int_{a}^{A}R(x)dx$$

其中 A 与 A' 各自相互独立地分别趋向 $+\infty$ 与 $-\infty$. 如果上式右端的两个极限都存在，则称广义积分 $\int_{-\infty}^{+\infty}R(x)dx$ 收敛. 显见，当此广义积分收敛时，对称极限 $\lim_{A\to+\infty}\int_{-A}^{A}R(x)dx$ 也必存在，且两者的值相等. 这个对称极限的值称为广义积分的主值. 所以广义积分收敛时，它的主值就是它的值.

$$\text{Res}[R(z), bi] = \frac{b}{2i(b^2 - a^2)}.$$

所以

$$I = 2\pi i\left[\frac{a}{2i(a^2-b^2)} + \frac{b}{2i(b^2-a^2)}\right] = \frac{\pi}{a+b}.$$

3. 形如 $\int_{-\infty}^{+\infty} R(x)e^{aix}dx\ (a>0)$ 的积分 当 $R(x)$ 是 x 的有理函数而分母的次数至少比分子的次数高一次，并且 $R(z)$ 在实轴上没有孤立奇点时，积分是存在的.

像 2 中的处理一样，由于 $m-n\geqslant 1$，故对于充分大的 $|z|$，有

$$|R(z)| < \frac{2}{|z|}.$$

因此，在半径 R 充分大的 C_R 上，有

$$\left|\int_{C_R} R(z)e^{aiz}dz\right| \leqslant \int_{C_R} |R(z)||e^{aiz}|ds < \frac{2}{R}\int_{C_R} e^{-ay}ds$$

$$= 2\int_0^{\pi} e^{-aR\sin\theta}d\theta = 4\int_0^{\frac{\pi}{2}} e^{-aR\sin\theta}d\theta \leqslant 4\int_0^{\frac{\pi}{2}} e^{-aR(2\theta/\pi)}d\theta^{①}$$

$$= \frac{2\pi}{aR}(1-e^{-aR}).$$

于是，当 $R\to+\infty$ 时，$\int_{C_R} R(z)e^{aiz}dz \to 0$. 因此得

$$\int_{-\infty}^{+\infty} R(x)e^{aix}dx = 2\pi i\sum \text{Res}[R(z)e^{aiz}, z_k], \quad (5.3.2)$$

---

① 可以证明，当 $0\leqslant\theta\leqslant\frac{\pi}{2}$ 时，$\sin\theta\geqslant\frac{2\theta}{\pi}$. 这从下图中也可以很清楚地看出.

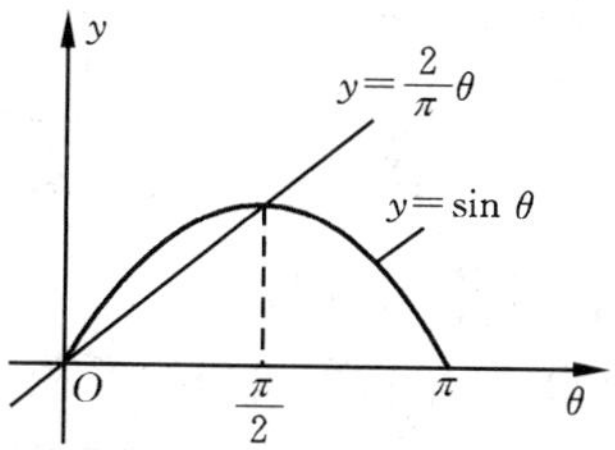

或

$$\int_{-\infty}^{+\infty} R(x)\cos ax dx + i\int_{-\infty}^{\infty} R(x)\sin ax dx$$

$$= 2\pi i\sum \text{Res}[R(z)e^{aiz}, z_k].$$

例 3 计算 $I=\int_0^{+\infty}\frac{x\sin x}{x^2+a^2}dx \quad (a>0)$ 的值.

[解] 这里 $m=2, n=1, m-n=1$. $R(z)$ 在实轴上无孤立奇点,因而所求的积分是存在的. $R(z)=\frac{z}{z^2+a^2}$ 在上半平面内有一级极点 ai,故有

$$\int_{-\infty}^{+\infty}\frac{x}{x^2+a^2}e^{ix}dx = 2\pi i\,\text{Res}[R(z)e^{iz}, ai]$$

$$= 2\pi i\cdot\frac{e^{-a}}{2} = \pi i e^{-a}.$$

因此

$$\int_0^{+\infty}\frac{x\sin x}{x^2+a^2}dx = \frac{1}{2}\pi e^{-a}.$$

在上面所提到的 2、3 两种类型的积分中,都要求被积函数中的 $R(z)$ 在实轴上无孤立奇点. 至于不满足这个条件的积分应如何计算,现举一例如下,以明其梗概.

例 4 计算积分

$$\int_0^{+\infty}\frac{\sin x}{x}dx$$

的值.

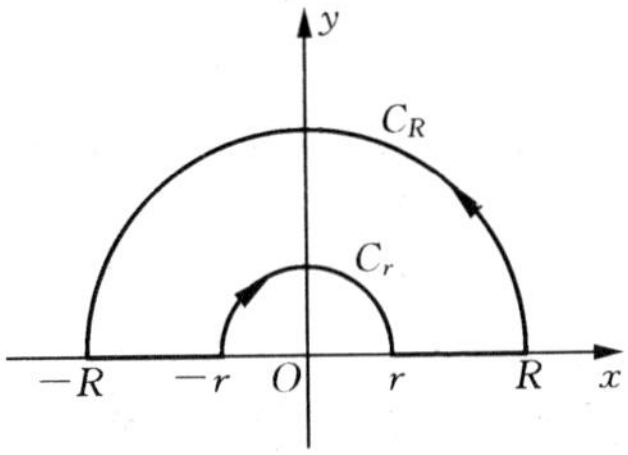

图 5.3

[解] 因为 $\frac{\sin x}{x}$ 是偶函数,所以

$$\int_0^{+\infty}\frac{\sin x}{x}dx = \frac{1}{2}\int_{-\infty}^{+\infty}\frac{\sin x}{x}dx$$

上式右端的积分与例 3 中所计算的积分类似,故可从 e^{iz}/z 沿某一条闭曲线的积分来计算上式右端的积分. 但是,$z=0$ 是 e^{iz}/z 的一级极点,它在实轴上. 为了使积分路

线不通过奇点，我们取如图 5.3 所示的路线. 由柯西-古萨基本定理，有

$$\int_{C_R}\frac{e^{iz}}{z}dz+\int_{-R}^{-r}\frac{e^{ix}}{x}dx+\int_{C_r}\frac{e^{iz}}{z}dz+\int_{r}^{R}\frac{e^{ix}}{x}dx=0.$$

令 $x=-t$，则有

$$\int_{-R}^{-r}\frac{e^{ix}}{x}dx=\int_{R}^{r}\frac{e^{-it}}{t}dt=-\int_{r}^{R}\frac{e^{-ix}}{x}dx.$$

所以

$$\int_{r}^{R}\frac{e^{ix}-e^{-ix}}{x}dx+\int_{C_R}\frac{e^{iz}}{z}dz+\int_{C_r}\frac{e^{iz}}{z}dz=0.$$

即

$$2i\int_{r}^{R}\frac{\sin x}{x}dx+\int_{C_R}\frac{e^{iz}}{z}dz+\int_{C_r}\frac{e^{iz}}{z}dz=0. \qquad (5.3.3)$$

因此，要算出所求积分的值，只需求出极限

$$\lim_{R\to\infty}\int_{C_R}\frac{e^{iz}}{z}dz \text{ 与 } \lim_{r\to 0}\int_{C_r}\frac{e^{iz}}{z}dz$$

的值即可，由于

$$\left|\int_{C_R}\frac{e^{iz}}{z}dz\right|\leqslant\int_{C_R}\frac{|e^{iz}|}{|z|}ds=\frac{1}{R}\int_{C_R}e^{-y}ds$$

$$=\int_0^{\pi}e^{-R\sin\theta}d\theta=2\int_0^{\frac{\pi}{2}}e^{-R\sin\theta}d\theta$$

$$\leqslant 2\int_0^{\frac{\pi}{2}}e^{-R(2\theta/\pi)}d\theta \qquad \text{（参看 167 页的脚注 ①）}$$

$$=\frac{\pi}{R}(1-e^{-R}),$$

所以

$$\lim_{R\to\infty}\int_{C_R}\frac{e^{iz}}{z}dz=0. \qquad (5.3.4)$$

又因

$$\frac{e^{iz}}{z}=\frac{1}{z}+i-\frac{z}{2!}+\cdots+\frac{i^n z^{n-1}}{n!}+\cdots=\frac{1}{z}+\varphi(z),$$

其中 $\varphi(z)=i-\frac{z}{2!}+\cdots+\frac{i^n z^{n-1}}{n!}+\cdots$ 在 $z=0$ 是解析的，且 $\varphi(0)=i$，因而当 $|z|$ 充分小时，可使 $|\varphi(z)|\leqslant 2$. 由于

$$\int_{C_r}\frac{e^{iz}}{z}dz=\int_{C_r}\frac{dz}{z}+\int_{C_r}\varphi(z)dz,$$

而
$$\int_{C_r}\frac{dz}{z}=\int_{\pi}^{0}\frac{ire^{i\theta}}{re^{i\theta}}d\theta=-i\pi,$$

且在 r 充分小时，

$$\left|\int_{C_r}\varphi(z)dz\right|\leqslant\int_{C_r}|\varphi(z)|ds\leqslant 2\int_{C_r}ds=2\pi r,$$

从而有

$$\lim_{r\to 0}\int_{C_r}\varphi(z)dz=0.$$

因此得到

$$\lim_{r\to 0}\int_{C_r}\frac{e^{iz}}{z}dz=-\pi i. \tag{5.3.5}$$

所以由(5.3.3)，(5.3.4)与(5.3.5)就可求得

$$2i\int_0^{+\infty}\frac{\sin x}{x}dx=\pi i$$

即
$$\int_0^{+\infty}\frac{\sin x}{x}dx=\frac{\pi}{2}.$$

这个积分在研究阻尼振动中有用.

例 5 证明：$\int_0^{\infty}\sin x^2dx=\int_0^{\infty}\cos x^2dx=\frac{1}{2}\sqrt{\frac{\pi}{2}}$

（已知 $\int_0^{\infty}e^{-x^2}dx=\frac{\sqrt{\pi}}{2}$）.

［证］ 我们考虑函数 e^{iz^2}，因为这个函数当 $z=x$ 时，可改写成 $e^{ix^2}=\cos x^2+i\sin x^2$，它的实部与虚部分别就是我们所求积分的被积函数.

取积分闭曲线为一半径为 R 的 $\frac{\pi}{4}$ 扇形的边界，如图 5.4 所示. 由于 e^{iz^2} 在 D 内及其边界 C 上解析，根据基本定理有：

$$\oint_C e^{iz^2}dz = 0,$$

即

$$\int_{OA} e^{ix^2}dx + \int_{\widehat{AB}} e^{iz^2}dz + \int_{BO} e^{iz^2}dz = 0.$$

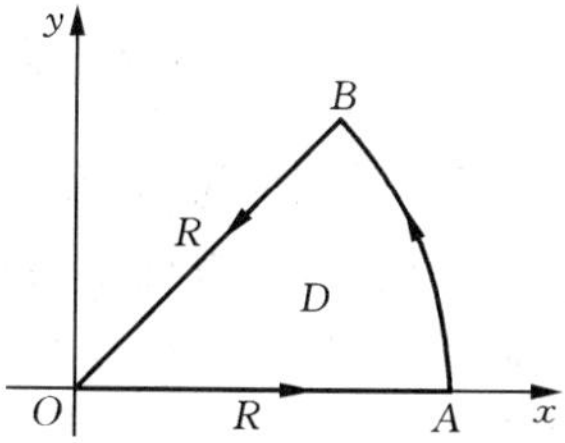

图 5.4

在 OA 上，x 从 0 到 R；在 $\widehat{AB}$ 上，$z=Re^{i\theta}$，θ 从 0 到 $\frac{\pi}{4}$；在 BO 上，$z=re^{i\frac{\pi}{4}}$，r 从 R 到 0. 因此，上式成为

$$\int_0^R e^{ix^2}dx + \int_0^{\frac{\pi}{4}} e^{iR^2e^{i2\theta}}Rie^{i\theta}d\theta + \int_R^0 e^{ir^2e^{\frac{\pi}{2}i}}e^{\frac{\pi}{4}i}dr = 0$$

或

$$\int_0^R (\cos x^2 + i\sin x^2)dx = e^{\frac{\pi}{4}i}\int_0^R e^{-r^2}dr - \int_0^{\frac{\pi}{4}} e^{iR^2\cos 2\theta - R^2\sin 2\theta}iRe^{i\theta}d\theta.$$

当 $R\to\infty$ 时，上式右端的第一个积分为

$$e^{\frac{\pi}{4}i}\int_0^{\infty} e^{-r^2}dr = \frac{\sqrt{\pi}}{2}\cdot e^{\frac{\pi}{4}i} = \frac{1}{2}\sqrt{\frac{\pi}{2}} + \frac{i}{2}\sqrt{\frac{\pi}{2}}.$$

而第二个积分的绝对值：

$$\left|\int_0^{\frac{\pi}{4}} e^{iR^2\cos 2\theta - R^2\sin 2\theta}iRe^{i\theta}d\theta\right| \leqslant \int_0^{\frac{\pi}{4}} e^{-R^2\sin 2\theta}Rd\theta \leqslant R\int_0^{\frac{\pi}{4}} e^{-\frac{4}{\pi}R^2\theta}d\theta$$

$$= \frac{\pi}{4R}(1-e^{-R^2}).$$

由此可知，当 $R\to\infty$ 时，第二个积分趋于零，从而有

$$\int_0^{\infty}(\cos x^2 + i\sin x^2)dx = \frac{1}{2}\sqrt{\frac{\pi}{2}} + \frac{i}{2}\sqrt{\frac{\pi}{2}}.$$

令两端的实部与虚部分别相等，得

$$\int_0^{\infty}\cos x^2 dx = \int_0^{\infty}\sin x^2 dx = \frac{1}{2}\sqrt{\frac{\pi}{2}}.$$

这两个积分称为菲涅耳(Fresnel)积分. 它们在光学的研究中很有用.

*§4　对数留数与辐角原理

在上一节中，我们介绍了利用留数理论来计算定积分. 在这一节中，我们仍以留数理论为依据来介绍对数留数与辐角原理，它们可帮助我们判断一个方程 $f(z)=0$ 各个根所在的范围，这对研究运动的稳定性往往是有用的.

1. 对数留数　我们把具有下列形式的积分：

$$\frac{1}{2\pi i}\oint_C \frac{f'(z)}{f(z)}dz$$

称为 $f(z)$ 关于曲线 C 的对数留数. 事实上，对数留数就是函数 $f(z)$ 的对数的导数 $\dfrac{f'(z)}{f(z)}$ 在它位于 C 内的孤立奇点处的留数的代数和.

关于对数留数，我们有下面的一个重要定理：

定理一　如果 $f(z)$ 在简单闭曲线 C 上解析且不为零，在 C 的内部除去有限个极点以外也处处解析，那么

$$\frac{1}{2\pi i}\oint_C \frac{f'(z)}{f(z)}dz = N - P. \qquad (5.4.1)$$

其中，N 为 $f(z)$ 在 C 内零点的总个数，P 为 $f(z)$ 在 C 内极点的总个数，且 C 取正向. 在计算零点与极点的个数时，m 级的零点或极点算作 m 个零点或极点.

[证]　设 $f(z)$ 在 C 内有一个 n_k 级的零点 a_k，那么在 a_k 的邻域 $|z-a_k|<\delta$ 内，有

$$f(z)=(z-a_k)^{n_k}\varphi(z),$$

其中 $\varphi(z)$ 是这一邻域内的一个解析函数，且 $\varphi(a_k)\neq 0$，从而在这个邻域内 $\varphi(z)\neq 0$，因为解析函数的零点是孤立的. 所以

$$f'(z)=n_k(z-a_k)^{n_k-1}\varphi(z)+(z-a_k)^{n_k}\varphi'(z),$$

故在 $0<|z-a_k|<\delta$ 内，有

$$\frac{f'(z)}{f(z)}=\frac{n_k}{z-a_k}+\frac{\varphi'(z)}{\varphi(z)}.$$

由于在$|z-a_k|<\delta$内，$\varphi(z)$解析，因而$\varphi'(z)$也解析，并且$\varphi(z)\neq 0$，所以$\dfrac{\varphi'(z)}{\varphi(z)}$是这一邻域内的解析函数. 由上式可知，$a_k$是$\dfrac{f'(z)}{f(z)}$的一级极点且留数为$n_k$.

同样，设$f(z)$在C内有一个p_k级的极点b_k，那么在b_k的去心邻域$0<|z-b_k|<\delta'$内，有

$$f(z)=\frac{1}{(z-b_k)^{p_k}}\psi(z).$$

其中$\psi(z)$是邻域$|z-b_k|<\delta'$内的一个解析函数，且$\psi(b_k)\neq 0$，从而在这个邻域内$\psi(z)\neq 0$. 由上式得

$$f'(z)=-p_k(z-b_k)^{-p_k-1}\psi(z)+(z-b_k)^{-p_k}\psi'(z).$$

故在$0<|z-b_k|<\delta'$内，有

$$\frac{f'(z)}{f(z)}=\frac{-p_k}{z-b_k}+\frac{\psi'(z)}{\psi(z)}.$$

由于在$|z-b_k|<\delta'$内，$\psi(z)$解析，因而$\psi'(z)$也解析，且$\psi(z)\neq 0$，所以$\dfrac{\psi'(z)}{\psi(z)}$是这一邻域内的解析函数. 由上式知$b_k$是函数$\dfrac{f'(z)}{f(z)}$的一级极点且留数为$-p_k$.

如果$f(z)$在C内有l个级数分别为$n_1,n_2,\cdots,n_l$的零点$a_1,a_2,\cdots,a_l$和m个级数分别为$p_1,p_2,\cdots,p_m$的极点$b_1,b_2,\cdots,b_m$，那么根据以上所述和留数定理，得

$$\frac{1}{2\pi i}\oint_C\frac{f'(z)}{f(z)}dz=\sum_{k=1}^{l}\operatorname{Res}\left[\frac{f'(z)}{f(z)},a_k\right]+\sum_{k=1}^{m}\operatorname{Res}\left[\frac{f'(z)}{f(z)},b_k\right],$$

即
$$\frac{1}{2\pi i}\oint_C\frac{f'(z)}{f(z)}dz=(n_1+n_2+\cdots+n_l)-(p_1+p_2+\cdots+p_m),$$

或
$$\frac{1}{2\pi i}\oint_C\frac{f'(z)}{f(z)}dz=N-P.$$

[证毕]

2. 辐角原理　现在我们来解释(5.4.1)左端的几何意义. 为

此，考虑变换 $w=f(z)$. 当 z 沿 C 的正向绕行一周，对应的 w 在 w 平面内就画出一条连续的封闭曲线 Γ，它不一定是简单的，既可以按正向绕原点若干圈，也可以按负向绕原点若干圈. 由于 $f(z)$ 在 C 上不为零，所以 Γ 不经过原点，如图 5.5(b)所示.

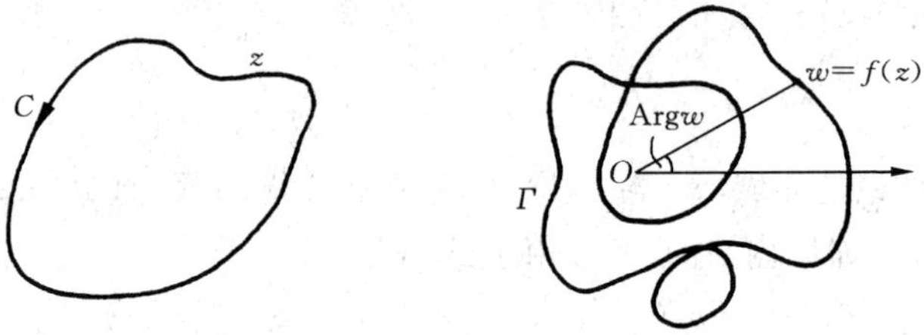

(a) (b)

图 5.5

因为

$$d\mathrm{Ln}f(z)=\frac{f'(z)}{f(z)}dz,$$

所以

$$\frac{1}{2\pi i}\oint_C \frac{f'(z)}{f(z)}dz=\frac{1}{2\pi i}\oint_C d\,\mathrm{Ln}f(z)$$

$$=\frac{1}{2\pi i}[\text{当 } z \text{ 沿 } C \text{ 的正向绕行一周 } \mathrm{Ln}f(z) \text{ 的改变量}]$$

$$=\frac{1}{2\pi i}[\text{当 } z \text{ 沿 } C \text{ 的正向绕行一周 } \ln|f(z)| \text{ 的改变量}$$

$$+\,i\mathrm{Arg}f(z) \text{ 的改变量}].$$

显然，由于 $\ln|f(z)|$ 是单值函数，因此当 z 从 C 上某点 z_0 出发沿 C 的正向绕行一周回到 z_0 时，$\ln|f(z)|$ 的值也回到原来的值 $\ln|f(z_0)|$，所以方括号中的第一项为零. 但是方括号中的第二项，即 $i\mathrm{Arg}f(z)$ 的改变量，当 z 从 z_0 出发沿 C 的正向绕行一周回到 z_0 时，如果 z 的对应点 $w=f(z)$ 从 $w_0=f(z_0)$ 出发沿不包含原点

的 Γ 绕行回到 w_0，那么改变量为零；如果 Γ 包含原点，那么改变量等于 $\pm 2k\pi i$，其中 k 为 w 沿 Γ 围绕原点的圈数，而 $\pm$ 号取法是逆时针围绕时带正号，反之带负号（参看图 5.6）.

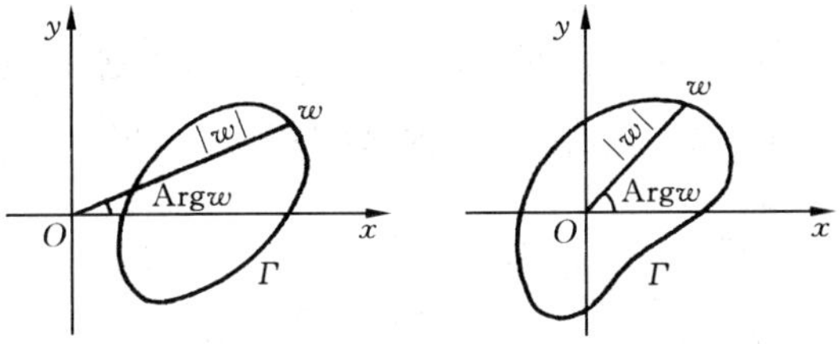

图 5.6

由此可见，对数留数的几何意义是 Γ 绕原点的回转次数 k，总是一个整数.

如果把 z 沿 C 的正向绕行一周，$f(z)$ 的辐角的改变量记作

$$\Delta_{C^+} \operatorname{Arg} f(z),$$

那么（5.4.1）可以写成

$$N-P=\frac{1}{2\pi}\Delta_{C^+} \operatorname{Arg} f(z), \qquad (5.4.2)$$

当 $f(z)$ 在 C 内解析时，$P=0$，上式成为

$$N=\frac{1}{2\pi}\Delta_{C^+} \operatorname{Arg} f(z). \qquad (5.4.3)$$

我们可以用这个公式来计算 $f(z)$ 在 C 内零点的个数，这个结果称为辐角原理.

定理二（辐角原理） 如果 $f(z)$ 在简单闭曲线 C 上与 C 内解析，且在 C 上不等于零，那么 $f(z)$ 在 C 内零点的个数等于 $\frac{1}{2\pi}$ 乘以当 z 沿 C 的正向绕行一周 $f(z)$ 的辐角的改变量.

3. 路西(Rouché)定理 利用这个定理，我们能对两个函数的零点的个数进行比较.

设 $f(z)$ 和 $g(z)$ 在简单闭曲线 C 上和 C 内解析，且在 C 上满足条件 $|g(z)|<|f(z)|$. 这样，在 C 上 $|f(z)|>0$，$|f(z)+g(z)|\geqslant|f(z)|-|g(z)|>0$. 这就是说，在 C 上 $f(z)$ 和 $f(z)+g(z)$ 都不等于零.

设 N 与 N' 分别为函数 $f(z)$ 与 $f(z)+g(z)$ 在 C 的内部的零点个数，由于这两个函数在 C 的内部解析，因此根据辐角原理，依公式(5.4.3)，有

$$N=\frac{1}{2\pi}\Delta_{C^+}\operatorname{Arg}f(z),\ N'=\frac{1}{2\pi}\Delta_{C^+}\operatorname{Arg}[f(z)+g(z)].$$

由于在 C 上，$f(z)$ 不等于零，$f(z)+g(z)$ 可以写成

$$f(z)+g(z)=f(z)\left[1+\frac{g(z)}{f(z)}\right],$$

故有

$$\Delta_{C^+}\operatorname{Arg}[f(z)+g(z)]=\Delta_{C^+}\operatorname{Arg}f(z)+\Delta_{C^+}\operatorname{Arg}\left[1+\frac{g(z)}{f(z)}\right].$$

令 $w=1+\dfrac{g(z)}{f(z)}$，那么 $|w-1|=\left|\dfrac{g(z)}{f(z)}\right|<1$，即 w 在以 1 为中心的单位圆内(图 5.7)，所以 C 的象曲线 Γ 不围绕原点，从而有 $\Delta_{C^+}\operatorname{Arg}\left[1+\dfrac{g(z)}{f(z)}\right]=0$，故

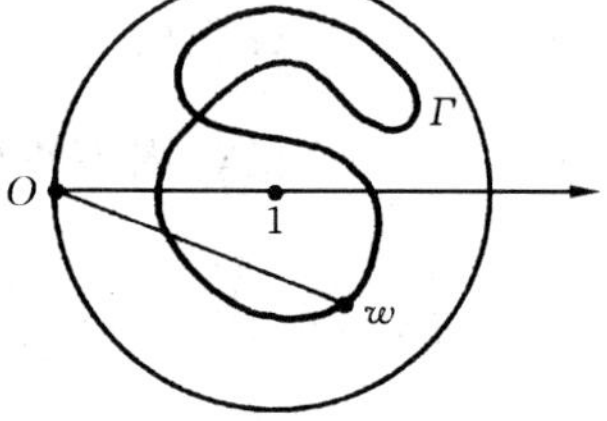

图 5.7

$$\Delta_{C^+}\operatorname{Arg}[f(z)+g(z)]=\Delta_{C^+}\operatorname{Arg}f(z),$$

即 $N=N'$. 这就是说，$f(z)$ 与 $f(z)+g(z)$ 在 C 内的零点的个数相

同. 这个结果称为路西定理.

定理三(路西定理) 设 $f(z)$ 与 $g(z)$ 在简单闭曲线 C 上和 C 内解析,且在 C 上满足条件 $|f(z)|>|g(z)|$,那么在 C 内 $f(z)$ 与 $f(z)+g(z)$ 的零点的个数相同.

例 1 试证方程

$$a_0 z^n+a_1 z^{n-1}+\cdots+a_{n-1} z+a_n=0 \quad (a_0 \neq 0)$$

有 n 个根.

[证] 令 $f(z)=a_0 z^n$, $g(z)=a_1 z^{n-1}+\cdots+a_{n-1} z+a_n$,那么

$$\begin{aligned}\left|\frac{g(z)}{f(z)}\right| &= \left|\frac{a_1 z^{n-1}+a_2 z^{n-2}+\cdots+a_{n-1} z+a_n}{a_0 z^n}\right| \\ &\leqslant \left|\frac{a_1}{a_0}\right| \cdot \frac{1}{|z|}+\left|\frac{a_2}{a_0}\right| \cdot \frac{1}{|z|^2}+\cdots+\left|\frac{a_n}{a_0}\right| \cdot \frac{1}{|z|^n}.\end{aligned}$$

取 $|z| \geqslant R$,R 充分大,可使 $\left|\dfrac{g(z)}{f(z)}\right|<1$,即在圆 $|z|=R$ 上和圆外关系式 $|f(z)|>|g(z)|$ 成立. 显然,$f(z)$ 与 $g(z)$ 在圆 $|z|=R$ 上与圆内都是解析的. 根据路西定理,$f(z)=a_0 z^n$ 和 $f(z)+g(z)=a_0 z^n+a_1 z^{n-1}+\cdots+a_{n-1} z+a_n$ 在圆内有相同个数的零点. 但 $f(z)$ 在圆内的零点的个数是 n,所以 $f(z)+g(z)$ 在圆内的零点的个数也是 n. 又由于在圆上和圆外关系 $|f(z)|>|g(z)|$ 成立,因此在圆上和圆外 $f(z)+g(z)=0$ 不能有根,不然,将有 $|f(z)|=|g(z)|$,与上述关系 $|f(z)|>|g(z)|$ 相矛盾. 因此原方程有 n 个根.

例 2 求函数 $f(z)=\dfrac{1+z^2}{1-\cos 2\pi z}$ 关于圆周 $|z|=\pi$ 的对数留数.

[解] 令 $1+z^2=0$,得 $f(z)$ 的两个一级零点 i 与 $-i$. 再令 $g(z)=1-\cos 2\pi z=0$,得 $g(z)$ 的无穷多个零点 $z_n=n, n=0, \pm 1, \pm 2, \cdots$. 由于 $g'(z)=2\pi \sin 2\pi z$, $g''(z)=4\pi^2 \cos 2\pi z$,因此 $g'(n)=0$, $g''(n)=4\pi^2 \neq 0$,所以这些零点都是二级零点,从而是 $f(z)$ 的二级极点.

在圆周 $|z|=\pi$ 的内部有 $f(z)$ 的两个一级零点和七个二级极

点：$z_0=0, z_1=1, z_2=-1, z_3=2, z_4=-2, z_5=3, z_6=-3$，故由对数留数公式(5.4.1)得

$$\frac{1}{2\pi i}\oint_{|z|=\pi}\frac{f'(z)}{f(z)}dz = 2-7\times 2=-12.$$

小　　结

1. 解析函数的孤立奇点的分类及其在孤立奇点邻域内的性态

设 z_0 为解析函数 $f(z)$ 的孤立奇点，如果 $f(z)$ 在以 z_0 为中心的洛朗展开式：

$$f(z)=\sum_{n=1}^{\infty}c_{-n}(z-z_0)^{-n}+\sum_{n=0}^{\infty}c_n(z-z_0)^n$$

中，不含、只含有限个、含无穷多个 $z-z_0$ 的负幂项，那么称 z_0 分别为 $f(z)$ 的可去奇点、极点、本性奇点.

z_0 为 $f(z)$ 的可去奇点、极点、本性奇点的充要条件分别为当 $z\to z_0$ 时，$f(z)$ 的极限为有限数、为无穷大、不存在，且不为无穷大.

如果函数 $f(z)$ 在无穷远点 $z=\infty$ 的去心邻域 $R<|z|<+\infty$ 内解析，那么称 $z=\infty$ 为 $f(z)$ 的孤立奇点.

我们规定 $f(z)$ 在 $z=\infty$ 处的性态就是 $f\left(\frac{1}{t}\right)$ 在 $t=0$ 处的性态. 所以，如果 $t=0$ 为 $f\left(\frac{1}{t}\right)$ 的可去奇点、极点、本性奇点，那么 $z=\infty$ 为 $f(z)$ 的可去奇点、极点、本性奇点.

$z=\infty$ 为 $f(z)$ 的可去奇点、极点、本性奇点的充要条件分别为当 $z\to\infty$ 时，$f(z)$ 的极限为有限数、为无穷大、不存在，且不为无穷大.

2. 零点与极点

不恒等于零的解析函数 $f(z)$，如果能表示成

$$f(z)=(z-z_0)^m\varphi(z)$$

其中 $\varphi(z)$ 在 z_0 解析，且 $\varphi(z_0)\neq 0$，m 为正整数，那么 z_0 称为 $f(z)$

的 m 级零点. z_0 为 $f(z)$ 的 m 级零点的充要条件是

$$f^{(n)}(z_0)=0,(n=1,2,\cdots,m-1),f^{(m)}(z_0)\neq 0.$$

不恒等于零的解析函数的零点是孤立的.

如果函数 $f(z)$ 可表示成

$$f(z)=\frac{1}{(z-z_0)^m}g(z),$$

其中 $g(z)$ 在 z_0 解析,且 $g(z_0)\neq 0$,那么 z_0 称为 $f(z)$ 的 m 级极点.

如果 z_0 是 $f(z)$ 的 m 级零点,那么 z_0 是 $\frac{1}{f(z)}$ 的 m 级极点. 反之亦然.

3. 留数

(1) 留数定义　设 z_0 为 $f(z)$ 的孤立奇点,那么 $f(z)$ 在 z_0 的留数

$$\text{Res}[f(z),z_0]=c_{-1}=\frac{1}{2\pi i}\oint_C f(z)dz,$$

其中 C 为去心邻域 $0<|z-z_0|<R$ 内的任意一条正向简单闭曲线.

如果 $z=\infty$ 为 $f(z)$ 的孤立奇点,那么 $f(z)$ 在 $z=\infty$ 的留数

$$\text{Res}[f(z),\infty]=\frac{1}{2\pi i}\oint_{C^-} f(z)dz,$$

其中 C 为 $R<|z|<+\infty$ 内绕原点的任意一条正向简单闭曲线.

(2) 留数定理　设函数 $f(z)$ 在区域 D 内除有限个孤立奇点 $z_1,z_2,\cdots,z_n$ 外处处解析,C 为 D 内包围诸奇点的一条正向简单闭曲线,那么

$$\oint_C f(z)dz=2\pi i\sum_{k=1}^{n}\text{Res}[f(z),z_k]$$

这个定理把求沿封闭曲线 C 的积分,转化为求被积函数在 C 中的各孤立奇点处的留数.

细察定理的证明,不难看出其关键是应用了复合闭路定理. 从这个意义上说,留数定理是基本定理的推广. 事实上,柯西积分公

式和高阶导数公式都能比较容易地从它推出.

从闭路变形原理直观地来看定理的正确性,也是很明显的,如图 5.8 所示.

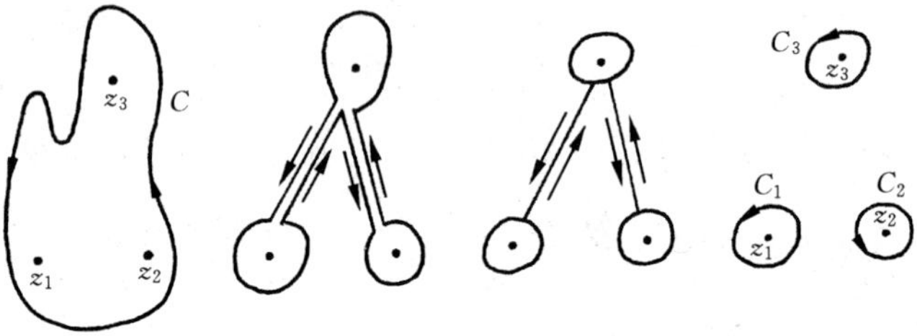

图 5.8

(3) 留数的计算

一般说来,计算留数只须求出洛朗展开式中负幂项 $c_{-1}(z-z_0)^{-1}$ 的系数 c_{-1} 就可以了,这是一个基本方法. 这个方法有时不很方便,因为洛朗级数可能不容易求出或太繁复. 但是如果能知道奇点的类型,那么对求留数有一定的帮助. 例如当 z_0 为 $f(z)$ 的可去奇点时,那么 $\operatorname{Res}[f(z),z_0]=0$①. 当 z_0 为 $f(z)$ 的本性奇点时,那么除了把 $f(z)$ 展开成洛朗级数来求外,几乎没有什么简捷的方法. 当 z_0 为 $f(z)$ 的极点时,当然也可将 $f(z)$ 展开成洛朗级数来求,但我们还有几个求极点处留数的规则可以利用.

规则Ⅰ 如果 z_0 为 $f(z)$ 的一级极点,那么

$$\operatorname{Res}[f(z),z_0]=\lim_{z\to z_0}(z-z_0)f(z).$$

规则Ⅱ 如果 z_0 为 $f(z)$ 的 m 级极点,那么

$$\operatorname{Res}[f(z),z_0]=\frac{1}{(m-1)!}\lim_{z\to z_0}\frac{d^{m-1}}{dz^{m-1}}[(z-z_0)^m f(z)].$$

---

① 当无穷远点 ∞ 为函数 $f(z)$ 的可去奇点时,留数可以不等于零. 例如,无穷远点 ∞ 为 $f(z)=1+\dfrac{2}{z}$ 的可去奇点. 但因 $c_{-1}=2$,所以 $\operatorname{Res}[f(z),\infty]=-2$.

应当指出，在应用这个公式时，为了计算方便，不要将 m 取得比实际的级数高. 但把 m 取得比实际的级数高而使计算方便的情形也是有的. 例如，求 $\text{Res}\left[\frac{1-\cos z}{z^5},0\right]$. 由于 $1-\cos z=2\sin^2\frac{z}{2}$，所以 $z=0$ 是 $1-\cos z$ 的二级零点，从而 $z=0$ 是 $\frac{1-\cos z}{z^5}$ 的三级极点. 如果用规则 Ⅱ 计算，那么

$$\text{Res}\left[\frac{1-\cos z}{z^5},0\right]=\frac{1}{2!}\lim_{z\to 0}\frac{d^2}{dz^2}\left(\frac{1-\cos z}{z^2}\right),$$

要求 $\frac{1-\cos z}{z^2}$ 的二阶导数，还是有一定的计算工作量. 如果我们把 m 取 5，那么

$$\text{Res}\left[\frac{1-\cos z}{z^5},0\right]=\frac{1}{4!}\lim_{z\to 0}\frac{d^4}{dz^4}(1-\cos z)=\frac{1}{4!}\lim_{z\to 0}(-\cos z)=-\frac{1}{24},$$

计算就比较简单些. 用洛朗展开式直接求 c_{-1} 也比较方便：

$$\frac{1-\cos z}{z^5}=\frac{1}{z^5}\left[1-\left(1-\frac{1}{2!}z^2+\frac{1}{4!}z^4-\cdots\right)\right]=\frac{1}{2!}\cdot\frac{1}{z^3}-\frac{1}{4!}\cdot\frac{1}{z}+\cdots,$$

故 $c_{-1}=-\frac{1}{4!}=-\frac{1}{24}$.

规则 Ⅲ　设 z_0 为 $f(z)=\frac{P(z)}{Q(z)}$ 的一级极点，那么

$$\text{Res}\left[\frac{P(z)}{Q(z)},z_0\right]=\frac{P(z_0)}{Q'(z_0)}.$$

规则 Ⅳ　$\text{Res}[f(z),\infty]=-\text{Res}\left[f\left(\frac{1}{z}\right)\cdot\frac{1}{z^2},0\right]$.

下列定理为计算无穷远点处的留数提供了另一途径.

定理　如果函数 $f(z)$ 在扩充复平面上除孤立奇点 $z_k(k=1,2,\cdots,n)$ 与 ∞ 外，处处解析，那么

$$\text{Res}[f(z),\infty]+\sum_{k=1}^{n}\text{Res}[f(z),z_k]=0.$$

利用这个定理，可以通过计算各有限远奇点处的留数来得出在 ∞ 点处的留数，也可以反过来用. 特别是后一种用法，在利用留数定理来计算有些沿封闭曲线的积分时，显得非常有效. 例如积分

$$I=\oint_{|z|=3}\frac{z^{17}}{(z^2+2)^3(z^3+3)^4}dz,$$

由于被积函数 $f(z)$ 的 5 个极点都在 $|z|=3$ 内，而且级数都较高，要计算这 5 个极点处的留数，无疑是十分麻烦的. 但在扩充复平面上 $f(z)$ 只有这 5 个有限远极点. 因而根据上述定理，有

$$I=-2\pi i\text{Res}[f(z),\infty]$$

而 $f(z)=\dfrac{z^{17}}{z^6\left(1+\dfrac{2}{z^2}\right)^3\left(1+\dfrac{3}{z^3}\right)^4 z^{12}}=\dfrac{1}{z}\left(1+\dfrac{2}{z^2}\right)^{-3}\left(1+\dfrac{3}{z^3}\right)^{-4}$

$$=\frac{1}{z}\left(1-\frac{6}{z^2}+\cdots\right)\left(1-\frac{12}{z^3}+\cdots\right),$$

很明显，$\dfrac{1}{z}$ 的系数为 1，从而 $\text{Res}[f(z),\infty]=-1$，所以 $I=2\pi i$.

4. 留数的应用

关于留数的应用我们介绍了：(1) 复变函数沿封闭路线的积分 $\oint_C f(z)dz$ 的计算法；(2) 三种不同类型的积分：

$$1^\circ\ \int_0^{2\pi}R(\sin\theta,\cos\theta)d\theta;\quad 2^\circ\ \int_{-\infty}^{\infty}f(x)dx;\quad 3^\circ\ \int_{-\infty}^{\infty}R(x)e^{aix}dx$$

的计算法，其中 2°，3° 两种类型积分计算法的一个共同思路，概括地说，是把所求的积分化为一个复变函数沿某条封闭路线的积分. 但按定义求无穷限广义积分是先沿有限区间进行积分，然后取极限来得出的，所以就要设法使沿区间的积分化为沿封闭路线的积分. 这里要做两件事，一是先找一个与所求积分的被积函数 $f(x)$ 密切相关的复变函数 $F(z)$，使得当 z 在实轴上的区间内变动时，$F(z)$ 就是 $f(x)$，或 $F(z)$ 的实部与虚部中的一个就是 $f(x)$. 其次，为了利用留数定理，我们再找一条连接区间两端的按段光滑曲线，使与区间一起构成一条封闭曲线. 这条封闭曲线围成一个区域 D，如图 5.9 所示，并使 $F(z)$ 在 D 的边界上和在 D 内除去有限个孤立奇点外处处解析. 根据留数定理，得

$$\int_a^b F(x)dx + \int_{C_{a,b}} F(z)dz = 2\pi i \sum_k \text{Res}[F(z), z_k].$$

如果我们能将 $\lim\limits_{\substack{a\to-\infty\\ b\to+\infty}} \int_{C_{a,b}} F(z)dz$ 求出，那么就能求得 $\lim\limits_{\substack{a\to-\infty\\ b\to+\infty}} \int_a^b F(x)dx$，即 $\int_{-\infty}^{\infty} f(x)dx$.

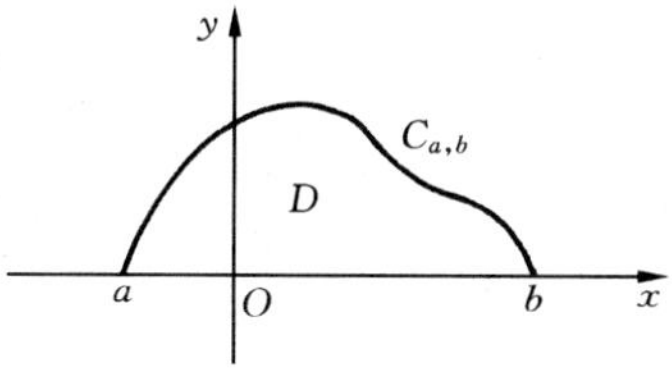

图 5.9

以上这种方法，通常称为围道积分法，它的困难之处在于找出合适的函数 $F(z)$ 和找出适当的曲线来连接区间的两端，从而构成一条封闭的积分路线. 因此，围道积分法有较大的局限性.

第五章习题

1. 下列函数有些什么奇点？如果是极点，指出它的级：

1) $\dfrac{1}{z(z^2+1)^2}$;　　2) $\dfrac{\sin z}{z^3}$;　　3) $\dfrac{1}{z^3-z^2-z+1}$;

4) $\dfrac{\ln(z+1)}{z}$;　　5) $\dfrac{z}{(1+z^2)(1+e^{\pi z})}$;　　6) $\dfrac{1}{e^{z-1}}$;

7) $\dfrac{1}{z^2(e^z-1)}$;　　8) $\dfrac{z^{2n}}{1+z^n}$（n 为正整数）;　　9) $\dfrac{1}{\sin z^2}$.

2. 求证：如果 z_0 是 $f(z)$ 的 $m(m>1)$ 级零点，那么 z_0 是 $f'(z)$ 的 $m-1$ 级零点.

3. 验证：$z=\dfrac{\pi i}{2}$ 是 $\text{ch}z$ 的一级零点.

4. $z=0$ 是函数 $(\sin z+\text{sh}z-2z)^{-2}$ 的几级极点？

5. 如果 $f(z)$ 和 $g(z)$ 是以 z_0 为零点的两个不恒等于零的解析函数，那么

$$\lim_{z\to z_0}\frac{f(z)}{g(z)} = \lim_{z\to z_0}\frac{f'(z)}{g'(z)}\quad (\text{或两端均为}\infty)$$

6. 设函数 $\varphi(z)$ 与 $\psi(z)$ 分别以 $z=a$ 为 m 级与 n 级极点（或零点），那么下列三个函数：

1) $\varphi(z)\psi(z)$;　2) $\dfrac{\varphi(z)}{\psi(z)}$;　3) $\varphi(z)+\psi(z)$

在 $z=a$ 处各有什么性质？

7. 函数 $f(z)=\frac{1}{z(z-1)^2}$ 在 $z=1$ 处有一个二级极点；这个函数又有下列洛朗展开式：

$$\frac{1}{z(z-1)^2}=\cdots+\frac{1}{(z-1)^5}-\frac{1}{(z-1)^4}+\frac{1}{(z-1)^3},|z-1|>1,$$

所以"$z=1$ 又是 $f(z)$ 的本性奇点"；又其中不含 $(z-1)^{-1}$ 幂，因此 $\mathrm{Res}[f(z),1]=0$. 这些说法对吗？

8. 求下列各函数 $f(z)$ 在有限奇点处的留数：

1) $\frac{z+1}{z^2-2z}$； 2) $\frac{1-e^{2z}}{z^4}$； 3) $\frac{1+z^4}{(z^2+1)^3}$； 4) $\frac{z}{\cos z}$；

5) $\cos\frac{1}{1-z}$； 6) $z^2\sin\frac{1}{z}$. 7) $\frac{1}{z\sin z}$. 8) $\frac{\mathrm{sh} z}{\mathrm{ch} z}$.

9. 计算下列各积分(利用留数；圆周均取正向)：

1) $\oint_{|z|=\frac{3}{2}}\frac{\sin z}{z}dz$； 2) $\oint_{|z|=2}\frac{e^{2z}}{(z-1)^2}dz$； 3) $\oint_{|z|=\frac{3}{2}}\frac{1-\cos z}{z^m}dz$(其中 m 为整数)； 4) $\oint_{|z-2i|=1}\mathrm{th} z dz$； 5) $\oint_{|z|=3}\mathrm{tg}\pi z dz$； 6) $\oint_{|z|=1}\frac{1}{(z-a)^n(z-b)^n}dz$ (其中 n 为 正整数，且 $|a|\neq1$, $|b|\neq1$, $|a|<|b|$). [提示：试就 $|a|$, $|b|$ 与 1 的大小关系分别进行讨论.]

10. 判定 $z=\infty$ 是下列各函数的什么奇点？并求出在 ∞ 的留数：

1) $e^{\frac{1}{z^2}}$； 2) $\cos z-\sin z$； 3) $\frac{2z}{3+z^2}$.

11. 求 $\mathrm{Res}[f(z),\infty]$ 的值，如果

1) $f(z)=\frac{e^z}{z^2-1}$； 2) $f(z)=\frac{1}{z(z+1)^4(z-4)}$.

12. 计算下列各积分，C 为正向圆周：

1) $\oint_C\frac{z^{15}}{(z^2+1)^2(z^4+2)^3}dz$, C: $|z|=3$；

2) $\oint_C\frac{z^3}{1+z}e^{\frac{1}{z}}dz$, C: $|z|=2$；

3) $\oint_C\frac{z^{2n}}{1+z^n}dz$ (n 为一正整数), C: $|z|=r>1$.

13. 计算下列积分：

1) $\int_0^{2\pi}\frac{1}{5+3\sin\theta}d\theta$； 2) $\int_0^{2\pi}\frac{\sin^2\theta}{a+b\cos\theta}d\theta$ $(a>b>0)$；

3) $\int_{-\infty}^{+\infty} \frac{1}{(1+x^2)^2} dx$；　　4) $\int_{0}^{+\infty} \frac{x^2}{1+x^4} dx$；

5) $\int_{-\infty}^{+\infty} \frac{\cos x}{x^2+4x+5} dx$；　　6) $\int_{-\infty}^{+\infty} \frac{x\sin x}{1+x^2} dx$.

14. 试用下图中的积分路线，求例 4 中的积分：

$$\int_{0}^{+\infty} \frac{\sin x}{x} dx.$$

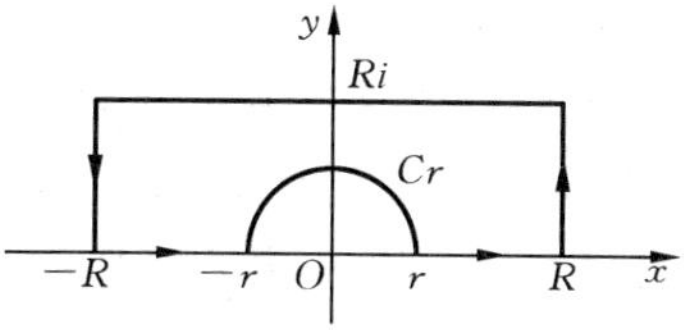

第 14 题图

*15. 利用公式(5.4.1)计算下列积分：

1) $\oint\limits_{|z|=3} \frac{1}{z} dz$；

2) $\oint\limits_{|z|=3} \frac{z}{z^2-1} dz$；

3) $\oint\limits_{|z|=3} \operatorname{tg} z dz$；

4) $\oint\limits_{|z|=3} \frac{1}{z(z+1)} dz$.

*16. 设 C 为区域 D 内的一条正向简单闭曲线，z_0 为 C 内一点. 如果 $f(z)$ 在 D 内解析，且 $f(z_0)=0$，$f'(z_0)\neq 0$. 在 C 内 $f(z)$ 无其他零点. 试证：

$$\frac{1}{2\pi i}\oint\limits_{C} \frac{zf'(z)}{f(z)} dz = z_0.$$

*17. 设 $\varphi(z)$ 在 C：$|z|=1$ 上及其内部解析，且在 C 上 $|\varphi(z)|<1$. 证明在 C 内只有一个点 z_0 使 $\varphi(z_0)=z_0$.

*18. 证明：当 $|a|>e$ 时，方程 $e^z-az^n=0$ 在单位圆 $|z|=1$ 内有 n 个根.

*19. 证明方程 $z^7-z^3+12=0$ 的根都在圆环域 $1\leqslant|z|\leqslant 2$ 内.

第六章　共 形 映 射

从第二章起，我们通过导数、积分、级数等概念以及它们的性质与运算着重讨论了解析函数的性质和应用. 在这一章中，我们将从几何的角度来对解析函数的性质和应用进行讨论.

在本书一开始，我们已经讲过函数 $w=f(z)$ 在几何上可以看做把 z 平面上的一个点集 G(定义集合)变到 w 平面上的一个点集 G^*(函数值集合)的映射(或变换). 对解析函数来说，它所构成的映射我们还必须作一些具体的研究，因为这种映射在实际问题中，例如流体力学、电学中都有重要的应用.

本章中我们先分析解析函数所构成的映射的特性，引出共形映射这一重要概念. 共形映射之所以重要，原因在于它能把在比较复杂区域上所讨论的问题转到在比较简单区域上去讨论；然后进一步研究分式线性函数和几个初等函数所构成的共形映射的性质. 最后简要介绍施瓦茨-克里斯托费尔映射及拉普拉斯方程的边值问题，供有关专业选用.

§1　共形映射的概念

我们已经知道，z 平面内的一条有向连续曲线 C 可用

$$z=z(t),\alpha\leqslant t\leqslant\beta$$

表示，它的正向取为 t 增大时点 z 移动的方向，$z(t)$ 为一连续函数.

如果 $z'(t_0)\neq 0,\alpha<t_0<\beta$，那么表示 $z'(t_0)$ 的向量(把起点取在 z_0. 以下不一一说明)与 C 相切于点 $z_0=z(t_0)$(图 6.1).

事实上，如果我们规定：通过 C 上两点 P_0 与 P 的割线 P_0P 的正向对应于参数 t 增大的方向，那么这个方向与表示

$$\frac{z(t_0+\Delta t)-z(t_0)}{\Delta t}$$

的向量的方向相同，这里，$z(t_0+\Delta t)$与$z(t_0)$分别为点P与P_0所对应的复数(图6.1). 我们知道，当点P沿C无限趋向于点P_0时，割线P_0P的极限位置就是C上P_0处的切线. 因此，表示

$$z'(t_0)=\lim_{\Delta t\to 0}\frac{z(t_0+\Delta t)-z(t_0)}{\Delta t}$$

的向量与C相切于点$z_0=z(t_0)$，且方向与C的正向一致. 如果我们规定这个向量的方向作为C上点z_0处的切线的正向，那么我们有

1) $\mathrm{Arg}z'(t_0)$就是在C上点z_0处的切线的正向与x轴正向之间的夹角；

2) 相交于一点的两条曲线C_1与C_2正向之间的夹角就是C_1与C_2在交点处的两条切线正向之间的夹角.

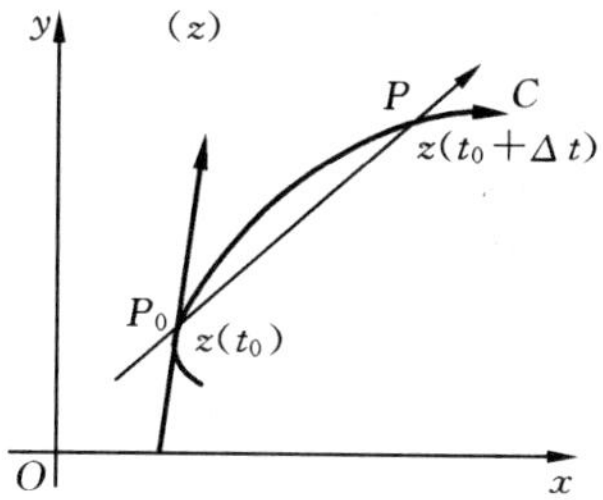

图 6.1

下面，我们将应用上述的论断和规定来讨论解析函数的导数的几何意义，并由此引出共形映射这一重要概念.

1. 解析函数的导数的几何意义　设函数$w=f(z)$在区域D内解析，z_0为D内的一点，且$f'(z_0)\neq 0$. 又设C为z平面内通过点z_0的一条有向光滑曲线(图6.2(a))，它的参数方程是：

$$z=z(t),\alpha\leqslant t\leqslant\beta,$$

它的正向相应于参数t增大的方向，且$z_0=z(t_0)$，$z'(t_0)\neq 0$，$\alpha<t_0<\beta$. 这样，映射$w=f(z)$就将曲线C映射成w平面内通过点z_0的对应点$w_0=f(z_0)$的一条有向光滑曲线Γ(图6.2(b))，它的参数方程是

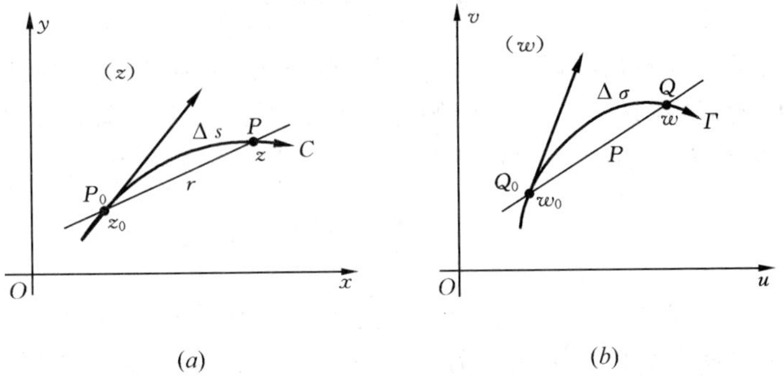

图 6.2

$$w=f[z(t)],\alpha\leqslant t\leqslant\beta,$$

正向相应于参数 t 增大的方向.

根据复合函数求导法,有

$$w'(t_0)=f'(z_0)z'(t_0)\neq 0,$$

因此,由前面的论断 1)得知,在 Γ 上点 w_0 处也有切线存在,且切线的正向与 u 轴正向之间的夹角是

$$\mathrm{Arg}w'(t_0)=\mathrm{Arg}f'(z_0)+\mathrm{Arg}z'(t_0).$$

这个式子也可以写成

$$\mathrm{Arg}w'(t_0)-\mathrm{Arg}z'(t_0)=\mathrm{Arg}f'(z_0). \qquad (6.1.1)$$

如果我们假定图 6.2 中的 x 轴与 u 轴、y 轴与 v 轴的正向相同,而且将原来的切线的正向与映射过后的切线的正向之间的夹角理解为曲线 C 经过 $w=f(z)$ 映射后在 z_0 处的转动角,那么(6.1.1)式表明:

1) 导数 $f'(z_0)\neq 0$ 的辐角 $\mathrm{Arg}f'(z_0)$ 是曲线 C 经过 $w=f(z)$ 映射后在 z_0 处的转动角;

2) 转动角的大小与方向跟曲线 C 的形状与方向无关.所以这种映射具有转动角的不变性.

现在假设曲线 C_1 与 C_2 相交于点 z_0,它们的参数方程分别是

$z=z_1(t)$与 $z=z_2(t)$，$\alpha\leqslant t\leqslant\beta$；并且 $z_0=z_1(t_0)=z_2(t'_0)$，$z_1'(t_0)\neq 0$，$z_2'(t'_0)\neq 0$，$\alpha<t_0<\beta$，$\alpha<t'_0<\beta$. 又设映射 $w=f(z)$将 C_1 与 C_2 分别映射为相交于点 $w_0=f(z_0)$的曲线 Γ_1 及 Γ_2，它们的参数方程分别是 $w=w_1(t)$与 $w=w_2(t)$，$\alpha\leqslant t\leqslant\beta$. 由(6.1.1)式，有

$$\operatorname{Arg}w_1'(t_0)-\operatorname{Arg}z_1'(t_0)=\operatorname{Arg}w_2'(t'_0)-\operatorname{Arg}z_2'(t'_0),$$

即

$$\operatorname{Arg}w_2'(t'_0)-\operatorname{Arg}w_1'(t_0)=\operatorname{Arg}z_2'(t'_0)-\operatorname{Arg}z_1'(t_0). \tag{6.1.2}$$

上式两端分别是 Γ_1 与 Γ_2 以及 C_1 与 C_2 之间的夹角，因此，(6.1.2)表明：

相交于点 z_0 的任何两条曲线 C_1 与 C_2 之间的夹角，在其大小和方向上都等同于经过 $w=f(z)$映射后跟 C_1 与 C_2 对应的曲线 Γ_1 与 Γ_2 之间的夹角(图 6.3). 所以这种映射具有保持两曲线间夹角的大小与方向不变的性质. 这种性质称为保角性.

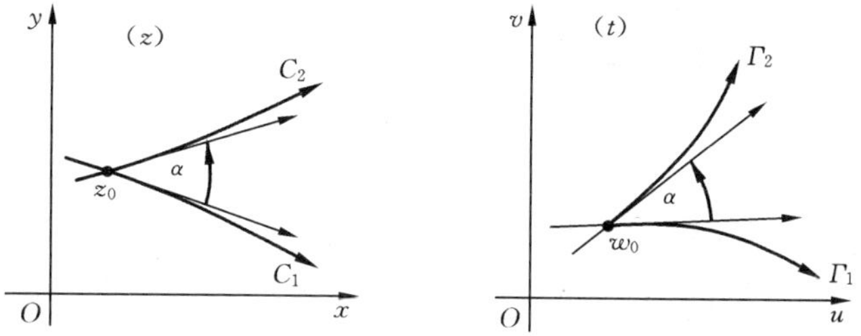

图 6.3

我们再来解释函数 $f(z)$在 z_0 的导数的模 $|f'(z_0)|$的几何意义. 设 $z-z_0=re^{i\theta}$，$w-w_0=\rho e^{i\varphi}$，且用 Δs 表示 C 上的点 z_0 与 z 之间的一段弧长，$\Delta\sigma$ 表示 Γ 上的对应点 w_0 与 w 之间的弧长(图 6.2). 由

$$\frac{w-w_0}{z-z_0}=\frac{f(z)-f(z_0)}{z-z_0}=\frac{\rho e^{i\varphi}}{re^{i\theta}}=\frac{\Delta\sigma}{\Delta s}\cdot\frac{\rho}{\Delta\sigma}\cdot\frac{\Delta s}{r}e^{i(\varphi-\theta)}$$

得
$$|f'(z_0)|=\lim_{z\to z_0}\frac{\Delta\sigma}{\Delta s} \tag{6.1.3}$$
(注意：$\lim\limits_{z\to z_0}\frac{\rho}{\Delta\sigma}=1,\lim\limits_{z\to z_0}\frac{\Delta s}{r}=1$). 这个极限值称为曲线 C 在 z_0 的伸缩率. 因此(6.1.3)表明：

$|f'(z_0)|$是经过映射 $w=f(z)$后通过点 z_0 的任何曲线 C 在 z_0 的伸缩率，它与曲线 C 的形状及方向无关. 所以这种映射又具有伸缩率的不变性.

综上所述，我们有下面的定理：

定理一 设函数 $w=f(z)$在区域 D 内解析，z_0 为 D 内的一点，且 $f'(z_0)\neq 0$，那么映射 $w=f(z)$在 z_0 具有两个性质：

1) 保角性. 即通过 z_0 的两条曲线间的夹角跟经过映射后所得两曲线间的夹角在大小和方向上保持不变.

2) 伸缩率的不变性. 即通过 z_0 的任何一条曲线的伸缩率均为$|f'(z_0)|$而与其形状和方向无关.

2. 共形映射的概念

定义 设函数 $w=f(z)$在 z_0 的邻域内是一一的，在 z_0 具有保角性和伸缩率的不变性，那么称映射 $w=f(z)$在 z_0 是共形的，或称 $w=f(z)$在 z_0 是共形映射. 如果映射 $w=f(z)$在 D 内的每一点都是共形的，那么称 $w=f(z)$是区域 D 内的共形映射.

根据以上所论以及定理一和定义，我们有

定理二 如果函数 $w=f(z)$在 z_0 解析，且 $f'(z_0)\neq 0$，那么映射 $w=f(z)$在 z_0 是共形的，而且 $\mathrm{Arg}f'(z_0)$表示这个映射在 z_0 的转动角，$|f'(z_0)|$表示伸缩率.

如果解析函数 $w=f(z)$在 D 内处处有 $f'(z)\neq 0$，那么映射 $w=f(z)$是 D 内的共形映射.

下面我们来阐释定理一的几何意义. 设函数 $w=f(z)$在 D 内解析，$z_0\in D$，$w_0=f(z_0)$，$f'(z_0)\neq 0$. 在 D 内作一以 z_0 为其一个顶点的小三角形，在映射下，得到一个以 w_0 为其一个顶点的小曲边三角形. 定理一告诉我们，这两个小三角形的对应角相等，对应边长度之

比近似地等于$|f'(z_0)|$,所以这两个小三角形近似地相似.

又,因伸缩率$|f'(z_0)|$是比值$\dfrac{|f(z)-f(z_0)|}{|z-z_0|}=\dfrac{|w-w_0|}{|z-z_0|}$的极限,所以$|f'(z_0)|$可近似地用以表示$\dfrac{|w-w_0|}{|z-z_0|}$,由此可以看出映射$w=f(z)$也将很小的圆$|z-z_0|=\delta$近似地映射成圆$|w-w_0|=|f'(z_0)|\delta$.

上述的这些几何意义是我们把解析函数$w=f(z)$当$z\in D$,$f'(z)\neq 0$时所构成的映射称为共形映射的原由.

以上所定义的共形映射,不仅要求映射保持曲线间夹角的大小不变,而且方向也不变.如果映射$w=f(z)$具有伸缩率的不变性,但仅保持夹角的绝对值不变而方向相反,那么称这映射为第二类共形映射.从而相对地称前述的共形映射为第一类共形映射.

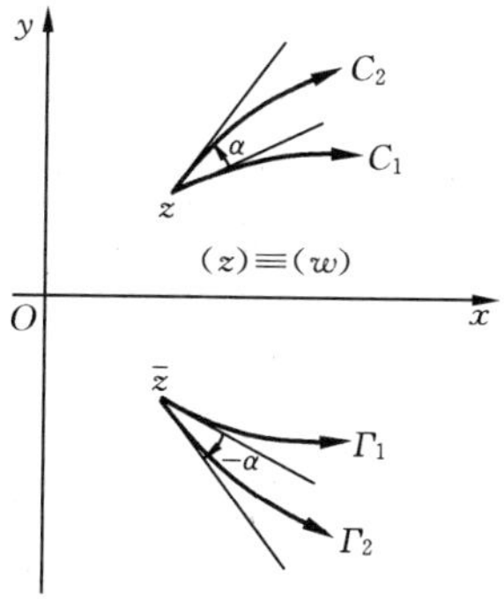

图 6.4

例如,在第一章§5中已经讲过,函数$w=\bar{z}$是关于实轴的对称映射(图 6.4).在图中我们把z平面与w平面重合在一起,映射把点z映射成关于实轴对称的点$w=\bar{z}$.从z出发夹角为α的两条曲线C_1与C_2被映射成夹角为$-\alpha$的两条曲线Γ_1与Γ_2.

§2 分式线性映射

分式线性映射是共形映射中比较简单的但又很重要的一类映射,它是由

$$w=\frac{az+b}{cz+d}\quad(ad-bc\neq 0)\tag{6.2.1}$$

来定义的,其中a,b,c,d均为常数.

为了保证映射的保角性，$ad-bc\neq 0$ 的限制是必要的. 否则由于

$$\frac{dw}{dz}=\frac{ad-bc}{(cz+d)^2},$$

将有$\frac{dw}{dz}=0$，这时 $w\equiv$常数，它将整个 z 平面映射成 w 平面上的一点.

分式线性映射又称双线性映射，它是德国数学家默比乌斯(Möbius 1790～1868)首先研究的，所以也称默比乌斯映射.

用 $cz+d$ 乘(6.2.1)的两边，得

$$cwz+dw-az-b=0.$$

对每一个固定的 w，上式关于 z 是线性的，而对每一个固定的 z，它关于 w 也是线性的. 因此，我们称上式是双线性的. 这是之所以我们也称分式线性映射(6.2.1)为双线性映射的原因.

由(6.2.1)可得 z 的 w 表达式，即逆映射：

$$z=\frac{-dw+b}{cw-a},(-a)(-d)-bc\neq 0.$$

所以分式线性映射的逆映射也是一个分式线性映射.

容易知道，两个分式线性映射的复合，仍是一个分式线性映射. 例如

$$w=\frac{\alpha\zeta+\beta}{\gamma\zeta+\delta}\quad(\alpha\delta-\beta\gamma\neq 0),\zeta=\frac{\alpha' z+\beta'}{\gamma' z+\delta'}\quad(\alpha'\delta'-\beta'\gamma'\neq 0),$$

把后一式代入前一式，得

$$w=\frac{az+b}{cz+d}.$$

式中 $ad-bc=(\alpha\delta-\beta\gamma)(\alpha'\delta'-\beta'\gamma')\neq 0$.

我们也可以把一个一般形式的分式线性映射分解成一些简单映射的复合. 设

$$w=\frac{\alpha\zeta+\beta}{\gamma\zeta+\delta},$$

用除法可以把它化为

$$w=\left(\beta-\frac{\alpha\delta}{\gamma}\right)\frac{1}{\gamma\zeta+\delta}+\frac{\alpha}{\gamma}.$$

令 $\zeta_1=\gamma\zeta+\delta,\zeta_2=\frac{1}{\zeta_1}$,那么

$$w=A\zeta_2+B,(A,B\text{ 为常数})$$

由此可见,一个一般形式的分式线性映射是由下列三种特殊映射复合而成:

i) $w=z+b$, ii) $w=az$; iii) $w=\frac{1}{z}$.

现在来讨论这三种映射,为了方便,我们暂且将 w 平面看成是与 z 平面重合的.

i) $w=z+b$. 这是一个平移映射. 因为复数相加可以化为向量相加,所以在映射 $w=z+b$ 之下,z 沿向量 b(即复数 b 所表示的向量)的方向平行移动一段距离 $|b|$ 后,就得到 w(图 6.5).

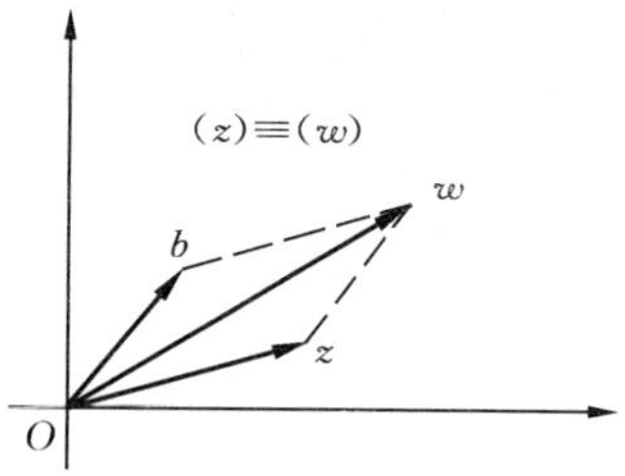

图 6.5

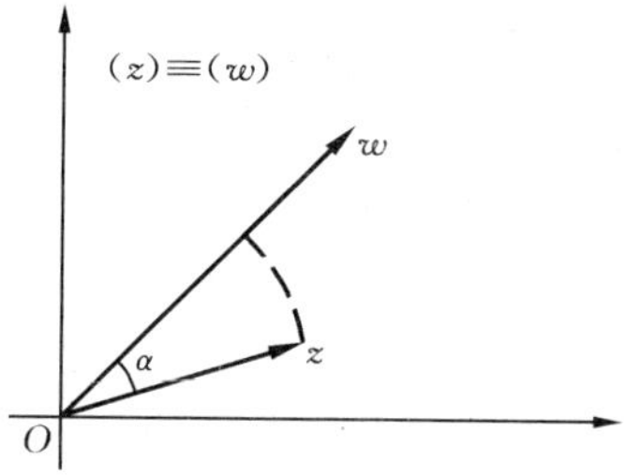

图 6.6

ii) $w=az,a\neq 0$. 这是一个旋转与伸长(或缩短)映射. 事实上,设 $z=re^{i\theta},a=\lambda e^{i\alpha}$,那么 $w=r\lambda e^{i(\theta+\alpha)}$. 因此,把 z 先转一个角度 α,再将 $|z|$ 伸长(或缩短)到 $|a|=\lambda$ 倍后,就得到 w(图 6.6).

iii) $w=\frac{1}{z}$. 这个映射可以分解为

$$w_1=\frac{1}{\bar{z}},w=\overline{w}_1.$$

为了要用几何方法从 z 作出 w，我们来研究所谓关于一已知圆周的一对对称点. 设 C 为以原点为中心，r 为半径的圆周. 在以圆心为起点的一条半直线上，如果有两点 P 与 P'满足关系式

$$OP \cdot OP' = r^2,$$

那么我们就称这两点为关于这圆周的对称点.

设 P 在 C 外，从 P 作圆周 C 的切线 PT，由 T 作 OP 的垂直线 TP'，与 OP 交于 P'，那么 P 与 P' 即互为对称点(图 6.7).

事实上，$\triangle OP'T \backsim \triangle OTP$. 因此，$OP' : OT = OT : OP$. 即 $OP \cdot OP' = OT^2 = r^2$.

我们规定，无穷远点的对称点是圆心 O.

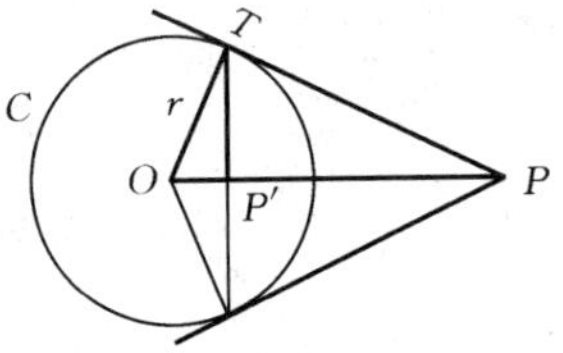

图 6.7

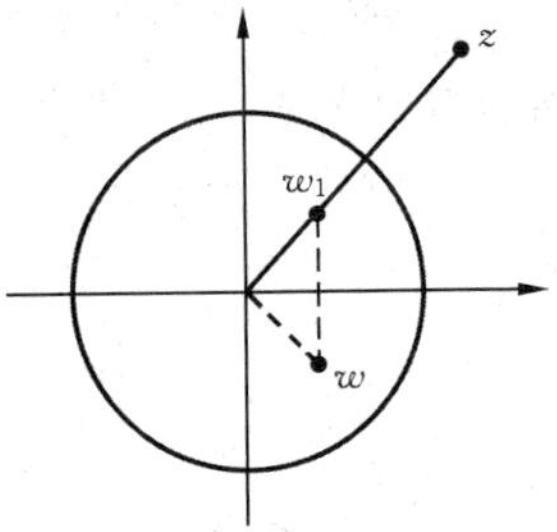

图 6.8

如果设 $z = re^{i\theta}$，那么 $w_1 = \dfrac{1}{\bar{z}} = \dfrac{1}{r}e^{i\theta}$，$w = \overline{w}_1 = \dfrac{1}{r}e^{-i\theta}$，从而 $|w_1||z| = 1$. 由此可知，z 与 w_1 是关于单位圆周 $|z| = 1$ 的对称点，w_1 与 w 是关于实轴的对称点. 因此，要从 z 作出 $w = \dfrac{1}{z}$，应先作出点 z 关于圆周 $|z| = 1$ 对称的点 w_1，然后再作出点 w_1 关于实轴对称的点，即得 w(图 6.8).

分式线性映射的性质　以上我们讨论了如何从 z 作出映射 i)，ii)，iii)的对应点 w. 下面先就这三种映射讨论它们的性质，从而得出一般分式线性映射的性质.

1. 保角性

首先讨论映射 iii) $w=\frac{1}{z}$，根据第一章§2第2段规定的关于∞的四则运算知，这个映射将 $z=\infty$ 映射成 $w=0$，也就是说，当 $z=\infty$ 时，$w=0$. 如果把 $w=\frac{1}{z}$ 改写成 $z=\frac{1}{w}$，可知当 $w=\infty$ 时，$z=0$. 由此可见，在扩充复平面上映射 iii) 是一一对应的. 由于当 $|z|<1$ 时，$|w|>1$；$|z|>1$ 时，$|w|<1$；$|z|=1$ 时，$|w|=1$；$\arg z=\theta$ 时，$\arg w=-\theta$，因此，映射 $w=\frac{1}{z}$ 通常称为反演变换. 又因为

$$w'=\left(\frac{1}{z}\right)'=-\frac{1}{z^2},$$

当 $z\neq 0$，$z\neq\infty$ 时，$w'\neq 0$，所以除去 $z=0$ 与 $z=\infty$，映射 $w=\frac{1}{z}$ 是共形的. 至于在 $z=0$ 与 $z=\infty$ 处是否共形的问题，就关系到我们如何理解两条曲线在无穷远点∞处夹角的涵义问题. 如果我们规定：两条伸向无穷远的曲线在无穷远点∞处的夹角，等于它们在映射 $\zeta=\frac{1}{z}$ 下所映成的通过原点 $\zeta=0$ 的两条象曲线的夹角，那么映射 $w=\frac{1}{z}=\zeta$ 在 $\zeta=0$ 处解析，且 $w'(\zeta)|_{\zeta=0}=1\neq 0$，所以映射 $w=\zeta$ 在 $\zeta=0$ 处，即映射 $w=\frac{1}{z}$ 在 $z=\infty$ 处是共形的. 再由 $z=\frac{1}{w}$ 知在 $w=\infty$ 处映射 $z=\frac{1}{w}$ 是共形的，也就是说在 $z=0$ 处映射 $w=\frac{1}{z}$ 是共形的. 所以映射 $w=\frac{1}{z}$ 在扩充复平面上是处处共形的，为一共形映射.

其次，我们对 i) 与 ii) 的复合映射 $w=az+b\,(a\neq 0)$ 进行讨论. 显然，这个映射在扩充复平面上是一一对应的. 又因为 $w'=(az+b)'=a\neq 0$，所以当 $z\neq\infty$ 时，映射是共形的. 为了证明在 $z=\infty$ 处它也是共形的，我们令

$$\zeta=\frac{1}{z},\ \eta=\frac{1}{w}.$$

这时映射 $w=az+b$ 成为

$$\eta=\frac{\zeta}{a+b\zeta}.$$

它在 $\zeta=0$ 处解析，且有 $\eta'(\zeta)|_{\zeta=0}=\frac{a}{(a+b\zeta)^2}|_{\zeta=0}=\frac{1}{a}\neq 0$，因而在 $\zeta=0$ 处是共形的，即 $w=az+b$ 在 $z=\infty$ 处是共形的. 所以，映射 $w=az+b\ (a\neq 0)$ 在扩充复平面上是处处共形的，为一共形映射.

由于分式线性映射是由上述三种映射复合而成的，因此，我们有下面的定理.

定理一 分式线性映射在扩充复平面上是一一对应的，且具有保角性.

2. 保圆性

我们还要指出，映射 $w=az+b$ 与 $w=\frac{1}{z}$ 都具有将圆周映射成圆周的性质.

据上所论，映射 $w=az+b(a\neq 0)$ 是将 z 平面内的一点经过平移、旋转和伸缩而得到象点 w 的. 因此，z 平面内的一个圆周或一条直线经过映射 $w=az+b$ 所得的象曲线显然仍是一个圆周或一条直线. 如果我们把直线看成是半径为无穷大的圆周，那么这个映射在扩充复平面上把圆周映射成圆周. 这个性质称为保圆性.

下面来阐明映射 $w=\frac{1}{z}$ 也具有保圆性. 为此，令

$$z=x+iy,w=\frac{1}{z}=u+iv.$$

将 $z=x+iy$ 代入 $w=\frac{1}{z}$，得

$$u=\frac{x}{x^2+y^2},\ v=\frac{-y}{x^2+y^2},$$

或

$$x=\frac{u}{u^2+v^2},\ y=\frac{-v}{u^2+v^2},$$

因此，映射 $w=\frac{1}{z}$ 将方程

$$a(x^2+y^2)+bx+cy+d=0$$

变为方程

$$d(u^2+v^2)+bu-cv+a=0.$$

当然，在这种情况下，可能是将圆周映射成圆周（当 $a\neq0,d\neq0$）；圆周映射成直线（当 $a\neq0,d=0$）；直线映射成圆周（当 $a=0,d\neq0$）以及直线映射成直线（当 $a=0,d=0$）. 这就是说，映射 $w=\frac{1}{z}$ 把圆周映射成圆周. 或者说：映射 $w=\frac{1}{z}$ 具有保圆性. 所以我们有

定理二 分式线性映射将扩充 z 平面上的圆周映射成扩充 w 平面上的圆周，即具有保圆性.

根据保圆性，容易推知：在分式线性映射下，如果给定的圆周或直线上没有点映射成无穷远点，那么它就映射成半径为有限的圆周；如果有一个点映射成无穷远点，那么它就映射成直线.

3. 保对称性

分式线性映射，除了保角性与保圆性之外，还有所谓保持对称点不变的性质，简称保对称性.

为了证明这个结论，我们先来阐明对称点的一个重要特性，即 z_1,z_2 是关于圆周 $C:|z-z_0|=R$ 的一对对称点的充要条件是经过 z_1,z_2 的任何圆周 Γ 与 C 正交（图 6.9）.

从 z_0 作 Γ 的切线，设切点为 z'. 由平面几何学知，这条切线长度的平方 $|z'-z_0|^2$ 等于 Γ 的割线长度 $|z_2-z_0|$ 和它在 Γ 外部分长度 $|z_1-z_0|$ 的乘积；而这一乘积根据 z_1,z_2 是关于圆周 C 的对称点的定义，又等于 R^2，所以 $|z'-z_0|=R$. 这表明 z' 在 C 上，而 Γ 的切线就是 C 的半径，因此 Γ 与 C 正交.

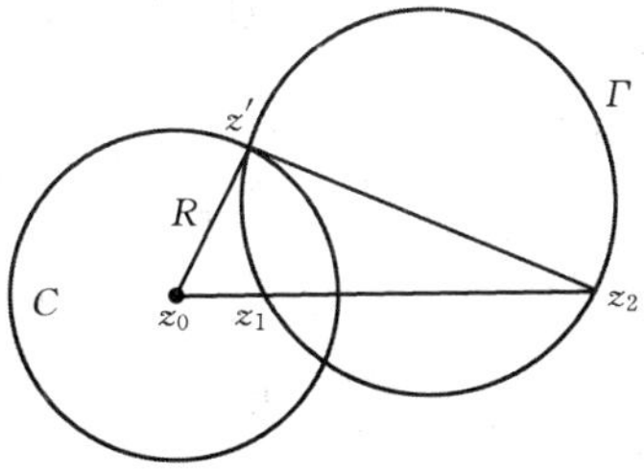

图 6.9

反过来，设 Γ 是经过 z_1,z_2 且与 C 正交的任一圆周，那么连接 z_1 与 z_2 的直线作为 Γ 的特殊情形（半径为无穷大）必与 C 正交，

因而必过 z_0. 又因 Γ 与 C 于交点 z' 处正交，因此 C 的半径 z_0z' 就是 Γ 的切线. 所以有

$$|z_1-z_0||z_2-z_0|=R^2,$$

即 z_1 与 z_2 是关于圆周 C 的一对对称点①.

定理三 设点 z_1, z_2 是关于圆周 C 的一对对称点，那么在分式线性映射下，它们的象点 w_1 与 w_2 也是关于 C 的象曲线 Γ 的一对对称点.

［证］ 设经过 w_1 与 w_2 的任一圆周 Γ' 是经过 z_1 与 z_2 的圆周 Γ 由分式线性映射映射过来的. 由于 Γ 与 C 正交，而分式线性映射具有保角性，所以 Γ' 与 C'（C 的象）也必正交，因此，w_1 与 w_2 是一对关于 C' 的对称点.

［证毕］

§3 唯一决定分式线性映射的条件

(6.2.1)式中含有四个常数 a, b, c, d. 但是，我们如果用这四个数中的一个去除分子和分母，就可将分式中的四个常数化为三个常数. 所以，(6.2.1)式中实际上只有三个独立的常数. 因此，只需给定三个条件，就能决定一个分式线性映射. 我们有

定理 在 z 平面上任意给定三个相异的点 z_1, z_2, z_3，在 w 平面上也任意给定三个相异的点 w_1, w_2, w_3，那么就存在唯一的分式线性映射，将 $z_k(k=1,2,3)$ 依次映射成 $w_k(k=1,2,3)$.

［证］ 设 $w=\dfrac{az+b}{cz+d}$ $(ad-bc\neq 0)$，将 $z_k(k=1,2,3)$ 依次映射成 $w_k(k=1,2,3)$，即

$$w_k=\frac{az_k+b}{cz_k+d}.\quad (k=1,2,3)$$

因而有

---

① 当圆周 C 退化为直线时的证明，由读者自己完成.

$$w-w_k=\frac{(z-z_k)(ad-bc)}{(cz+d)(cz_k+d)},(k=1,2)$$

及

$$w_3-w_k=\frac{(z_3-z_k)(ad-bc)}{(cz_3+d)(cz_k+d)}.\ (k=1,2)$$

由此得

$$\frac{w-w_1}{w-w_2}\cdot\frac{w_3-w_2}{w_3-w_1}=\frac{z-z_1}{z-z_2}\cdot\frac{z_3-z_2}{z_3-z_1}. \qquad (6.3.1)$$

这就是所求的分式线性映射. 这个分式线性映射是三对对应点所确定的唯一的一个映射. 如果说有另外一个分式线性映射 $w=\frac{\alpha z+\beta}{\gamma z+\delta}$ 也把 z 平面上的三个相异点 z_1,z_2,z_3 依次映射成 w 平面上的三个相异点 w_1,w_2,w_3,那么我们重复上面的步骤,在消去常数 $\alpha,\beta,\gamma,\delta$ 后,最后得到仍然是(6.3.1)式. 所以(6.3.1)是由三对相异的对应点唯一确定的分式线性映射.

[证毕]

从(6.3.1)式可以清楚地看出,$w=w_1,w_2,w_3$ 分别与 $z=z_1,z_2,z_3$ 对应,且在这一次序下,等式的两边依次同时变为 $0,\infty,1$. 这就很容易帮助我们记忆.

上述定理,说明了把三个不同的点映射成另外三个不同的点的分式线性映射是唯一存在的. 所以,在两个已知圆周 C 与 C' 上,分别取定三个不同点以后,必能找到一个分式线性映射将 C 映射成 C'. 但是这个映射会把 C 的内部映射成什么呢? 现在我们就来讨论这个问题.

首先指出,在这个分式线性映射下,C 的内部不是映射成 C' 的内部,便是映射成 C' 的外部. 这就是说,不可能将 C 内部的一部分映射成 C' 内部的一部分,而 C 内部的另一部分映射成 C' 外部的一部分. 其理由如下.

设 z_1,z_2 为 C 内的任意两点. 用直线段把这两点连接起来. 如果线段 z_1z_2 的象为圆弧 $\overset{\frown}{w_1w_2}$(或直线段),且 w_1 在 C' 之外,w_2 在 C' 之内,那么弧 $\overset{\frown}{w_1w_2}$ 必与 C' 交于一点 Q(图 6.10). Q 点在 C' 上,

所以必须是 C 上某一点的象. 但从假设，Q 又是 z_1z_2 上某一点的象，因而就有两个不同的点（一个在圆周 C 上，另一个在线段 z_1z_2 上）被映射为同一点. 这就与分式线性映射的一一对应性相矛盾. 故上述的论断是正确的.

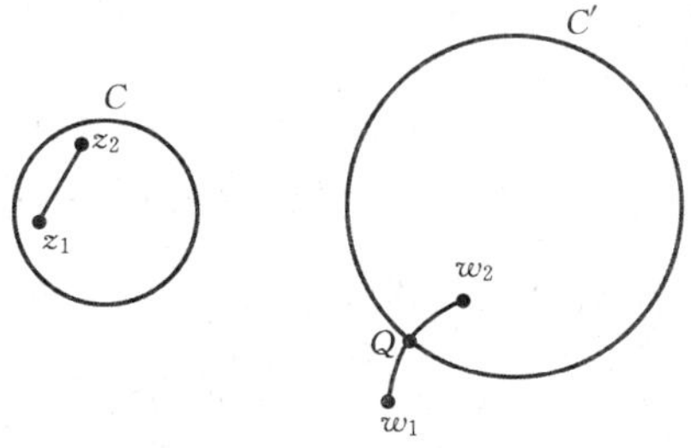

图 6.10

根据上述的论断可知，在分式线性映射下，如果在 C 内任取一点 z_0，而点 z_0 的象在 C' 的内部，那么 C 的内部就映射成 C' 的内部；如果 z_0 的象在 C' 的外部，那么 C 的内部就映射成 C' 的外部.

我们也可以用下面的方法来处理. 在 C 上取定三点 z_1, z_2, z_3，它们在 C' 上的象分别为 w_1, w_2, w_3. 如果 C 依 $z_1 \to z_2 \to z_3$ 的绕向与 C' 依 $w_1 \to w_2 \to w_3$ 的绕向相同时，那么 C 的内部就映射成 C' 的内部；相反时，C 的内部就映射成 C' 的外部（图 6.11）.

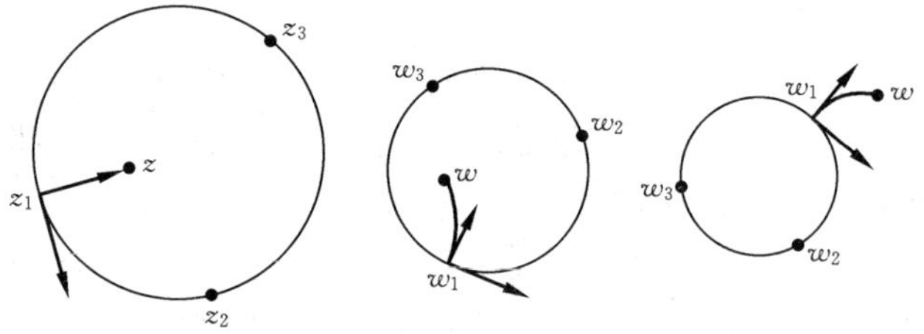

图 6.11

事实上，在过 z_1 的半径上取一点 z，线段 z_1z 的象必为正交于 C' 的圆弧 $\overset{\frown}{w_1w}$. 根据保角映射的性质，当绕向相同时，w 必在 C' 内；相反时，必在 C' 外. 这就说明了上述结论是正确的.

我们还要指出，在 C 为圆周、C' 为直线的情况下，上述分式线性映射将 C 的内部映射成 C' 的某一侧的半平面. 究竟是哪一侧，由绕向确定. 其他情况，结论类似.

由前一节与这一节的讨论，可以推知在分式线性映射下：

（Ⅰ）当二圆周上没有点映射成无穷远点时，这二圆周的弧所围成的区域映射成二圆弧所围成的区域；

（Ⅱ）当二圆周上有一个点映射成无穷远点时，这二圆周的弧所围成的区域映射成一圆弧与一直线所围成的区域；

（Ⅲ）当二圆周交点中的一个映射成无穷远点时，这二圆周的弧所围成的区域映射成角形区域.

由于分式线性映射具有保圆性与保对称性，因此，在处理边界由圆周、圆弧、直线、直线段所组成的区域的共形映射问题时，分式线性映射起着十分重要的作用. 下面举几个例子.

例 1 中心分别在 $z=1$ 与 $z=-1$，半径为 $\sqrt{2}$ 的二圆弧所围成的区域（图 6.12），在映射 $w=\dfrac{z-i}{z+i}$ 下映射成什么区域？

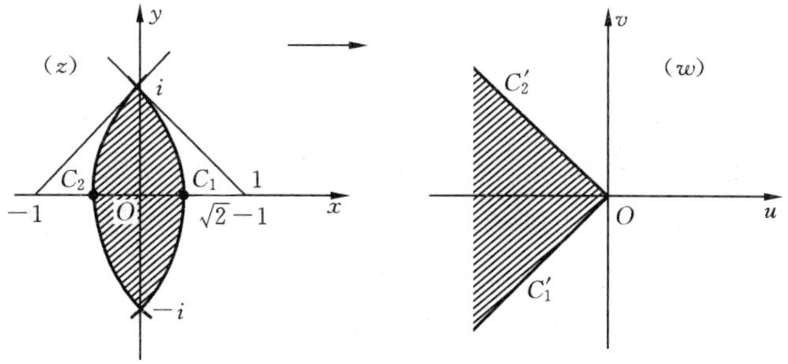

图 6.12

[**解**] 所设的两个圆弧的交点为 $-i$ 与 i，且互相正交. 交点 $-i$ 映射成无穷远点，i 映射成原点. 因此所给的区域经映射后映射成以原点为顶点的角形区域，张角等于 $\frac{\pi}{2}$.

为了要确定角形域的位置，只要定出它的边上异于顶点的任何一点就可以了. 取所给圆弧 C_1 与正实轴的交点 $z=\sqrt{2}-1$，它的对应点是

$$w=\frac{\sqrt{2}-1-i}{\sqrt{2}-1+i}=\frac{(\sqrt{2}-1-i)^2}{(\sqrt{2}-1)^2+1}=\frac{(1-\sqrt{2})+i(1-\sqrt{2})}{2-\sqrt{2}}.$$

这一点在第三象限的分角线 C_1' 上. 由保角性知 C_2 映射为第二象限的分角线 C_2'，从而映射成的角形域如图 6.12 所示.

例 2 求将上半平面 $\mathrm{Im}(z)>0$ 映射成单位圆 $|w|<1$ 的分式线性映射(图 6.13).

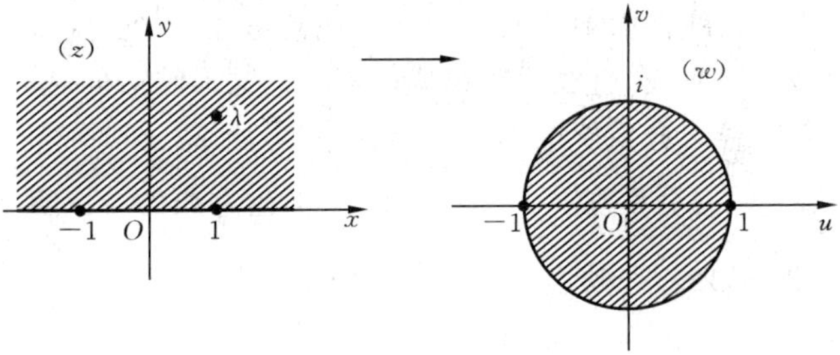

图 6.13

[**解法一**] 如果我们把上半平面看成是半径为无穷大的圆域，那么实轴就相当于圆域的边界圆周. 因为分式线性映射具有保圆性，因此它必能将上半平面 $\mathrm{Im}(z)>0$. 映射成单位圆 $|w|<1$. 由于上半平面总有一点 $z=\lambda$ 要映成单位圆周 $|w|=1$ 的圆心 $w=0$、实轴要映射成单位圆，而 $z=\lambda$ 与 $z=\bar{\lambda}$ 是关于实轴的一对对称点，$z=0$ 与 $z=\infty$ 是与之对应的关于圆周 $|w|=1$ 的一对对称点，

所以根据分式线性映射具有保对称点不变的性质知，$z=\bar{\lambda}$必映成 $w=\infty$. 从而所求的分式线性映射具有下列形式：

$$w=k\left(\frac{z-\lambda}{z-\bar{\lambda}}\right).$$

其中 k 为常数.

因为$|w|=|k|\left|\frac{z-\lambda}{z-\bar{\lambda}}\right|$，而实轴上的点 z 对应着$|w|=1$ 上的点，这时$\left|\frac{z-\lambda}{z-\bar{\lambda}}\right|=1$，所以$|k|=1$，即 $k=e^{i\theta}$，这里 θ 是任意实数. 因此所求的分式线性映射的一般形式为

$$w=e^{i\theta}\left(\frac{z-\lambda}{z-\bar{\lambda}}\right),(\mathrm{Im}(\lambda)>0) \qquad (6.3.2)$$

反之，形如(6.3.2)的分式线性映射必将上半平面 $\mathrm{Im}(z)>0$ 映射成单位圆$|w|<1$. 这是因为当 z 取实数时，有

$$|w|=\left|e^{i\theta}\left(\frac{z-\lambda}{z-\bar{\lambda}}\right)\right|=|e^{i\theta}|\left|\frac{z-\lambda}{z-\bar{\lambda}}\right|=1,$$

即把实轴映射成$|w|=1$. 又因上半平面中的 $z=\lambda$ 映射成 $w=0$，所以(6.3.2)必将 $\mathrm{Im}(z)>0$ 映射成$|w|<1$.

据上所论，把上半平面映射成单位圆的映射必是具有(6.3.2)形式的分式线性映射.

当然，我们也可以在 x 轴上与在单位圆周$|w|=1$ 上取三对不同的对应点来求：

[解法二] 我们在 x 轴上任意取定三点：$z_1=-1,z_2=0,z_3=1$使它们依次对应于$|w|=1$ 上的三点：$w_1=1,w_2=i,w_3=-1$，那么因为 $z_1\to z_2\to z_3$ 跟 $w_1\to w_2\to w_3$ 的绕向相同，由(6.3.1)式得所求的分式线性映射为

$$\frac{w-1}{w-i}\cdot\frac{-1-i}{-1-1}=\frac{z+1}{z-0}\cdot\frac{1-0}{1+1}.$$

化简后，即得

$$w=\frac{z-i}{iz-1}. \qquad (6.3.3)$$

注意： 如果我们选取其他三对不同点，势必也能得出满足要求的、但不同于(6.3.3)的分式线性映射．由此可见，把上半平面映射成单位圆的分式线性映射不是唯一的，而是有无穷多．这从(6.3.2)中的 θ 可以任意取实数值即可明白．(6.3.3)就是取 $\lambda=i$，$\theta=-\dfrac{\pi}{2}$ 而得到的．如果以 $\lambda=i,\theta=0$ 代入(6.3.3)，那么

$$w=\frac{z-i}{z+i},\tag{6.3.4}$$

这也是一个把上半平面 $\mathrm{Im}(z)>0$ 映射成单位圆 $|w|<1$，且将点 $z=i$ 映射成圆心 $w=0$ 的分式线性映射．

例 3 求将上半平面 $\mathrm{Im}(z)>0$ 映射成单位圆 $|w|<1$ 且满足条件 $w(2i)=0,\arg w'(2i)=0$ 的分式线性映射．

[解] 由条件 $w(2i)=0$ 知，所求的映射要将上半平面中的点 $z=2i$ 映射成单位圆周的圆心 $w=0$．所以由(6.3.2)得

$$w=e^{i\theta}\left(\frac{z-2i}{z+2i}\right).$$

因为

$$w'(z)=e^{i\theta}\frac{4i}{(z+2i)^2},$$

故有

$$w'(2i)=e^{i\theta}\left(-\frac{i}{4}\right).$$

$$\arg w'(2i)=\arg e^{i\theta}+\arg\left(-\frac{i}{4}\right)=\theta+\left(-\frac{\pi}{2}\right)=0,\theta=\frac{\pi}{2}.$$

从而得所求的映射为

$$w=i\left(\frac{z-2i}{z+2i}\right).$$

例 4 求将单位圆 $|z|<1$ 映射成单位圆 $|w|<1$ 的分式线性映射(图 6.14)．

[解] 设 z 平面上单位圆 $|z|<1$ 内部的一点 α 映射成 w 平面上的单位圆 $|w|<1$ 的中心 $w=0$．这时与点 α 对称于单位圆周

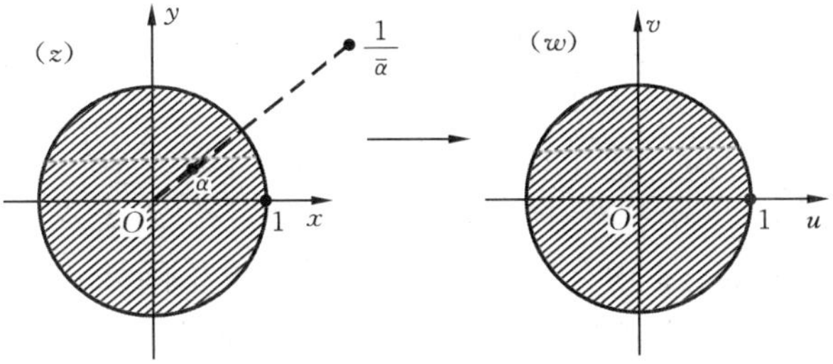

图 6.14

$|z|=1$的点$\frac{1}{\bar{\alpha}}$应该被映射成 w 平面上的无穷远点(即与 $w=0$ 对称的点).因此,当 $z=\alpha$ 时,$w=0$,而当 $z=\frac{1}{\bar{\alpha}}$时,$w=\infty$.满足这些条件的分式线性映射具有如下的形式

$$w=k\left(\frac{z-\alpha}{z-\frac{1}{\bar{\alpha}}}\right)=k\bar{\alpha}\left(\frac{z-\alpha}{\bar{\alpha}z-1}\right)=k'\left(\frac{z-\alpha}{1-\bar{\alpha}z}\right),$$

其中 $k'=-k\bar{\alpha}$.

由于 z 平面上单位圆周上的点要映成 w 平面上单位圆周上的点,所以当$|z|=1$,$|w|=1$.将圆周$|z|=1$ 上的点 $z=1$ 代入上式,得

$$|k'|\left|\frac{1-\alpha}{1-\bar{\alpha}}\right|=|w|=1.$$

又因

$$|1-\alpha|=|1-\bar{\alpha}|,$$

所以

$$|k'|=1,\text{即}\quad k'=e^{i\varphi}.$$

这里 φ 是任意实数.由此可知,所求将单位圆$|z|<1$ 映射成单位圆$|w|<1$ 的分式线性映射的一般表示式是

$$w=e^{i\varphi}\left(\frac{z-\alpha}{1-\bar{\alpha}z}\right).\qquad(|\alpha|<1)\qquad(6.3.5)$$

反之,形如(6.3.5)的分式线性映射必将单位圆$|z|<1$映射成单位圆$|w|<1$.这是因为圆周$|z|=1$上的点$z=e^{i\theta}$(θ为实数)映射成圆周$|w|=1$上的点:

$$|w|=\left|e^{i\varphi}\left(\frac{e^{i\theta}-\alpha}{1-\bar{\alpha}e^{i\theta}}\right)\right|=|e^{i\varphi}|\ \left|\frac{1}{e^{i\theta}}\right|\ \left|\frac{e^{i\theta}-\alpha}{e^{-i\theta}-\bar{\alpha}}\right|=1.$$

同时单位圆$|z|<1$内有一点$z=\alpha$映射成单位圆$|w|<1$的圆心$w=0$,所以(6.3.5)必将单位圆$|z|<1$映射成单位圆$|w|<1$.

例 5 求将单位圆映射成单位圆且满足条件$w\left(\frac{1}{2}\right)=0$,$w'\left(\frac{1}{2}\right)>0$的分式线性映射.

[**解**] 由条件$w(\frac{1}{2})=0$知,所求的映射要将$|z|<1$内的点$z=\frac{1}{2}$映射成$|w|<1$的中心.所以由(6.3.5)得

$$w=e^{i\varphi}\left(\frac{z-\frac{1}{2}}{1-\frac{1}{2}z}\right),$$

由此得

$$w'\left(\frac{1}{2}\right)=e^{i\varphi}\left.\frac{\left(1-\frac{1}{2}z\right)+\left(z-\frac{1}{2}\right)\frac{1}{2}}{\left(1-\frac{1}{2}z\right)^2}\right|_{z=\frac{1}{2}}=e^{i\varphi}\frac{4}{3},$$

故 $\arg w'\left(\frac{1}{2}\right)=\varphi$.由于$w'\left(\frac{1}{2}\right)>0$,因此$w'\left(\frac{1}{2}\right)$为正实数,从而$\arg w'\left(\frac{1}{2}\right)=0$,即$\varphi=0$.所以所求的映射为

$$w=\frac{z-\frac{1}{2}}{1-\frac{1}{2}z}=\frac{2z-1}{2-z}.$$

例 6 求将$\mathrm{Im}(z)>0$映射成$|w-2i|<2$且满足条件$w(2i)$

$=2i$，$\arg w'(2i)=-\dfrac{\pi}{2}$的分式线性映射.

［解］ 容易看出，映射 $\zeta=\dfrac{w-2i}{2}$将$|w-2i|<2$ 映射成$|\zeta|<1$. 这时 $\zeta(2i)=0$. 但将 $\mathrm{Im}(z)>0$ 映射成$|\zeta|<1$，且满足 $\zeta(2i)=0$ 的映射易知为

$$\zeta=e^{i\theta}\left(\frac{z-2i}{z+2i}\right),$$

故有(图 6.15)

$$\frac{w-2i}{2}=e^{i\theta}\left(\frac{z-2i}{z+2i}\right).$$

由此得

$$w'(2i)=2e^{i\theta}\frac{1}{4i},$$

$$\arg w'(2i)=\arg(2e^{i\theta})+\arg\left(\frac{1}{4i}\right)=\theta-\frac{\pi}{2}.$$

由于已知 $\arg w'(2i)=-\dfrac{\pi}{2}$，从而得 $\theta=0$. 于是得所求的映射为

$$\frac{w-2i}{2}=\frac{z-2i}{z+2i} \quad 或 \quad w=2(1+i)\frac{z-2}{z+2i}.$$

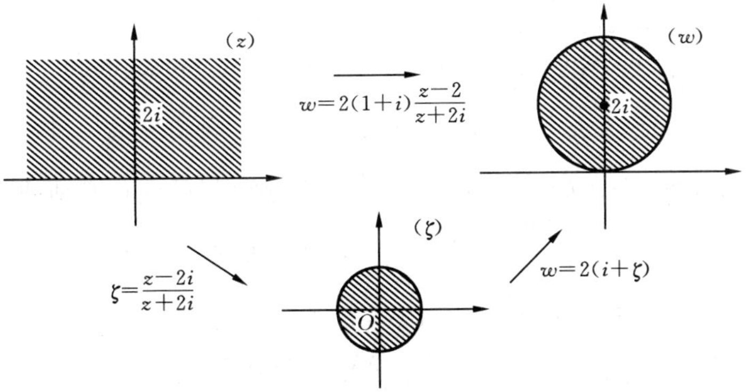

图 6.15

§4　几个初等函数所构成的映射

1. 幂函数　$w=z^n$（$n\geqslant 2$ 为自然数）　这个函数在 z 平面内是处处可导的，它的导数是

$$\frac{dw}{dz}=nz^{n-1},$$

因而当 $z\neq 0$ 时，

$$\frac{dw}{dz}\neq 0.$$

所以，在 z 平面内除去原点外，由 $w=z^n$ 所构成的映射是处处共形的.

为了讨论这映射在 $z=0$处的性质，我们令

$$z=re^{i\theta},\quad w=\rho e^{i\varphi}$$

那么

$$\rho=r^n,\quad \varphi=n\theta \tag{6.4.1}$$

由此可见，在 $w=z^n$ 映射下，z 平面上的圆周 $|z|=r$ 映射成 w 平面上的圆周 $|w|=r^n$，特别是单位圆周 $|z|=1$ 映射成单位圆周 $|w|=1$；射线 $\theta=\theta_0$ 映射成射线 $\varphi=n\theta_0$；正实轴 $\theta=0$ 映射成正实轴 $\varphi=0$；角形域 $0<\theta<\theta_0\left(<\frac{2\pi}{n}\right)$映射成角形域 $0<\varphi<n\theta_0$（图 6.16(a)）. 从这里可以看出，在 $z=0$ 处角形域的张角经过这一映射后变成了原来的 n 倍. 因此，当 $n\geqslant 2$ 时，映射 $w=z^n$ 在 $z=0$ 处没有保角性.

明显地，角形域 $0<\theta<\frac{2\pi}{n}$映射成沿正实轴剪开的 w 平面 $0<\varphi<2\pi$（图 6.16(b)），它的一边 $\theta=0$ 映射成 w 平面正实轴的上岸 $\varphi=0$；另外一边 $\theta=\frac{2\pi}{n}$映射成 w 平面正实轴的下岸 $\varphi=2\pi$. 在这样两个域上的点在所给的映射（$w=z^n$ 或 $z=\sqrt[n]{w}$）下是一一对应的.

由幂函数 $w=z^n$ 所构成的映射的特点是：把以原点为顶点的角形域映射成以原点为顶点的角形域，但张角变成了原来的 n 倍. 因此，如果要把角形域映射成角形域，我们经常利用幂函数.

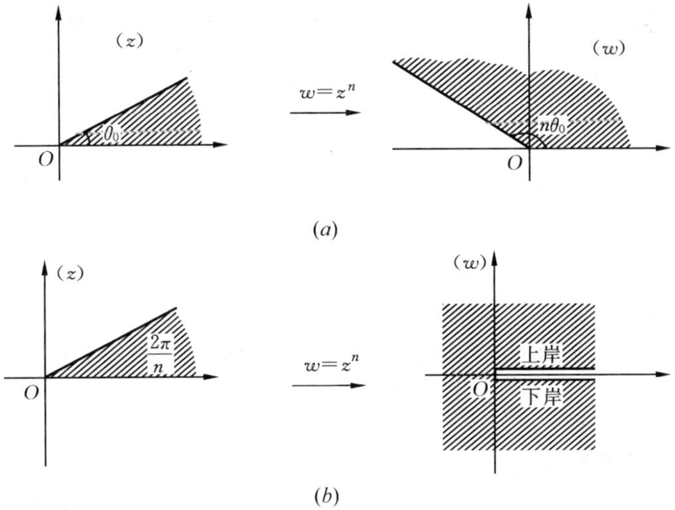

图 6.16

例 1 求把角形域 $0<\arg z<\frac{\pi}{4}$ 映射成单位圆 $|w|<1$ 的一个映射.

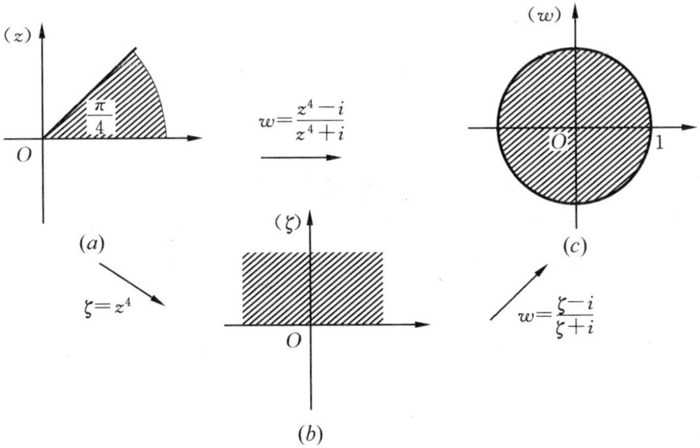

图 6.17

［解］ 由(6.4.1)知，$\zeta=z^4$ 将所给角形域 $0<\arg z<\frac{\pi}{4}$(图 6.17(a))映射成上半平面 $\mathrm{Im}(\zeta)>0$(图 6.17(b)). 又从上节的例 2 知，映射 $w=\frac{\zeta-i}{\zeta+i}$ 将上半平面映射成单位圆 $|w|<1$(图 6.17(c)). 因此所求的映射为

$$w=\frac{z^4-i}{z^4+i}.$$

例 2 求把下图中由圆弧 C_1 与 C_2 所围成的交角为 α 的月牙域映射成角形域 $\varphi_0<\arg w<\varphi_0+\alpha$ 的一个映射(图 6.18).

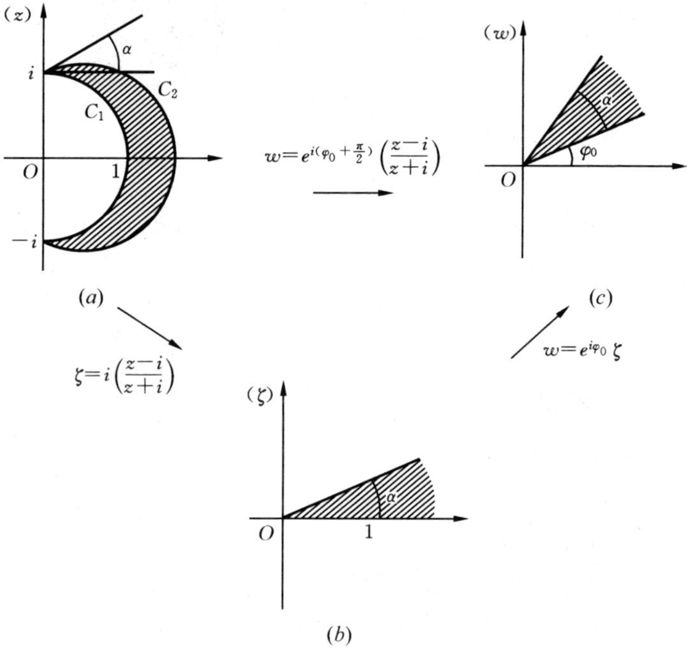

图 6.18

［解］ 先求出把 C_1，C_2 的交点 i 与 $-i$ 分别映射成 ζ 平面中

的 $\zeta=0$ 与 $\zeta=\infty$，并使月牙域(图 6.18(a))映射成角形域 $0<\arg\zeta<\alpha$(图 6.18(b))的映射；再把这角形域通过映射 $w=e^{i\varphi_0}\zeta$ 转过一角度 φ_0，即得把所给月牙域映射成所给角形域的映射(图 6.18(c)).

将所给月牙域映射成 ζ 平面中的角形域的映射是具有以下形式的分式线性函数：

$$\zeta=k\left(\frac{z-i}{z+i}\right),$$

其中 k 为待定的复常数. 这个映射把 C_1 上的点 $z=1$ 映射成 $\zeta=k\left(\frac{1-i}{1+i}\right)=-ik$. 取 $k=i$ 使 $\zeta=1$，这样，映射 $\zeta=i\left(\frac{z-i}{z+i}\right)$ 就把 C_1 映射成 ζ 平面上的正实轴. 根据保角性，它把所给的月牙域映射成角形域 $0<\arg\zeta<\alpha$. 由此得所求的映射为

$$w=ie^{i\varphi_0}\left(\frac{z-i}{z+i}\right)=e^{i\left(\varphi_0+\frac{\pi}{2}\right)}\left(\frac{z-i}{z+i}\right).$$

例 3 求把具有割痕 $\mathrm{Re}(z)=a, 0\leqslant \mathrm{Im}(z)\leqslant h$ 的上半平面(图 6.19(a))映射成上半平面(图 6.19(f))的一个映射.

［解］ 不难看出，解决本题的关键显然是要设法将垂直于 x 轴的割痕的两侧跟 x 轴之间的夹角展平. 我们知道，映射 $w=z^2$ 能将顶点在原点处的角度增大到两倍，所以利用这个映射可以达到将割痕展平的目的. 因此，我们按以下的步骤进行：

首先，把上半 z 平面(图 6.19(a))向左作一个距离为 a 的平移：$z_1=z-a$，得 z_1 平面上的图形，如图 6.19(b)所示.

第二，再应用映射 $z_2=z_1^2$，便得到一个具有割痕 $-h^2\leqslant \mathrm{Re}(z_2)<+\infty, \mathrm{Im}(z_2)=0$ 的 z_2 平面，如图 6.19(c)所示.

第三，把 z_2 平面向右作一距离为 h^2 的平移：$z_3=z_2+h^2$，便得到去掉了正实轴的 z_3 平面，如图 6.19(d)所示.

第四，通过映射 $z_4=\sqrt{z_3}$，便得到上半 z_4 平面，如图 6.19(e)所示.

最后，把 z_4 平面向右作一距离为 a 的平移：$w=z_4+a$，便得到

w 平面中的上半平面，如图 6.19(f)所示.

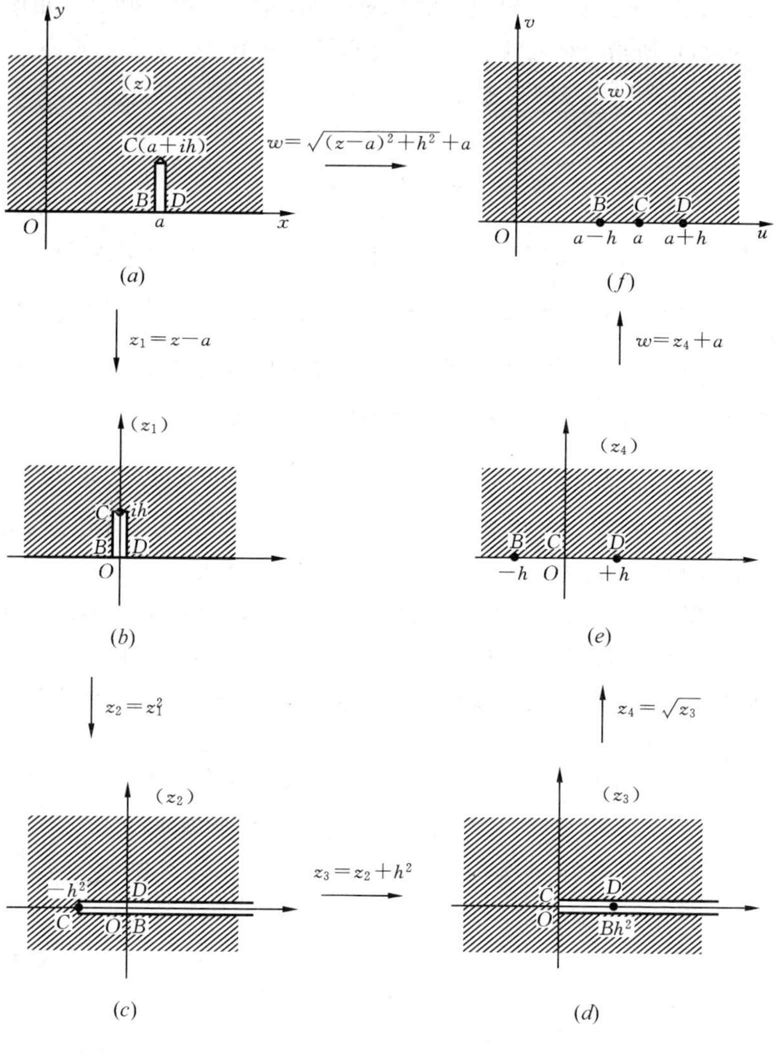

图 6.19

把所有的映射复合起来就得到所求的映射

$$w=\sqrt{(z-a)^2+h^2}+a.$$

2. 指数函数 $w=e^z$ 由于在 z 平面内

$$w'=(e^z)'=e^z\neq 0$$

所以，由 $w=e^z$ 所构成的映射是一个全平面上的共形映射. 设 $z=x+iy, w=\rho e^{i\varphi}$，那么

$$\rho=e^x,\qquad \varphi=y, \tag{6.4.2}$$

由此可知：z 平面上的直线 $x=$常数，被映射成 w 平面上的圆周 $\rho=$常数；而直线 $y=$常数，被映射成射线 $\varphi=$常数.

当实轴 $y=0$ 平行移动到直线 $y=a(0<a\leqslant 2\pi)$ 时，带形域 $0<\mathrm{Im}(z)<a$ 映射成角形域 $0<\arg w<a$. 特别是，带形域 $0<\mathrm{Im}(z)<2\pi$ 映射成沿正实轴剪开的 w 平面：$0<\arg w<2\pi$（图 6.20），它们之间的点是一一对应的.

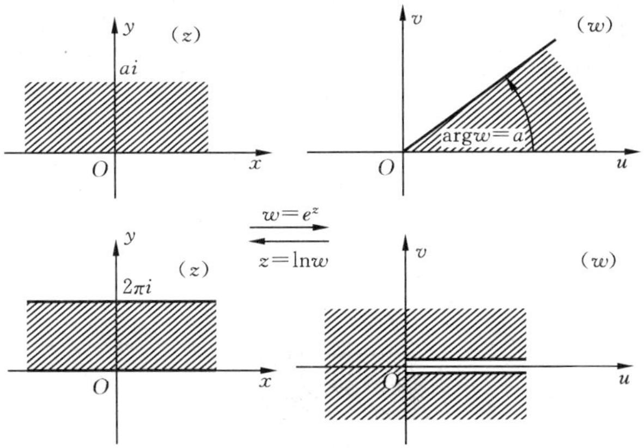

图 6.20

由指数函数 $w=e^z$ 所构成的映射的特点是：把水平的带形域 $0<\mathrm{Im}(z)<a(a\leqslant 2\pi)$ 映射成角形域 $0<\arg w<a$. 因此，如果要把

带形域映射成角形域,我们常常利用指数函数.

例 4 求把带形域 $0<\mathrm{Im}(z)<\pi$ 映射成单位圆 $|w|<1$ 的一个映射.

[**解**] 由刚才的讨论知:映射 $\zeta=e^z$ 将所给的带形域映射成 ζ 平面的上半平面 $\mathrm{Im}(\zeta)>0$. 而根据(6.3.4)又知:映射 $w=\dfrac{\zeta-i}{\zeta+i}$ 将上半平面 $\mathrm{Im}(\zeta)>0$ 映射成单位圆 $|w|<1$. 因此所求的映射为

$$w=\frac{e^z-i}{e^z+i}.$$

例 5 求把带形域 $a<\mathrm{Re}(z)<b$ 映射成上半平面 $\mathrm{Im}(w)>0$ 的一个映射.

[**解**] 带形域 $a<\mathrm{Re}(z)<b$(图 6.21(a))经过平行移动、放

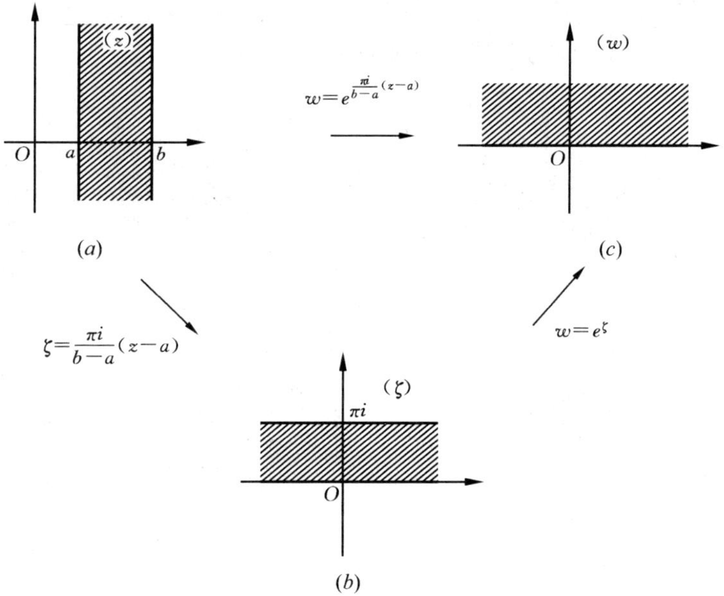

图 6.21

大(或缩小)及旋转的映射

$$\zeta=\frac{\pi i}{b-a}(z-a)$$

后可映射成带形域 $0<\mathrm{Im}(\zeta)<\pi$(图 6.21(b)). 再用映射 $w=e^{\zeta}$, 就可把带形域 $0<\mathrm{Im}(\zeta)<\pi$ 映射成上半平面 $\mathrm{Im}(w)>0$(图 6.21(c)). 因此所求的映射为

$$w=e^{\frac{\pi i}{b-a}(z-a)}$$

例 6 求把具有割痕: $-\infty<\mathrm{Re}(z)\leqslant a$, $\mathrm{Im}(z)=H$ 的带形域 $0<\mathrm{Im}(z)<2H$ 映射成带形域 $0<\mathrm{Im}(w)<2H$ 的一个映射.

[**解**] 不难验证, 函数

$$z_1=e^{\frac{\pi z}{2H}}$$

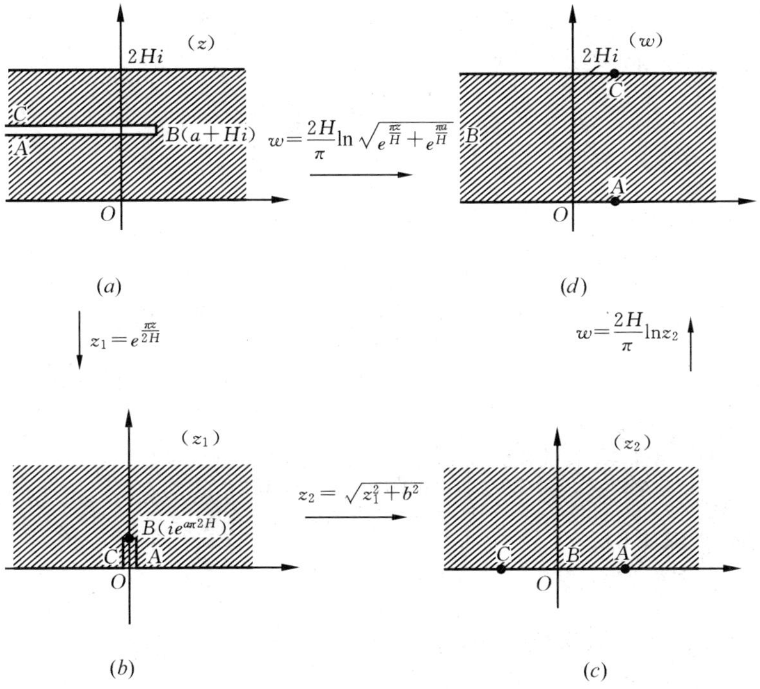

图 6.22

把 z 平面内具有所设割痕的带形域(图 6.22(a))映射成去掉了虚轴上一段线段 $0<\mathrm{Im}(z)\leqslant b$ 的上半 z_1 平面,其中 $b=e^{\frac{a\pi}{2H}}$ (图 6.22(b)).因为

$$\arg z_1=\arg e^{\frac{\pi z}{2H}}=\frac{\pi}{2H}y.\quad (z=x+iy)$$

所以当直线 $y=$常数从 $y=2H$ 开始,经过 $y=H$,平行下移到 $y=0$ 时,射线 $\arg z_1=\frac{\pi}{2H}y$ 从 $\arg z_1=\pi$ 开始,经过 $\arg z_1=\frac{\pi}{2}$ 变到 $\arg z_1=0$. 而点 $z=a+Hi$ 被 $z_1=e^{\frac{\pi z}{2H}}$ 映射成点 $z_1=ie^{\frac{a\pi}{2H}}=i\,b$.

又从本节例 3 知,映射

$$z_2=\sqrt{z_1^2+b^2},$$

把去掉了虚轴上这一线段的上半 z_1 平面映射成上半 z_2 平面(图 6.22(c)). 再利用对数函数

$$w=\frac{2H}{\pi}\ln z_2,$$

便得到所求的映射

$$w=\frac{2H}{\pi}\ln\sqrt{e^{\frac{\pi z}{H}}+e^{\frac{\pi a}{H}}}.$$

***3. 儒可夫斯基函数** 函数

$$w=\frac{1}{2}\left(z+\frac{a^2}{z}\right)\quad (a>0)\tag{6.4.3}$$

称为儒可夫斯基函数. 它除 $z=0$ 外在 z 平面内处处解析. $z=0$ 是它的一个极点.

由于 $w'=\frac{1}{2}\left(1-\frac{a^2}{z^2}\right)$,因此这个映射除 $z=0$ 和 $z=\pm a$ 外,也是处处共形的.

由(6.4.3)得

$$w-a=\frac{z^2-2az+a^2}{2z}=\frac{(z-a)^2}{2z},$$

及
$$w+a=\frac{z^2+2az+a^2}{2z}=\frac{(z+a)^2}{2z}.$$

所以

$$\frac{w-a}{w+a}=\left(\frac{z-a}{z+a}\right)^2,$$

它可以看作是由映射

$$\zeta=\frac{z-a}{z+a},\quad t=\zeta^2,\quad \frac{w-a}{w+a}=t \qquad (6.4.4)$$

复合而成.

先考虑第一个映射：$\zeta=\frac{z-a}{z+a}$. 它把点 $z=a$ 与 $z=-a$ 分别映射成 $\zeta=0$ 与 $\zeta=\infty$，从而把通过 $z=a, z=-a$ 的圆周 C 映射成过点 $\zeta=0$ 的直线(图 6.23(b)). 当 z 取实数时，ζ 也为实数. 这时，由于 $\frac{d\zeta}{dz}=\frac{2a}{(z+a)^2}>0$，所以当 z 点沿实轴由 $z=a$ 向右移动时，点

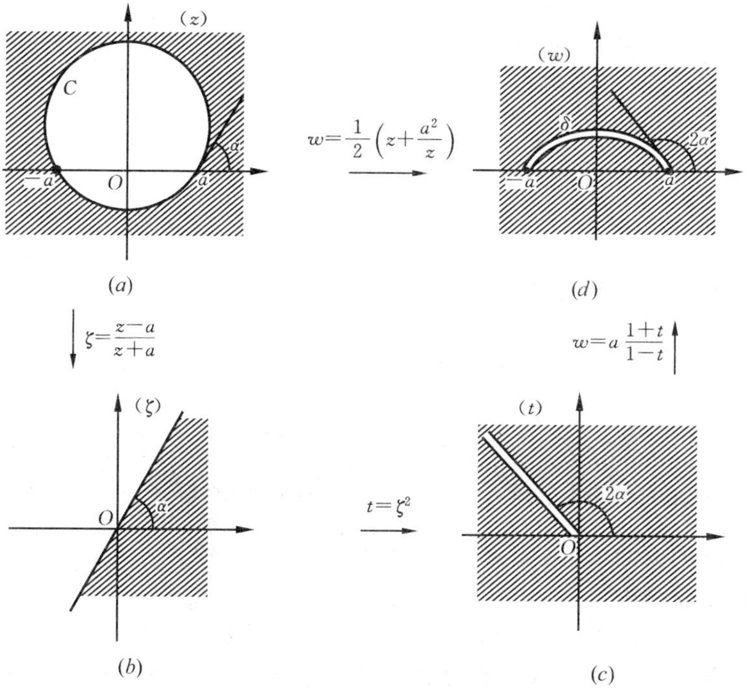

图 6.23

ζ也沿实轴由$\zeta=0$向右移动.因此,这个映射把圆周C的外部映射成包含正实轴的ζ半平面;同时,根据保角性,这个半平面的边界直线的倾角等于C在$z=a$处的切线的倾角α(图6.23(a)).

第二个映射:$t=\zeta^2$,把这ζ半平面映射成沿射线$\arg t=2\alpha$剪开的t平面(图6.23(c)).

第三个映射:$\frac{w-a}{w+a}=t$或$w=a\frac{1+t}{1-t}$,把上述剪开了的t平面映射成沿连接点$w=a$与$w=-a$的圆弧割开的w平面(图6.23(d)).

根据以上的讨论,由于(6.4.4)中的三个映射在讨论的区域内都是一一对应的,因此我们有以下的结论:

映射$w=\frac{1}{2}\left(z+\frac{a^2}{z}\right)$将一个通过点$z=a$与$z=-a(z>0)$的圆周$C$的外部一一对应地、共形地映射成除去一个连接点$w=a$与$w=-a$的圆弧$\delta$的扩充平面(图6.23).当$C$为圆周$|z|=a$时,$\delta$将退化成线段$-a\leqslant\mathrm{Re}(w)\leqslant a,\mathrm{Im}(w)=0$.

由此可知,当$a=1$时,映射(6.4.3)成为

$$w=\frac{1}{2}\left(z+\frac{1}{z}\right),\tag{6.4.3$'$}$$

它把单位圆的外部:$|z|>1$一一对应地、共形地映射成具有割痕$[-1,1]$的扩充平面.

如果令$z=\frac{1}{\zeta}$,那么(6.4.3)$'$成为

$$w=\frac{1}{2}\left(\zeta+\frac{1}{\zeta}\right)$$

而映射$z=\frac{1}{\zeta}$将$|z|>1$映射成$|\zeta|<1$,可见映射(6.4.3)$'$也将单位圆的内部:$|z|<1$一一对应地、共形地映射成具有割痕$[-1,1]$的扩充平面.

为了要进一步看清映射(6.4.3)$'$的性质,我们对它将单位圆内部$|z|<1$映射成具有割痕$[-1,1]$的扩充平面的详细情况进行讨论.为此令$w=u+iv,z=re^{i\theta}$,这里$r<1$,那么(6.4.3)$'$成为

$$u+iv=\frac{1}{2}\left(re^{i\theta}+\frac{1}{re^{i\theta}}\right)$$
$$=\frac{1}{2}\left(r+\frac{1}{r}\right)\cos\theta+i\,\frac{1}{2}\left(r-\frac{1}{r}\right)\sin\theta,$$

从而有

$$u=\frac{1}{2}\left(r+\frac{1}{r}\right)\cos\theta,\quad v=\frac{1}{2}\left(r-\frac{1}{r}\right)\sin\theta. \qquad (6.4.5)$$

如果从这两式中消去 θ,那么得到椭圆族方程

$$\frac{u^2}{\frac{1}{4}\left(r+\frac{1}{r}\right)^2}+\frac{v^2}{\frac{1}{4}\left(r-\frac{1}{r}\right)^2}=1, \qquad (6.4.6)$$

它们的长半轴与短半轴分别为

$$a=\frac{1}{2}\left(r+\frac{1}{r}\right),\qquad b=\frac{1}{2}\left(r-\frac{1}{r}\right).$$

由于不论 r 的值如何,焦点坐标$(\pm c,0)$中的 c 为

$$c^2=a^2-b^2=\frac{1}{4}\left(r+\frac{1}{r}\right)^2-\frac{1}{4}\left(r-\frac{1}{r}\right)^2=1,\quad c=1,$$

所以(6.4.6)表示映射(6.4.3)′将圆族$|z|=r(r<1)$映射成共焦点的椭圆族.

由(6.4.5)可知,当 z 沿圆周$|z|=r$ 的正向绕行一周,且在上半圆周,即 $0\leqslant\theta<\pi$ 时,由于 $r<1$,$r-\frac{1}{r}<0$,因此 $v<0$;z 沿下半圆周,即 $\pi\leqslant\theta\leqslant 2\pi$ 时,$v>0$,而同时 u 先从$\frac{1}{2}(r+\frac{1}{r})$减小到$-\frac{1}{2}\left(r+\frac{1}{r}\right)$;再从$-\frac{1}{2}\left(r+\frac{1}{r}\right)$增大到$\frac{1}{2}\left(r+\frac{1}{r}\right)$. 所以 w 沿椭圆负向绕行一周.

又,当 $r\to 1^-$ 时,$u\to\cos\theta$,$v\to 0$,$a\to 1$,$b\to 0$. 这就是说椭圆随着圆周$|z|=r$ 趋向单位圆周$|z|=1$ 而越来越扁,它的极限是割痕$[-1,1]$. 对应于上半圆周:$|z|=1$,$\mathrm{Im}(z)>0$ 的是割痕从 1 到 -1 的下岸;对应于下半圆周:$|z|=1$,$\mathrm{Im}(z)<0$ 的是割痕从 -1 到 1 的上岸. 上半圆$|z|<1$,$\mathrm{Im}(z)>0$ 映射成下半平面 $\mathrm{Im}(w)<0$;下半

圆$|z|<1,\mathrm{Im}(z)<0$映射成上半平面$\mathrm{Im}(w)>0$(图 6.24).

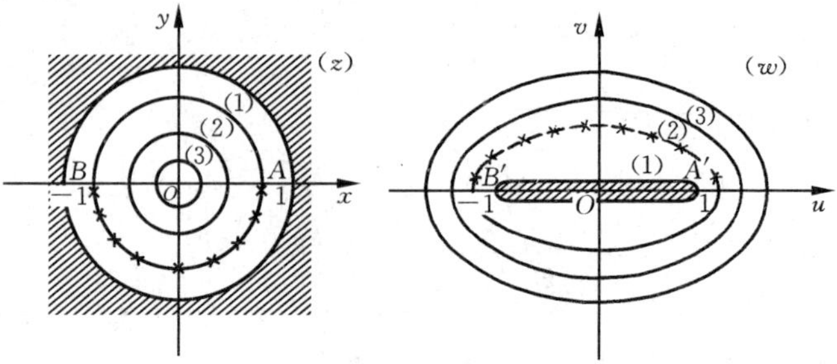

图 6.24

例 7 求把上半个单位圆:$|z|<1,\mathrm{Im}(z)>0$映射成单位圆$|w|<1$的映射.

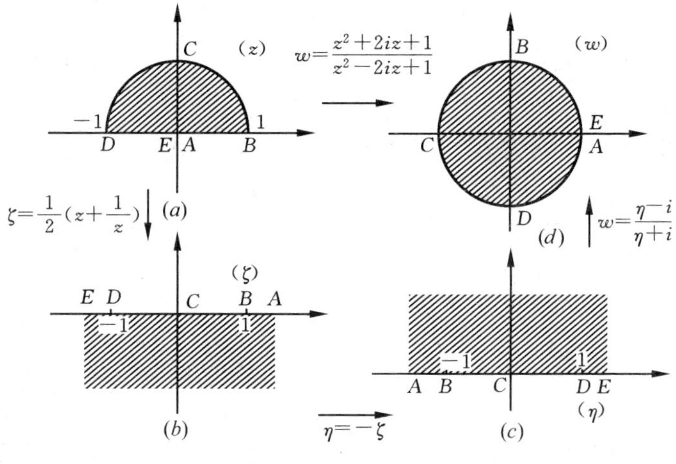

图 6.25

[解] 先用儒可夫斯基函数$\zeta=\dfrac{1}{2}\left(z+\dfrac{1}{z}\right)$将上半个单位圆

$|z|<1, \mathrm{Im}(z)>0$（图 6.25(a)）映射成下半平面 $\mathrm{Im}(\zeta)<0$（图 6.25(b)）. 其次用 $\eta=-\zeta$ 将下半平面 $\mathrm{Im}(\zeta)<0$ 映射成上半平面 $\mathrm{Im}(\eta)>0$（图 6.25(c)）. 再用(6.3.4)即 $w=\frac{\eta-i}{\eta+i}$把上半平面 $\mathrm{Im}(\eta)>0$映射成单位圆$|w|<1$（图 6.25(d)）. 然后将这些映射复合起来，即得所求的映射：

$$w=\frac{z^2+2iz+1}{z^2-2iz+1}.$$

儒可夫斯基截线 设圆周 C_1 与 C 相切于 A 点，如图 6.26(a) 所示. 经过映射：$w=\frac{1}{2}\left(z+\frac{a^2}{z}\right)$，$C$ 映射成圆弧$\widehat{AB}$. C_1 映射成一条闭曲线 C_1'，它可用描点法画出如图 6.26(b). C_1' 与$\widehat{AB}$在 A'点处的切线互相重合. 闭曲线 C_1' 称为儒可夫斯基截线. 所以映射 $w=\frac{1}{2}\left(z+\frac{a^2}{z}\right)$将圆周 C_1 的外部映射成儒可夫斯基截线的外部. 因为 C_1' 的形状很像飞机机翼的横断面的周线，且因儒可夫斯基采用它作为机翼的型线，假设机翼型线为此曲线而进行过一些流体力学上的理论计算，因此也称机翼截线. 这样，对机翼绕流的研究可化为对圆柱绕流的研究.

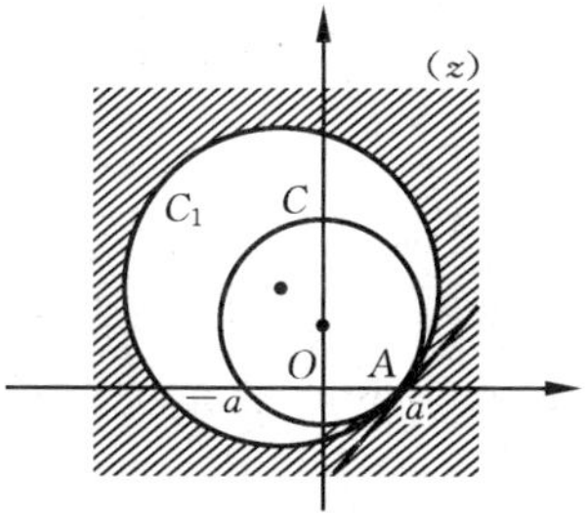

(a)

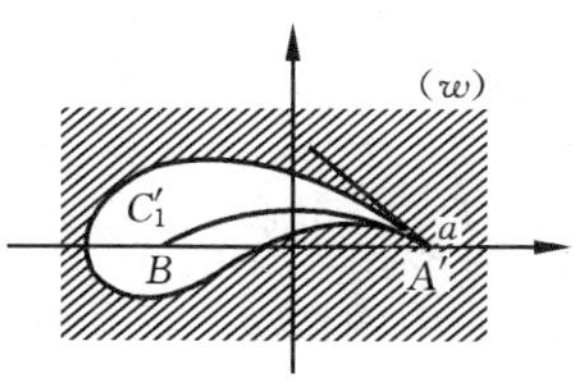

(b)

图 6.26

* §5 关于共形映射的几个一般性定理

在本章§1中已经证明过，解析函数在导数不为零的点处所构成的映射是共形映射. 现在我们再指出(但不加证明)，它的逆定理也是正确的：如果函数 $w=f(z)$ 把域 D 共形映射成域 G，那么 $w=f(z)$ 在 D 上是单值且解析的函数，它的导数在 D 上必不为零，而且它的反函数 $z=\varphi(w)$ 在 G 上也是单值且解析的函数. 下面，我们再介绍关于共形映射理论的几个一般性定理.

定理 1(黎曼定理) 不论两个单连通域 B_1 与 B_2(它们的边界是由多于一个点所构成的)是怎样的，也不论这两域中的两个点 z_0(在 B_1 中)与 w_0(在 B_2 中)以及一个实数 α_0 是怎样给定的，总有一个把域 B_1 一一对应地映射成域 B_2 的共形映射 $w=f(z)$ 存在，使得

$$f(z_0)=w_0,\ \arg f'(z_0)=\alpha_0 \tag{6.5.1}$$

并且这样的共形映射是唯一的.

黎曼定理虽然并没有给出寻求这个映射函数 $w=f(z)$ 的方法，但是它肯定了这种函数总是存在的. 只要域 B_1 和 B_2 都不属于两种例外的情形：其一是扩充复平面；另一是除去一点的扩充复平面(例如，除去无穷远点的复平面). 因为这两种情形的边界点都不多于一个. 把一个单连通域 B_1 一一对应地、共形地映射成另一个单连通域 B_2 的这种映射有无穷多个. 要想保证映射函数 $w=f(z)$ 的唯一性，黎曼定理告诉我们，只需满足条件(6.5.1)就行了. 从几何意义上讲，这个条件可解释为：对域 B_1 中某一点 z_0 指出它在域 B_2 中的像 w_0，并给出在此映射下点 z_0 的无穷小邻域所转过的角度.

根据黎曼定理，要想找到将单连通域 B_1 一一对应地、共形地映射成单连通域 B_2 的映射，只要能找到将 B_1 与 B_2 分别一一对应且共形地映射成某一标准形式的区域(例如单位圆 $|z|<1$)就行了. 因为，如果 $\zeta=f(z)$ 是将 B_1 映射成 $|\zeta|<1$ 的映射，$\zeta=F(w)$ 是将 B_2 映

射成$|\zeta'|<1$的映射(或者说它的反函数$w=F^{-1}(\zeta')$是将$|\zeta'|<1$映射成B_2的映射),那么由本章§3例4可知,$\zeta'=e^{i\varphi}\dfrac{\zeta-\alpha}{1-\bar{\alpha}\zeta}$是将$|\zeta|<1$映射成$|\zeta'|<1$的映射.由于所有这些映射都是一一对应且共形的,所以,将这些映射函数复合起来,就得到将B_1映射成B_2的映射.

定理2(边界对应原理) 设有由光滑闭曲线(或按段光滑闭曲线)Γ所围成的域D以及在D内及Γ上解析的函数$w=f(z)$.假定函数$w=f(z)$将Γ一一对应地映射成闭曲线Γ',Γ'所围成的域为D';并且当z沿Γ移动使得域D留在左边时,它的对应点w就沿Γ'移动且使域D'也留在左边,那么$w=f(z)$将D一一对应地、共形地映射成D'.

应用这个原理,要想求出已给区域D被函数$w=f(z)$映射成的区域D',只要沿D的边界绕行,并求出此边界被函数$w=f(z)$所映射成的闭曲线,这个闭曲线所围成的区域就是D'.

*§6 施瓦茨-克里斯托费尔(Schwarz-Christoffel)映射

在实际问题中,常常要把z平面的上半平面映射成w平面上的一个多角形区域,它的边界是由直线,线段,或射线所组成,如图6.27所示.

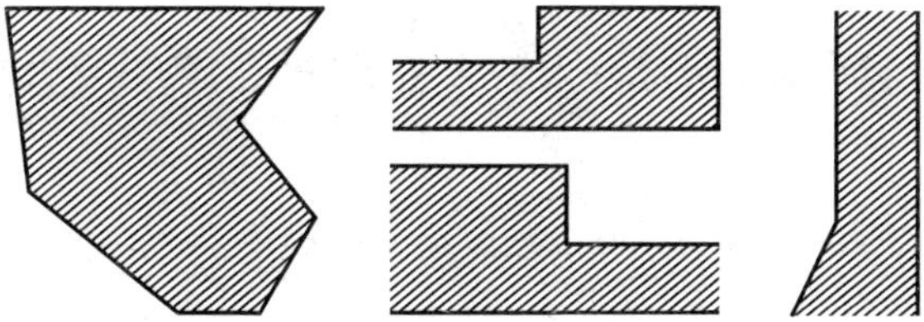

图6.27

我们知道,幂函数

$$w=z^n$$

有这样的性质:它把以 $z=0$ 为顶点、张角为 $\alpha(0\leqslant\alpha\leqslant 2\pi)$ 的角形域映射成以 $w=0$ 为顶点、张角为 $n\alpha$ 的角形域.因此,映射

$$w-w_1=(z-x_1)^{\frac{\alpha_1}{\pi}} \tag{6.6.1}$$

将 x 轴上的点 x_1 映射成 w 平面上的点 w_1,z 平面的上半平面映射成顶点在 w_1 张角为

$$\frac{\alpha_1}{\pi}\cdot\pi=\alpha_1$$

的角形域(图 6.28).

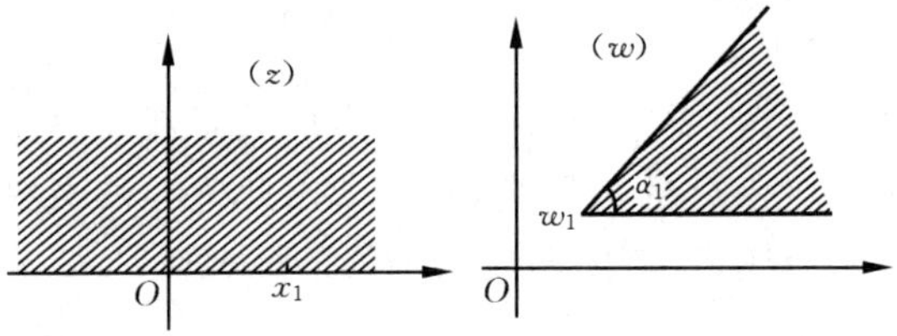

图 6.28

映射(6.6.1)可由方程

$$\frac{dw}{dz}=\frac{\alpha_1}{\pi}(z-x_1)^{\frac{\alpha_1}{\pi}-1}$$

确定.这个角形域可以看成是一个特殊的多角形区域.由此使我们想到,把上半平面映射成一般的多角形区域的映射是否能用下列方程

$$\frac{dw}{dz}=K(z-x_1)^{\frac{\alpha_1}{\pi}-1}(z-x_2)^{\frac{\alpha_2}{\pi}-1}\cdots(z-x_n)^{\frac{\alpha_n}{\pi}-1}, \tag{6.6.2}$$

(其中 $K,x_1,x_2,\cdots,x_n$ 和 $\alpha_1,\alpha_2,\cdots,\alpha_n$ 都是实的常数,且 $x_1<x_2<\cdots<x_n$)来确定呢? 事实正是这样.下面我们来验证这一点.

让 z 从 x_1 的左边沿 x 轴向右边移动,从而观察象点 w 的轨

迹.由(6.6.2)式得

$$\operatorname{Arg} dw = \operatorname{Arg} K + \left(\frac{\alpha_1}{\pi}-1\right)\operatorname{Arg}(z-x_1) + \left(\frac{\alpha_2}{\pi}-1\right)\operatorname{Arg}(z-x_2) + \cdots + \left(\frac{\alpha_n}{\pi}-1\right)\operatorname{Arg}(z-x_n) + \operatorname{Arg} dz. \tag{6.6.3}$$

很明显,在 z 没有达到 x_1 以前,上式右边的每一项都不变,所以 dw 的辐角也不变,象点 w 沿一条直线移动. 但当 z 经过 x_1 时,差值 $z-x_1$ 突然从负变到正,$\operatorname{Arg}(z-x_1)$ 变化了 $-\pi$,其他各项都不变,因此,$\operatorname{Arg} dw$ 改变了

$$\left(\frac{\alpha_1}{\pi}-1\right)(-\pi)=\pi-\alpha_1.$$

但从图 6.29(a)显然可见,$\pi-\alpha_1$ 是 w 开始沿着多角形下一条边的方向移动所必须转过的角. 在 z 从 x_1 变到 x_2 的过程中,情况与前面说过的一样,dw 的辐角保持不变,因此 w 沿着直线移动. 当 z 经过 x_2 时,这时 $z-x_2$ 突然从负变到正,它的辐角改变了 $-\pi$,结果,$\operatorname{Arg} dw$ 又改变了 $\pi-\alpha_2$,这恰巧是要得到多角形下一边的方向所必须转过的角. 依次下去,当 z 经历整个 x 轴时,w 能沿着多角形的周界移动,而多角形的各边转过的角依次为 $\pi-\alpha_1$, $\pi-\alpha_2$,…,$\pi-\alpha_n$. 设 $x_1,x_2,\cdots,x_n$ 所对应的点依次为 $w_1,w_2,\cdots,w_n$. 由于当 z 沿 x 轴从左向右移动时,上半平面留在它的左边,因而当 w 从 w_1 到 w_n 沿多角形周界移动时,留在它左边的区域就是上半平面所映射成的多角形区域,而且内角依次为 $\alpha_1,\alpha_2,\cdots,\alpha_n$.

把(6.6.2)式积分,得

$$w = K\int\left[(z-x_1)^{\frac{\alpha_1}{\pi}-1}(z-x_2)^{\frac{\alpha_2}{\pi}-1}\cdots(z-x_n)^{\frac{\alpha_n}{\pi}-1}\right]dz + c. \tag{6.6.4}$$

上式可看作由下列两式复合而成:

$$t = \int\left[(z-x_1)^{\frac{\alpha_1}{\pi}-1}(z-x_2)^{\frac{\alpha_2}{\pi}-1}\cdots(z-x_n)^{\frac{\alpha_n}{\pi}-1}\right]dz, \tag{6.6.5}$$

$$w=Kt+c. \tag{6.6.6}$$

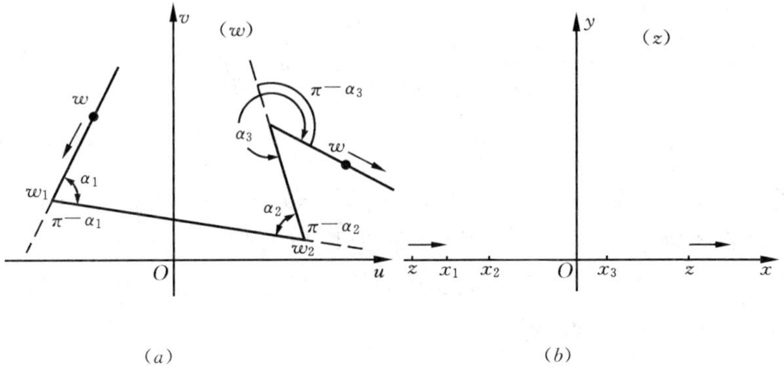

图 6.29

由于(6.6.5)式所表示的函数满足方程

$$\frac{dt}{dz}=(z-x_1)^{\frac{\alpha_1}{\pi}-1}(z-x_2)^{\frac{\alpha_2}{\pi}-1}\cdots(z-x_n)^{\frac{\alpha_n}{\pi}-1}$$

因而(6.6.5)式也表示把 z 平面的上半平面映射成 t 平面上的一个内角为 $\alpha_i(i=1,2,\cdots,n)$ 的多角形区域的映射.

现在,要想把上半平面映射成内角为 $\alpha_i(i=1,2,\cdots,n)$ 的一个已知多角形,那么(6.6.5)式还不是所求的映射,因为它映射成的多角形只是与已给多角形有相等的对应角(图 6.30). 所以我们还需要做两件事:1)首先应当适当地选取 x_i 的值,使(6.6.5)式把上

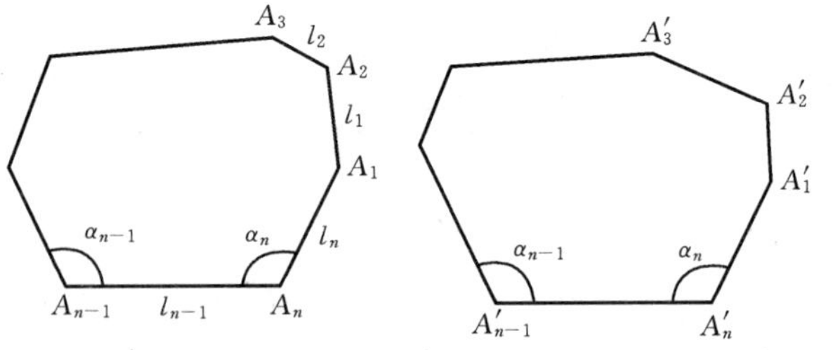

图 6.30

半平面映射成的多角形与给定的多角形相似；2)经过线性变换(6.6.6)，使这两个多角形重合.

下面我们先来说明 x_i 的选取问题. 我们知道，两个多角形相似的条件是角相等边成比例. 设 $A_1A_2\cdots A_n$ 为给定的多角形，它的边长 $A_1A_2=l_1, A_2A_3=l_2, \cdots, A_{n-1}A_n=l_{n-1}, A_nA_1=l_n$. $A_1'A_2'\cdots A_n'$ 是由(6.6.5)式把上半平面映射成的多角形，这个多角形的边长，由于 A_i' 是 x_i 的象点，所以与 x_i 的选取有关. 要 $A_1A_2\cdots A_n$ 与 $A_1'A_2'\cdots A_n'$ 相似，只要下列 $n-1$ 个等式得到满足：

$$\frac{A_2'A_3'}{A_1'A_2'}=\frac{l_2}{l_1}, \frac{A_3'A_4'}{A_1'A_2'}=\frac{l_3}{l_1}, \cdots, \frac{A_{n-1}'A_n'}{A_1'A_2'}=\frac{l_{n-1}}{l_1}, \frac{A_n'A_1'}{A_1'A_2'}=\frac{l_n}{l_1}. \tag{6.6.7}$$

由于多角形的 α_i 都是已知的，所以这 $n-1$ 个等式中有两个(例如最后两个)可以从其他等式推出来. 事实上，如果 $A_1'A_2'\cdots A_n'$ 的边中除两条(例如 $A_{n-1}'A_n'$ 和 $A_n'A_1'$)外，其余的边长都已按(6.6.7)式的要求求出，那么剩下的两边可利用对应角(例如 α_{n-1} 和 α_n)相等由作图法求出. 例如由 α_{n-1} 相等可作出 $A_{n-1}'A_n'$，由 α_n 相等可作出 $A_n'A_1'$. 由此可知，要确定 n 个 x_i 只有 $n-3$ 个独立的等式可以利用. 所以 x_i 中有三个可以任意选取. 当选定 x_i 使(6.6.7)式得到满足以后，(6.6.5)式就把上半平面映射成与给定的多角形相似的多角形. 其次，我们还要使这两个多角形重合. 这只要借助于(6.6.6)式作一定的平移、旋转、伸缩就可以做到，换句话说，(6.6.6)式中的常数 K 与 c 是可以唯一确定的.

应当指出，从(6.6.4)式可以看出，这个映射是用多角形的顶点的象 x_i 来表示，而不是用多角形顶点本身来表示的. 但在实际问题中，知道的却是多角形的顶点 w_i，而不是它们的象 x_i. 因此用公式(6.6.4)时，应根据实际问题的条件来选定 x_i，并且确定常数 K 与 c. 这往往需要相当的技巧，因而是比较困难的. 我们只能在后面结合例题来作些说明.

我们还需指出，有时我们选取∞作为多角形的一个顶点的象.

例如作为 A_n 的象，即取 $x_n=\infty$ 与 A_n 对应，这时，(6.6.4)式就成为

$$w=K'\int\left[(z-x_1)^{\frac{\alpha_1}{\pi}-1}(z-x_2)^{\frac{\alpha_2}{\pi}-1}\cdots(z-x_{n-1})^{\frac{\alpha_{n-1}}{\pi}-1}\right]dz+c \tag{6.6.8}$$

为了证明这个公式，我们做一个映射

$$t=-\frac{1}{z}+x_n' \tag{6.6.9}$$

其中 x_n' 为一实数.

容易验证，映射(6.6.9)把 z 平面的上半平面映射成 t 平面的上半平面，并且把点

$$x_1,x_2,x_3,\cdots,x_{n-1},x_n=\infty$$

映射成点

$$x_1',x_2',x_3',\cdots,x_{n-1}',x_n'$$

这里

$$x_k'=-\frac{1}{x_k}+x_n' \text{ 或 } x_k=\frac{1}{x_n'-x_k'}. \tag{6.6.10}$$

由(6.6.4)式知，把 t 平面的上半平面映射成多角形区域的映射为

$$w=K_1\int\left[(t-x_1')^{\frac{\alpha_1}{\pi}-1}(t-x_2')^{\frac{\alpha_2}{\pi}-1}\cdots(t-x_n')^{\frac{\alpha_n}{\pi}-1}\right]dt+c.$$

利用(6.6.9)式与(6.6.10)式，得到把 z 平面映射成多角形区域的映射为

$$\begin{aligned}w&=K_1\int\left[\left(\frac{1}{x_1}-\frac{1}{z}\right)^{\frac{\alpha_1}{\pi}-1}\left(\frac{1}{x_2}-\frac{1}{z}\right)^{\frac{\alpha_2}{\pi}-1}\cdots\left(-\frac{1}{z}\right)^{\frac{\alpha_n}{\pi}-1}\cdot\frac{1}{z^2}\right]dz+c\\&=K'\int\left[\frac{(z-x_1)^{\frac{\alpha_1}{\pi}-1}(z-x_2)^{\frac{\alpha_2}{\pi}-1}\cdots(z-x_{n-1})^{\frac{\alpha_{n-1}}{\pi}-1}}{z^{\frac{1}{\pi}(\alpha_1+\alpha_2+\cdots+\alpha_n)-n+2}}\right]dz+c,\end{aligned}$$

由于 $\alpha_1+\alpha_2+\cdots+\alpha_n=(n-2)\pi$，所以

$$w=K'\int\left[(z-x_1)^{\frac{\alpha_1}{\pi}-1}(z-x_2)^{\frac{\alpha_2}{\pi}-1}\cdots(z-x_{n-1})^{\frac{\alpha_{n-1}}{\pi}-1}\right]dz+c.$$

它比(6.6.4)式的被积函数少了一个因子．这时，在 $x_1, x_2, \cdots, x_{n-1}$ 中就只有两个是可以任意选择的了．

由公式(6.6.4)或(6.6.8)所给出的映射叫做施瓦茨-克里斯托费尔映射．由(6.6.2)式可知，除了在 $z=x_i$ 以外，$\frac{dw}{dz}$ 不等于零，所以映射在除了这些点以外的上半平面：$\mathrm{Im}(z)\geqslant 0$ 是共形的．

还有重要的一点要作补充．在实际问题中，我们所遇到的多角形往往是变态多角形，就是说，它的顶点有一个或几个在无穷远．例如，A_k 在无穷远，即 $w_k=\infty$，如图 6.31 所示．

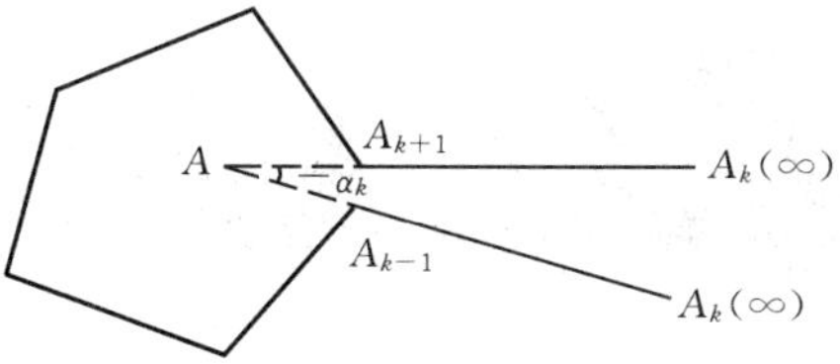

图 6.31

如果我们规定：在无穷远点 A_k 处两条射线的交角 α_k 等于这两条射线反向延长线在有限远交点 A 处的交角乘以 -1，那么施瓦茨-克里斯托费尔映射仍然有效，即有

$$w=K\int\left[(z-x_1)^{\frac{\alpha_1}{\pi}-1}(z-x_2)^{\frac{\alpha_2}{\pi}-1}\cdots(z-x_k)^{\frac{\alpha_k}{\pi}-1}\cdots(z-x_n)^{\frac{\alpha_n}{\pi}-1}\right]dz+c$$

[参见 M. A. 拉甫伦捷夫，Б. A. 沙巴特著《复变函数论方法》中译本(施祥林等译)上册 181 页]．

例 1 求把上半平面 $\mathrm{Im}(z)\geqslant 0$ 映射成带形 $0\leqslant \mathrm{Im}(w)\leqslant \pi$ 的映射．

[解] 我们把带形看作是一个变态的四边形 $CAOBC$，首先选定对应点．因为 $x_i(i=1,2,3,4)$ 中有三个可以任意选取，我们选取 $x_1=0$ 与顶点 A 对应，$x_2=1$ 与顶点 O 对应，$x_3=\infty$ 与顶点 B

对应；因此 x_4 便与顶点 C 对应. 四边形的内角 A,O,B,C 分别为 $0,\pi,0,\pi$，如右表所示.

i	z_i	w_i	α_i
1	0	∞	0
2	1	0	π
3	∞	∞	0
4	x_4	πi	π

其次，把 x_1,x_2,x_3,x_4 在 x 轴上的位置排列如图 6.32 所示，使当 z 沿 x 轴从左到右顺次经过 x_4,x_1,x_2,x_3 移动时，上半平面在左手一边，对应的 w 点沿四边形的边界 $CAOBC$ 移动时，带形区域也在左手一边. 简单地说，使两个区域的绕向相同.

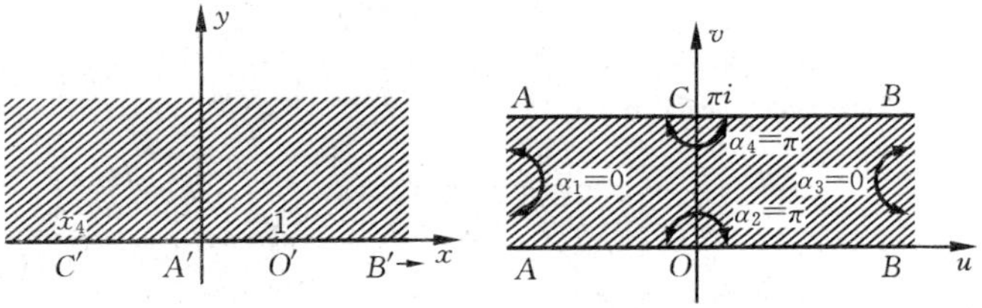

图 6.32

根据(6.6.8)式得所求的映射为

$$w = K\int (z-0)^{\frac{0}{\pi}-1}(z-1)^{\frac{\pi}{\pi}-1}(z-x_4)^{\frac{\pi}{\pi}-1}dz + c$$

$$= K\int \frac{1}{z}dz + c$$

即
$$w=K\ln z+c.$$

现在来定常数 K 与 c，同时确定 x_4.

因为当 $w=0$ 时，$z=1$，故 $c=0$，因此

$$w=K\ln z.$$

又因 w 在实轴上时，$z=x>0$，所以 K 为实数. 由于 $w=\pi i$ 对应着 x_4，故有

$$\pi i=K\ln x_4=K\ln|x_4|+iK\arg x_4,$$

由此得

$$K\ln|x_4|=0,\quad K\arg x_4=\pi.$$

从前一式，因 K 不能为零，所以 $\ln|x_4|=0$，即 $|x_4|=1$. x_4 不能等于 1，否则与后一式矛盾，所以 $x_4=-1$，由此得 $K=1$. 于是所求的映射为

$$w=\ln z.$$

从解本例可知，在解多角形映射问题时，第一步应适当选取对应点，使积分比较简单；第二步要注意区域边界的绕向；第三步在确定常数时，如无特殊声明，这些常数一般都是复数.

例 2 求把图 6.33 中的区域(a)映射成区域(b)的映射，对应点如图所示.

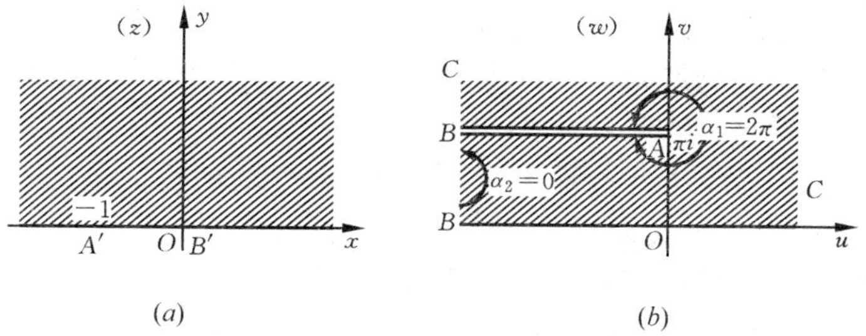

图 6.33

［解］ 把(b)中的区域看做有三个顶点 C、A、B 的多角形，两个顶点 B 与 C 在无穷远. 我们选取 $x=\infty$ 对应于顶点 C；$x=-1$ 对应于顶点 A；$x=0$ 对应于顶点 B. 这时在顶点 A，$\alpha_1=2\pi$；在 B，$\alpha_2=0$. 所以

$$w=K\int(z+1)^{\frac{2\pi}{\pi}-1}(z-0)^{\frac{0}{\pi}-1}dz+c=K\int\left(1+\frac{1}{z}\right)dz+c,$$

即

$$w=K(z+\ln z)+c.$$

为了定常数 K 与 c，把上式改写成

$$u+iv=(k_1+ik_2)(x+iy+\ln|z|+i\arg z)+c_1+ic_2,$$

由虚部相等得

$$v=k_1 y+k_2 x+k_2 \ln|z|+k_1 \arg z+c_2 \tag{6.6.11}$$

当 w 沿 AB 趋于无穷，$v=\pi$，这时 z 沿负实轴趋于零，$y=0$，$\arg z=\pi$，所以由上式得

$$\pi=\lim_{x\to 0^-}(k_1\cdot 0+k_2 x+k_2\ln|x|+k_1\pi+c_2).$$

显然，为了使右边有限，k_2 必须为零，故有

$$\pi=k_1\pi+c_2. \tag{6.6.12}$$

又当 w 沿着有 $v=0$ 的 OB 趋于无穷时，z 沿着有 $y=0$，$\arg z=0$，的正实轴趋于零. 所以由(6.6.11)得

$$0=\lim_{x\to 0^+}(k_1\cdot 0+c_2)=c_2\text{，即 } c_2=0.$$

由(6.6.12)式得，$k_1=1$，从而 $K=k_1+ik_2=1$，所以

$$w=z+\ln z+c_1.$$

最后，当 $w=\pi i$ 时，$z=-1$，从上式得 $\pi i=-1+\pi i+c_1$，从而 $c_1=1$，因此，所求的映射为 $w=z+\ln z+1$.

例 3 平行板电容器中等位线与电力线的分布情况.

［解］ 我们先设想平行板电容器的一种理想情形，即两块平行板无限伸展没有边缘的情形，这时电力线和等位线就是互相垂直的两族平行直线. 垂直于平行板的一族平行直线是电力线；平行于平行板的一族平行直线是等位线(图 6.34(a)). 但是平行板电容器实际是有边缘的(图 6.34(b))，要求在边缘附近电力线和等位线的分布.

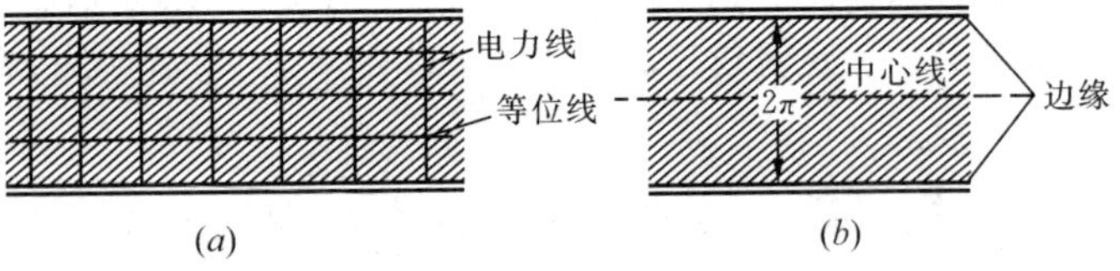

图 6.34

设平行板电容器的两板之间的距离为 2π，由于电场分布对两板之间的中心线的对称性，因此我们只考虑中心线上方的一半带有割痕的半平面(图 6.35 左). 如果我们知道了 w 平面中带割痕的上半平面与 z 平面中带形区域(图 6.35 右)之间的映射关系，那么平行板电容器的电场分布情况也就知道了. 这只要通过映射将 z 平面中的两族互相垂直的平行线映射到 w 平面中去，就可得到平行板电容器的等位线和电力线.

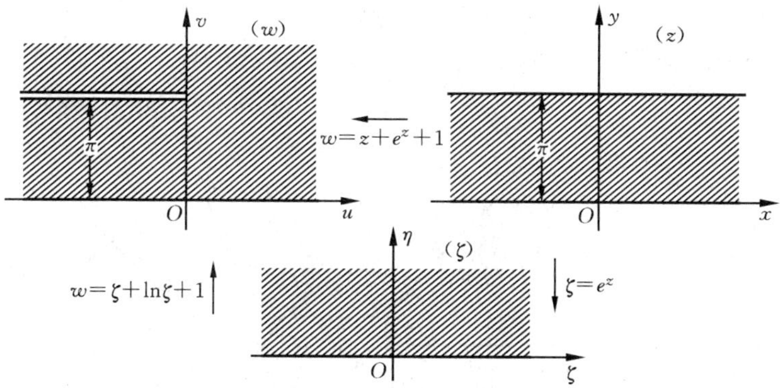

图 6.35

从例 1 知，将 z 平面中的带形区域映射成 ζ 平面的上半平面的映射是

$$\zeta=e^{z};$$

又从例 2 知，将 ζ 平面的上半平面映射成 w 平面中带割痕的上半平面的映射是

$$w=\zeta+\ln\zeta+1.$$

因此把 z 平面中的带形区域映射到 w 平面中带割痕的上半平面的映射是

$$w=z+e^{z}+1.$$

把上式中的实部与虚部分离开来，得

$$\begin{cases} u = x + e^x \cos y + 1, \\ v = y + e^x \sin y. \end{cases}$$

上式中，令 $x=$常数 λ，即得以 y 为参数的电力线方程：

$$\begin{cases} u = \lambda + e^\lambda \cos y + 1, \\ v = y + e^\lambda \sin y. \end{cases}$$

令 $y=$常数 μ，即得以 x 为参数的等位线方程：

$$\begin{cases} u = x + e^x \cos \mu + 1, \\ v = \mu + e^x \sin \mu. \end{cases}$$

它们的图形如图 6.36 所示.

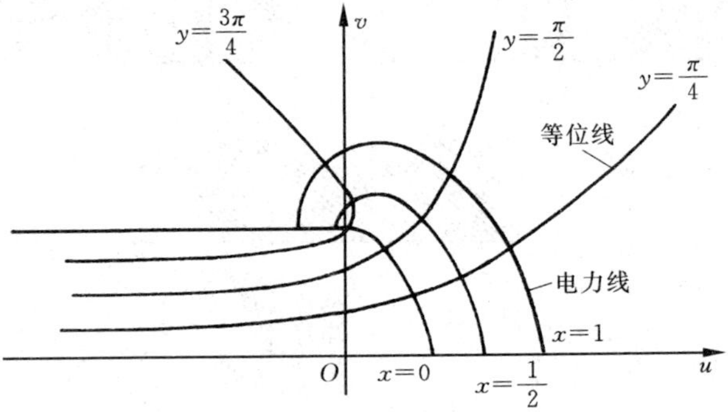

图 6.36

这个问题也可以看成由两条半直线构成的开口槽中流体的流线与等位线的分布情形，不过上图中的等位线变成了流线，而电力线变成了等位线就是了.

*§7 拉普拉斯方程的边值问题

在许多物理应用中，我们经常遇到这样的问题，就是要求一个二元的实函数，它在已知区域中调和，并且在区域的边界上满足已知条件. 在一些区域比较简单的情形，我们可以从某些熟知的解析函数直接去求，但当区域复杂时，我们可通过一个适当的共形映射将问题简化，也就是把复杂的区域共形映射成一个简单的区域，这时，原来的边界条件也变成了新的边界条件. 我们这样做能取得成效的主要原因是：一个拉普拉斯方程的解经过共形映射仍然是相应的拉普拉斯方程的解. 我们把它写成下列定理.

定理 如果 $\varphi(x,y)$ 是拉普拉斯方程

$$\frac{\partial^2\varphi}{\partial x^2}+\frac{\partial^2\varphi}{\partial y^2}=0$$

的解，那么当 $\varphi(x,y)$ 由一共形映射变成一个 u,v 的函数，这个函数仍将满足拉普拉斯方程

$$\frac{\partial^2\varphi}{\partial u^2}+\frac{\partial^2\varphi}{\partial v^2}=0.$$

［证］ 设 $w=f(z)=u(x,y)+iv(x,y)$ 为一共形映射，它把 $\varphi(x,y)$ 变成 u,v 的函数，那么

$$\frac{\partial\varphi}{\partial x}=\frac{\partial\varphi}{\partial u}\cdot\frac{\partial u}{\partial x}+\frac{\partial\varphi}{\partial v}\cdot\frac{\partial v}{\partial x},\ \frac{\partial\varphi}{\partial y}=\frac{\partial\varphi}{\partial u}\cdot\frac{\partial u}{\partial y}+\frac{\partial\varphi}{\partial v}\cdot\frac{\partial v}{\partial y}.$$

求二阶导数，得

$$\begin{aligned}\frac{\partial^2\varphi}{\partial x^2}=&\frac{\partial\varphi}{\partial u}\cdot\frac{\partial^2 u}{\partial x^2}+\left(\frac{\partial^2\varphi}{\partial u^2}\cdot\frac{\partial u}{\partial x}+\frac{\partial^2\varphi}{\partial v\partial u}\cdot\frac{\partial v}{\partial x}\right)\frac{\partial u}{\partial x}+\frac{\partial\varphi}{\partial v}\cdot\frac{\partial^2 v}{\partial x^2}\\&+\left(\frac{\partial^2\varphi}{\partial u\partial v}\cdot\frac{\partial u}{\partial x}+\frac{\partial^2\varphi}{\partial v^2}\cdot\frac{\partial v}{\partial x}\right)\frac{\partial v}{\partial x},\\\frac{\partial^2\varphi}{\partial y^2}=&\frac{\partial\varphi}{\partial u}\cdot\frac{\partial^2 u}{\partial y^2}+\left(\frac{\partial^2\varphi}{\partial u^2}\cdot\frac{\partial u}{\partial y}+\frac{\partial^2\varphi}{\partial v\partial u}\cdot\frac{\partial v}{\partial y}\right)\frac{\partial u}{\partial y}+\frac{\partial\varphi}{\partial v}\cdot\frac{\partial^2 v}{\partial y^2}\\&+\left(\frac{\partial^2\varphi}{\partial u\partial v}\cdot\frac{\partial u}{\partial y}+\frac{\partial^2\varphi}{\partial v^2}\cdot\frac{\partial v}{\partial y}\right)\cdot\frac{\partial v}{\partial y}.\end{aligned}$$

把这两式相加，得

$$\begin{aligned}\frac{\partial^2\varphi}{\partial x^2}+\frac{\partial^2\varphi}{\partial y^2}=&\frac{\partial\varphi}{\partial u}\left(\frac{\partial^2 u}{\partial x^2}+\frac{\partial^2 u}{\partial y^2}\right)+\frac{\partial^2\varphi}{\partial u^2}\left[\left(\frac{\partial u}{\partial x}\right)^2+\left(\frac{\partial u}{\partial y}\right)^2\right]\\&+2\frac{\partial^2\varphi}{\partial u\partial v}\left(\frac{\partial u}{\partial x}\cdot\frac{\partial v}{\partial x}+\frac{\partial u}{\partial y}\cdot\frac{\partial v}{\partial y}\right)+\frac{\partial\varphi}{\partial v}\left(\frac{\partial^2 v}{\partial x^2}+\frac{\partial^2 v}{\partial y^2}\right)\\&+\frac{\partial^2\varphi}{\partial v^2}\left[\left(\frac{\partial v}{\partial x}\right)^2+\left(\frac{\partial v}{\partial y}\right)^2\right].\end{aligned}$$

由假设 $w=u+iv$ 是解析函数，所以 u,v 满足拉普拉斯方程，从而上式中第一，第四项为零. 又因 u,v 满足柯西-黎曼方程，所以第三项为零. 在其余的两项中再用一次柯西-黎曼方程，得

$$\frac{\partial^2\varphi}{\partial x^2}+\frac{\partial^2\varphi}{\partial y^2}=\frac{\partial^2\varphi}{\partial u^2}\left[\left(\frac{\partial u}{\partial x}\right)^2+\left(-\frac{\partial v}{\partial x}\right)^2\right]+\frac{\partial^2\varphi}{\partial v^2}\left[\left(\frac{\partial v}{\partial x}\right)^2+\left(\frac{\partial u}{\partial x}\right)^2\right]$$

$$=\left[\left(\frac{\partial u}{\partial x}\right)^2+\left(\frac{\partial v}{\partial x}\right)^2\right]\left(\frac{\partial^2\varphi}{\partial u^2}+\frac{\partial^2\varphi}{\partial v^2}\right)$$

$$=|f'(z)|^2\left(\frac{\partial^2\varphi}{\partial u^2}+\frac{\partial^2\varphi}{\partial v^2}\right).$$

因为 $w=f(z)$ 为共形映射，所以 $f'(z)\neq 0$，当 $\frac{\partial^2\varphi}{\partial x^2}+\frac{\partial^2\varphi}{\partial y^2}=0$ 时，

$$\frac{\partial^2\varphi}{\partial u^2}+\frac{\partial^2\varphi}{\partial v^2}=0.$$

下面举例说明具有边界条件的拉普拉斯方程的解法.

例 一块金属薄板吻合于 z 平面中的第一象限，上下两侧面均绝缘，因此热流严格限制在平面内. 如果边界上的温度分布如图 6.37(a)所示，求金属板上定常的温度分布.

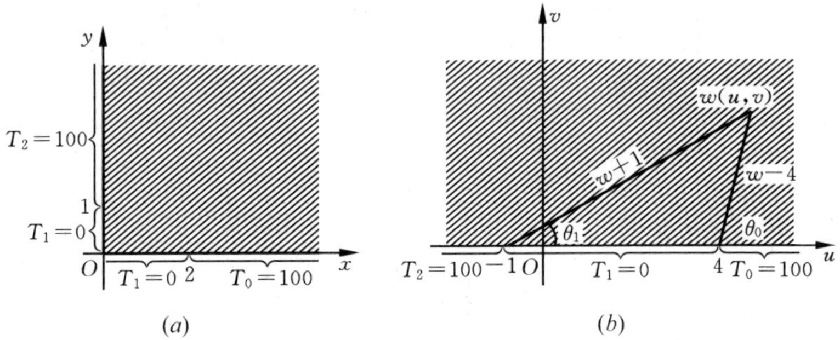

图 6.37

我们知道，所求的定常温度分布 T 必满足拉普拉斯方程：

$$\frac{\partial^2 T}{\partial x^2}+\frac{\partial^2 T}{\partial y^2}=0,$$

并满足第一象限边界上的条件. 为了便于求解，我们用

$$w=z^2=x^2-y^2+2ixy$$

将 z 平面中的第一象限映射成 w 平面中的上半平面，如图 6.37(b)所示. 这就使问题变为在 w 平面中的上半平面内，按新的边界条件解拉普拉斯方程. 我们早就知道，任何一个解析函数的实部和虚部都满足拉普拉斯方程. 所以如果能够找到一个 w 的函数，它在上半平面内解析，以及它的实部或虚部当 w 为实数时取得边值，我们就可得到所求的解.

从图 6.37(b)可知，当 w 在实轴上 4 的右边时，$\arg(w-4)=\theta_0$ 与 $\arg(w+1)=\theta_1$ 都为零；在 -1 与 4 之间时，$\theta_0=\pi, \theta_1=0$；在 -1的左边时，$\theta_0=\pi, \theta_1=\pi$. 所以不难看出

$$T=T_0+\frac{1}{\pi}[(T_1-T_0)\theta_0+(T_2-T_1)\theta_1], \qquad (6.7.1)$$

或 $T=T_0+\frac{1}{\pi}[(T_1-T_0)\arg(w-4)+(T_2-T_1)\arg(w+1)]$

当 w 取实数值时，显然取得边值. 它可以看作是函数

$$iT_0+\frac{1}{\pi}[(T_1-T_0)\ln(w-4)+(T_2-T_1)\ln(w+1)] \qquad (6.7.2)$$

的虚部，而这个函数在上半平面是处处解析的. 所以由(6.7.1)得

$$\begin{aligned} T&=100+\frac{1}{\pi}[(0-100)\theta_0+(100-0)\theta_1] \\ &=\frac{100}{\pi}[\pi+(\theta_1-\theta_0)]. \end{aligned} \qquad (6.7.3)$$

这里，$0<\theta_0-\theta_1<\pi$，$\mathrm{tg}\theta_0=\frac{v}{u-4}$，$\mathrm{tg}\theta_1=\frac{v}{u+1}$，它就是拉普拉斯方程在 w 平面中的解. 为了回到 z 平面，把(6.7.3)式两边同除以 $\frac{100}{\pi}$，并取正切得

$$\operatorname{tg}\frac{\pi T}{100}=\operatorname{tg}[\pi+(\theta_1-\theta_0)]=\operatorname{tg}(\theta_1-\theta_0)=\frac{\operatorname{tg}\theta_1-\operatorname{tg}\theta_0}{1+\operatorname{tg}\theta_1\operatorname{tg}\theta_0},$$

将 $\operatorname{tg}\theta_1=\dfrac{2xy}{x^2-y^2+1}$，$\operatorname{tg}\theta_0=\dfrac{2xy}{x^2-y^2-4}$代入得

$$\operatorname{tg}\frac{\pi T}{100}=\frac{-10xy}{(x^2+y^2)^2-3x^2+3y^2-4}$$

于是原问题的解为

$$T=\frac{100}{\pi}\begin{cases}\operatorname{arctg}B, & B>0\\ \operatorname{arctg}B+\pi, & B<0\end{cases}$$

其中
$$B=\frac{-10xy}{(x^2+y^2)^2-3x^2+3y^2-4}.$$

从上例的解法中我们知道，函数

$$f(w)=i\,T_0+\frac{1}{\pi}[(T_1-T_0)\ln(w-u_0)$$
$$+(T_2-T_1)\ln(w-u_1)+\cdots+(T_{n+1}-T_n)\ln(w-u_n)]$$

在上半平面处处解析，所以它的虚部

$$\operatorname{Im}[f(w)]=T_0+\frac{1}{\pi}[(T_1-T_0)\arg(w-u_0)$$
$$+(T_2-T_1)\arg(w-u_1)+\cdots+(T_{n+1}-T_n)\arg(w-u_n)]$$

在上半平面内是拉普拉斯方程的解，而且这个解在实轴上取得图 6.38 中所示的边值.

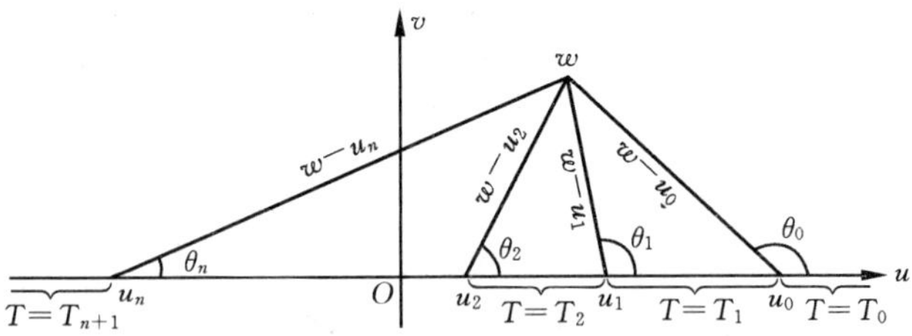

图 6.38

小　　结

1. 解析函数导数的辐角与模的几何意义及其性质

设 $w=f(z)$ 为区域 D 内的解析函数，z_0 为 D 内一点.

(1) 导数 $f'(z_0)\neq 0$ 的辐角 $\arg f'(z_0)$ 是曲线 C 经过 $w=f(z)$ 映射后在 z_0 处的转动角. 它的大小与方向跟曲线 C 的形状与方向无关. 即映射 $w=f(z)$ 具有转动角的不变性.

(2) $|f'(z_0)|$ 是经过映射 $w=f(z)$ 后通过 z_0 的任何曲线 C 在 z_0 的伸缩率，它与曲线 C 的形状与方向无关，即映射 $w=f(z)$ 具有伸缩率的不变性.

2. 共形映射或保形映射的概念

设 $w=f(z)$ 为区域 D 内的解析函数，z_0 为 D 内一点，如果 $f'(z_0)\neq 0$，那么通过 z_0 的任何两条曲线 C_1 与 C_2 之间的夹角，在其大小和方向上都等同于经过 $w=f(z)$ 映射后跟 C_1 与 C_2 对应的曲线 Γ_1 与 Γ_2 之间的夹角，即映射 $w=f(z)$ 具有保持两曲线间夹角的大小和方向不变的性质，称为保角性. 凡具有保角性和伸缩率不变性的映射称为共形映射. 之所以也称保形映射的原因是：因为映射在导数不为零的点 z_0 的邻域内，将一个任意小三角形映射成含 z_0 对应点 w_0 的一个区域内的一个曲边三角形. 这两个三角形的对应角相等（保角性），对应边也近似成比例（伸缩率的不变性），因此这两个三角形近似相似. 这是保形映射名称的由来.

3. 分式线性映射 $w=\dfrac{az+b}{cz+d}$ 可以看成是由下列各映射复合而成：

1° $\zeta=z+b$，这是一个平移变换，

2° $\eta=a\zeta$，这是一个旋转与伸缩变换，

3° $w=\dfrac{1}{\eta}$，这是一个反演变换.

由于它们在扩充平面上都是一一对应，且具有保角性、保圆性、保对称性，因此，分式线性映射也具有保角性、保圆性与保对称性. 除

此而外，它还有可用三对相异的对应点唯一确定的性质：设三个相异点 z_1,z_2,z_3 对应于三个相异点 w_1,w_2,w_3，那么就唯一确定一个分式线性映射：

$$\frac{w-w_1}{w-w_2}\cdot\frac{w_3-w_2}{w_3-w_1}=\frac{z-z_1}{z-z_2}\cdot\frac{z_3-z_2}{z_3-z_1}. \tag{1}$$

上式左端的式子，通常称为四个点 w,w_1,w_2,w_3 的交比. 因此，我们把上式的含义说成是分式线性映射具有保持交比不变的性质，或保交比性.

分式线性映射是共形映射一个重点内容，所以我们对它所具有的各种性质必须彻底弄懂、弄清，要熟练掌握并会应用. 这些性质常被用来寻找一些简单而典型的区域之间的共形映射. 我们讲过的有

(1) 上半平面映射成上半平面的映射　它的形式是

$$w=\frac{az+b}{cz+d}$$

其中 a,b,c,d 都为实常数，且 $ad-bc>0$（见第六章习题第 9 题）.

具有这一形式的映射也把下半平面映射成下半平面. 求这种映射常在实轴上取定三对相异的对应点：

$$z_1<z_2<z_3,\quad w_1<w_2<w_3$$

代入(1)式即得. 这里 $z_i,w_i(i=1,2,3)$ 均为实数.

(2) 上半平面映射成单位圆内部的映射　它的形式是

$$w=e^{i\theta}\left(\frac{z-\lambda}{z-\bar{\lambda}}\right),$$

其中 θ 为实数，λ 为上半平面内映射成圆心 $w=0$ 的点.

(3) 单位圆映射成单位圆的映射　它的形式是

$$w=e^{i\varphi}\left(\frac{z-\alpha}{1-\bar{\alpha}z}\right)\quad(|\alpha|<1),$$

其中 φ 为实数，α 为单位圆 $|z|<1$ 内的任意一点.

4. 几个初等函数所构成的映射

(1)幂函数 $w=z^n$ 这一映射的特点是:把以原点为顶点的角形域映射成以原点为顶点的角形域,但张角的大小变成了原来的 n 倍.

(2)指数函数 $w=e^z$ 这一映射的特点是:把水平的带形域 $0<\mathrm{Im}(z)<a(a<2\pi)$ 映射成角形域 $0<\arg w<a$.

把这两个函数构成的映射与分式线性映射联合起来使用可以解决一部分简单区域之间的变换问题. 例如要求一个把角形域 $-\frac{\pi}{6}<\arg z<\frac{\pi}{6}$ 映射成单位圆的映射,那么我们可以用一个幂函数所构成的映射先将这一角形域变成半平面,然后用分式线性映射再将半平面映射成单位圆. 易知映射 $\zeta=z^3$ 可将 $-\frac{\pi}{6}<\arg z<\frac{\pi}{6}$ 映射成右半平面 $\mathrm{Re}(z)>0$. 其次用旋转映射 $t=i\zeta$ 将此右半平面映射成上半平面 $\mathrm{Im}(z)>0$. 最后通过映射 $w=\frac{t-i}{t+i}$ 将上半平面映射成单位圆 $|w|<1$(图 6.39). 从而得所求的映射为 $w=\frac{z^3-1}{z^3+1}$.

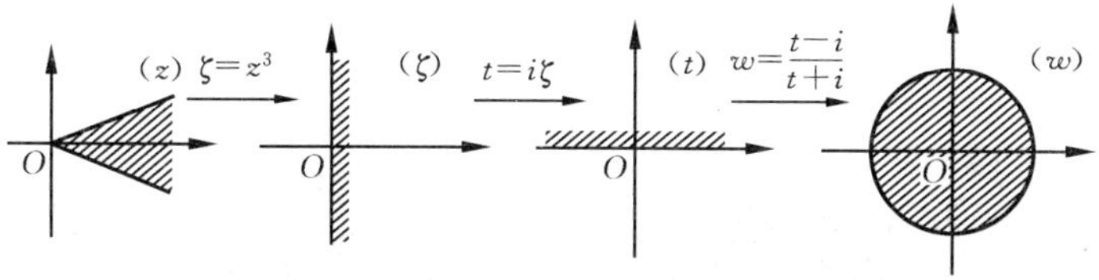

图 6.39

为了进一步开阔解题思路,我们再作几点说明.

1° 如何把图 6.40(a)中由两个圆弧(一个可以是线段)所围成的区域共形地映射成以原点为顶点的角形域? 如图 6.40(b).

设 a 与 b 为两圆弧的交点. 我们知道,如果某个分式线性映射

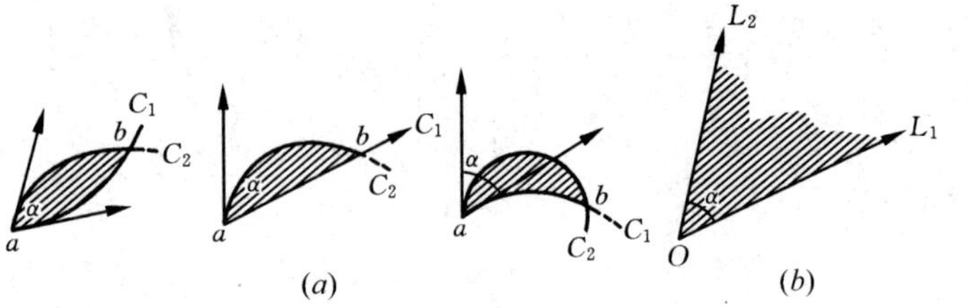

图 6.40

把 a 映射成原点，b 映射成无穷远点，那么圆弧 C_1 与 C_2 就映射成从原点出发的两条射线 L_1 与 L_2. 这两条射线构成一个顶点在原点而角度为 α 的角形域. 这个分式线性映射显然可由下式

$$w=k\frac{z-a}{z-b}$$

来表示，其中 k 为待定的常数.

如果要使 L_1 与正实轴：$v=0, u>0$ 重合，只需在 C_1 上与正实轴上取定一对对应点，以确定 k 的值. 例如，要求一个把图 6.41(a)中半径为 R 的上半圆映射成图 6.41(b)中第一象限的分式线性映射，我们可以这样求：用一个分式线性映射把 $z=-R$ 与 $z=R$ 分别映射成 $w=0$ 与 $w=\infty$，并将 $z=0$ 映射成 $w=1$，那么 C_1 必映射成 w 平面内的正实轴，由于半圆弧 C_2 与直径 C_1 正交，C_2

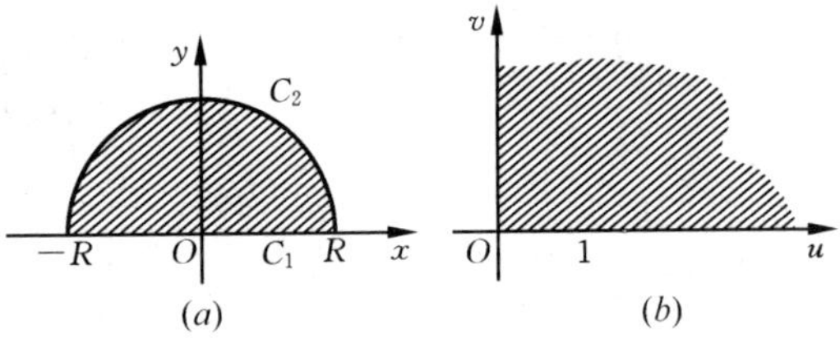

图 6.41

必映射成 w 平面内的正虚轴(这里利用了在解析函数的映射下,交角的方向不变). 故有 $w=k(z+R)/(z-R)$,且 $1=k(-1)$. 从而有

$$w=-\frac{z+R}{z-R}$$

这就是所求的映射.

2° 如何把图 6.42 中两个相切的圆周所围成的区域 B 映射成以原点为顶点的角形域($0<\arg\zeta<\delta$)?

首先,用一个分式线性映射把图 6.42 中的区域 B 映射成一个带形域 $0<\text{Im}(w)<\delta$. 这是不难做到的,我们只要把切点($z=2$)映射成无穷远点($w=\infty$),这时 C_1,C_2 的象是两条平行直线,从而区域 B 映射成某个带形域. 然后再把这个带形域经过平移,旋转与伸长等变换映射成带形域 $0<\text{Im}(w)<\delta$,并使 C_1 与 C_2 的象分别为 $\text{Im}(w)=0$ 与 $\text{Im}(w)=\delta$. 这个把区域 B 映射成 $0<\text{Im}(w)<\delta$ 的分式线性映射显然可由下式来表示:

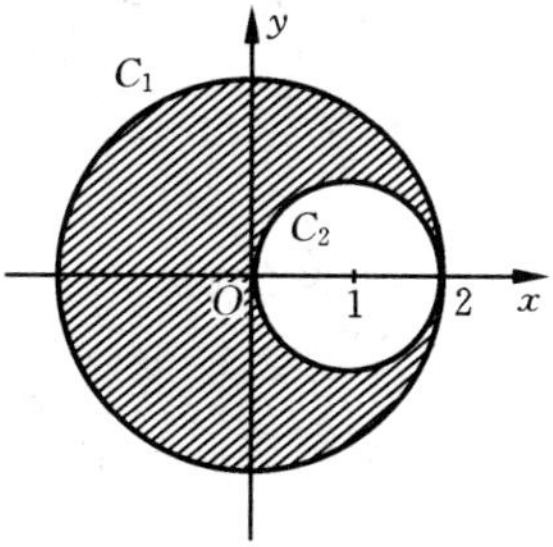

图 6.42

$$w=k\frac{z-a}{z-2}$$

其中 k 与 a 为待定常数. 例如要映射成的带形域是 $0<\text{Im}(w)<\pi$,那么在 C_1 与 C_2 上分别选取适当的点 z_1 与 z_2 跟 $w=0$ 与 $w=\pi i$ 相应(图 6.43),从而确定 k 与 a 的值.

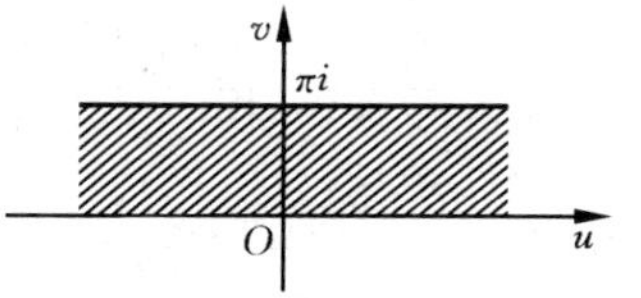

图 6.43

其次,再利用 $\zeta=e^{w}$ 把带形域 $0<\mathrm{Im}(w)<\delta$ 映射成角形域 $0<\arg\zeta<\delta$.

3° 我们不难验证:映射 $w=-e^{-z}$ 把半带形域映射成半单位圆(图 6.44)

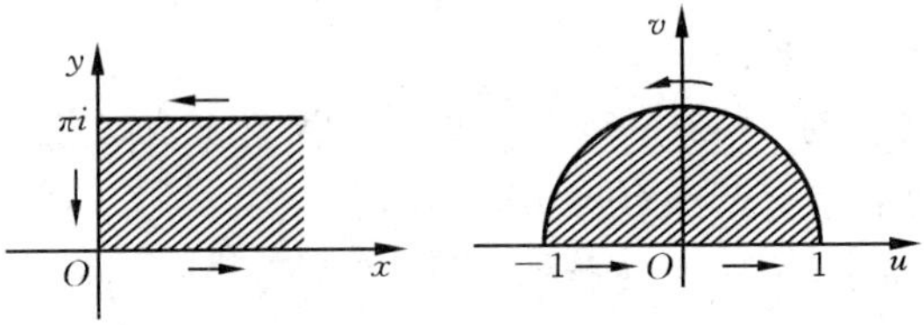

图 6.44

综上所说,要把一个区域映射成上半平面或单位圆,关键的一步是把它映射成角形域,希望读者把课文中的例子细加琢磨,使在解题时对解题的步骤能做到心中有数.

例如要求一个把圆扇形 $0<\arg z<\dfrac{\pi}{2}$,$0<|z|<1$ 映射成单位圆 $|w|<1$ 的映射. 显然我们不能认为幂函数 $w=z^4$ 所构成的映射就是所要求的映射,因为它把圆扇形映射成了去掉沿正实轴的半径后的单位圆. 我们可以用 $\zeta=z^2$ 将扇形映射成上半个圆. 其次用 $t=-\dfrac{\zeta+1}{\zeta-1}$(见 1°)将上半个圆映射成第一象限. 再用 $t_1=t^2$ 把第一象限映射成上半平面. 最后用 $w=\dfrac{t_1-i}{t_1+i}$ 映射成单位圆 $|w|<1$(图 6.45). 因此所求的映射

$$w=\frac{\left(\dfrac{z^2+1}{z^2-1}\right)^2-i}{\left(\dfrac{z^2+1}{z^2-1}\right)^2+i}=\frac{(z^2+1)^2-i(z^2-1)^2}{(z^2+1)^2+i(z^2-1)^2}$$

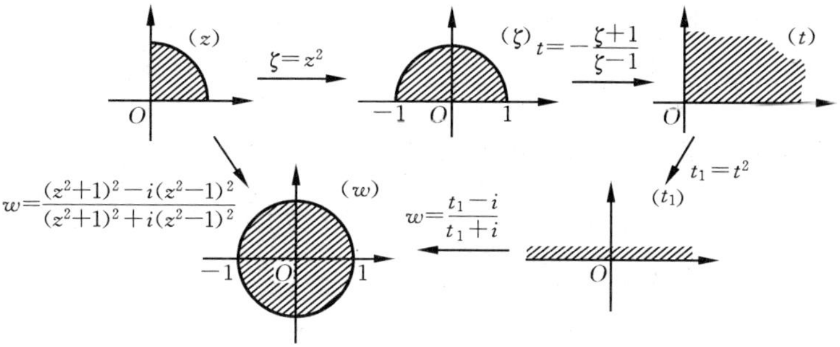

图 6.45

第六章习题

1. 求 $w=z^2$ 在 $z=i$ 处的伸缩率和转动角. 问:$w=z^2$ 将经过点 $z=i$ 且平行于实轴正向的曲线的切线方向映射成 w 平面上哪一个方向? 并作图.

2. 一个解析函数所构成的映射在什么条件下具有伸缩率和转动角的不变性? 映射 $w=z^2$ 在 z 平面上每一点都具有这个性质吗?

3. 设 $w=f(z)$在 z_0 解析,且 $f'(z_0)\neq 0$. 为什么说:曲线 C 经过映射 $w=f(z)$后在 z_0 的转动角与伸缩率跟曲线 C 的形状和方向无关?

4. 在映射 $w=iz$ 下,下列图形映射成什么图形?

1) 以 $z_1=i, z_2=-1, z_3=1$ 为顶点的三角形;

2) 圆域 $|z-1|\leqslant 1$.

5. 证明:映射 $w=z+\frac{1}{z}$ 把圆周 $|z|=c$ 映射成椭圆:

$$u=\left(c+\frac{1}{c}\right)\cos\theta, \qquad v=\left(c-\frac{1}{c}\right)\sin\theta.$$

6. 证明:在映射 $w=e^{iz}$ 下,互相正交的直线族 $\mathrm{Re}(z)=c_1$ 与 $\mathrm{Im}(z)=c_2$ 依次映射成互相正交的直线族 $v=u\,\mathrm{tg}\,c_1$ 与圆族 $u^2+v^2=e^{-2c_2}$.

7. 映射 $w=z^2$ 把上半个圆域:$|z|<R, \mathrm{Im}(z)>0$ 映射成什么?

8. 下列区域在指定的映射下映射成什么?

1) $\mathrm{Re}(z)>0, w=iz+i$;

2) $\mathrm{Im}(z)>0, w=(1+i)z$;

3) $0<\mathrm{Im}(z)<\dfrac{1}{2}, w=\dfrac{1}{z}$;

4) $\mathrm{Re}(z)>1, \mathrm{Im}(z)>0, w=\dfrac{1}{z}$;

5) $\mathrm{Re}(z)>0, 0<\mathrm{Im}(z)<1, w=\dfrac{i}{z}$.

9. 如果分式线性映射 $w=\dfrac{az+b}{cz+d}$将上半平面 $\mathrm{Im}(z)>0$,1)映射成上半平面 $\mathrm{Im}(w)>0$;2)映射成下半平面 $\mathrm{Im}(w)<0$,那么它的系数满足什么条件?

10. 如果分式线性映射 $w=\dfrac{az+b}{cz+d}$将 z 平面上的直线映射成 w 平面上的 $|w|<1$,那么它的系数应满足什么条件?

11. 试证:对任何一个分式线性映射 $w=\dfrac{az+b}{cz+d}$都可以认为 $ad-bc=1$.

12. 试求将 $|z|<1$ 映射成 $|w-1|<1$ 的分式线性映射.

13. 设 $w=e^{i\varphi}\left(\dfrac{z-\alpha}{1-\bar{\alpha}z}\right)$,试证:$\varphi=\arg w'(\alpha)$.

14. 试求将圆域 $|z|<R$ 映射成圆域 $|w|<1$ 的分式线性映射.

15. 求把上半平面 $\mathrm{Im}(z)>0$ 映射成单位圆 $|w|<1$ 的分式线性映射 $w=f(z)$,并满足条件:

1) $f(i)=0, f(-1)=1$;

2) $f(i)=0, \arg f'(i)=0$;

3) $f(1)=1, f(i)=\dfrac{1}{\sqrt{5}}$.

16. 求把单位圆内部共形映射成单位圆域的分式线性映射,并满足条件:

1) $f\left(\dfrac{1}{2}\right)=0, f(-1)=1$;

2) $f\left(\dfrac{1}{2}\right)=0, \arg f'\left(\dfrac{1}{2}\right)=\dfrac{\pi}{2}$.

3) $f\left(\dfrac{1}{2}\right)=0, \arg f'\left(\dfrac{1}{2}\right)=0$;

4) $f(a)=a, \arg f'(a)=\varphi$.

17. 把点 $z=1, i, -i$ 分别映射成点 $w=1, 0, -1$ 的分式线性映射把单位圆 $|z|<1$ 映射成什么? 并求出这个映射.

18. 求出一个把右半平面 $\mathrm{Re}(z)>0$ 映射成单位圆 $|w|<1$ 的映射.

19. 把下列各图中阴影部分所示(边界为直线段或圆弧)的域共形地且互为单值地映射成上半平面,求出实现各该映射的任一个函数:

(1)

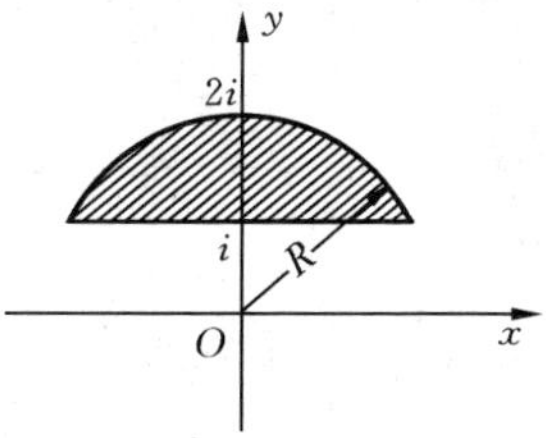

$\mathrm{Im}(z)>1, |z|<2$

(2)

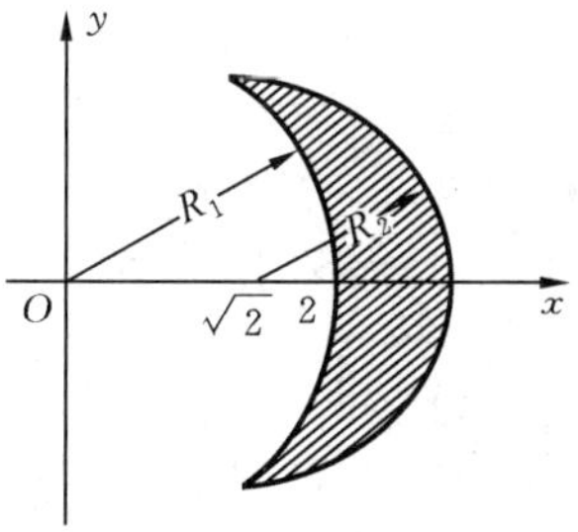

$|z|>2, |z-\sqrt{2}|<\sqrt{2}$

(3)

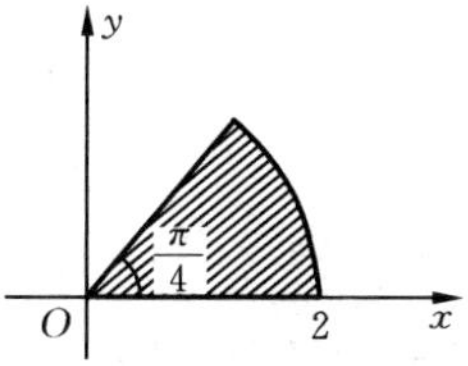

$|z|<2, 0<\arg z<\frac{\pi}{4}$

(4)

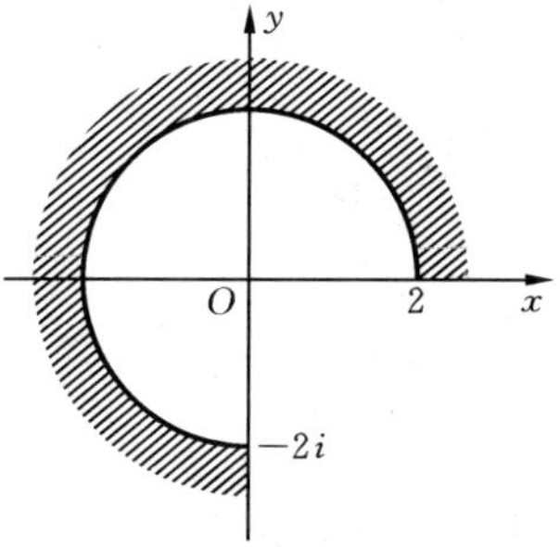

$|z|>2, 0<\mathrm{Arg}z<\frac{3\pi}{2}$

(5)

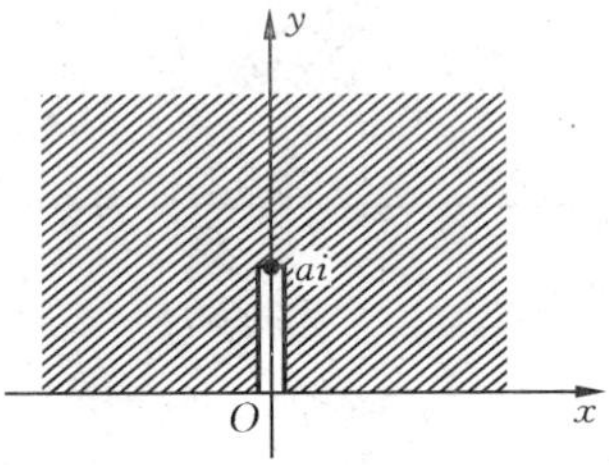

沿连结点 $z=0$ 和 $z=ai$ 的线段有割痕的上半平面.

(6)

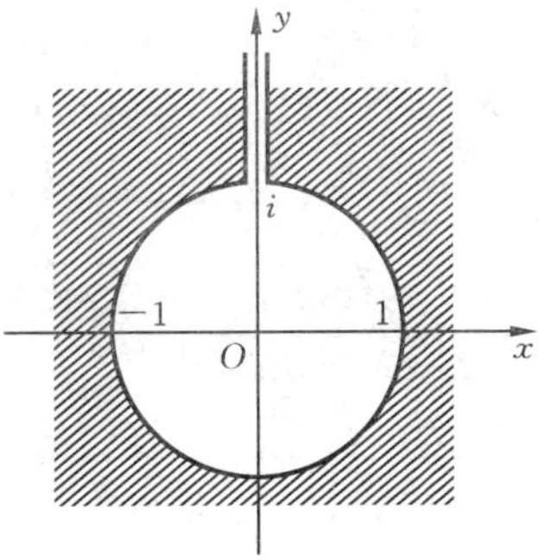

单位圆的外部,且沿虚轴由 i 到 ∞ 有割痕的域.

(7)

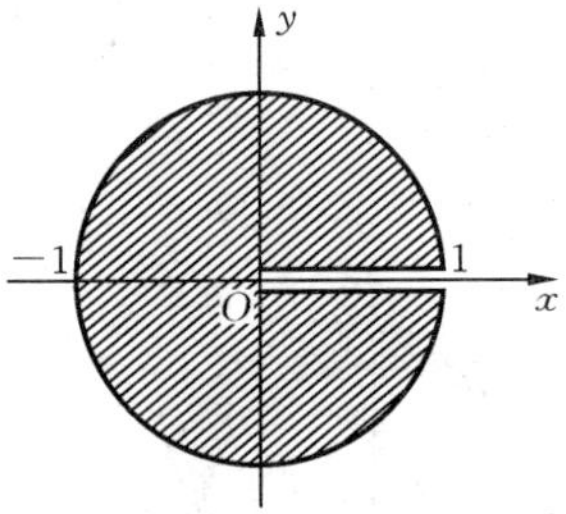

单位圆的内部,且沿由 0 到 1 的半径有割痕的域.

(8)

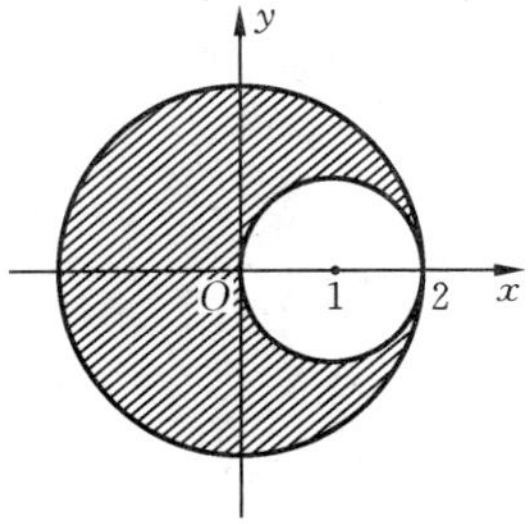

$|z|<2,|z-1|>1$

(9)

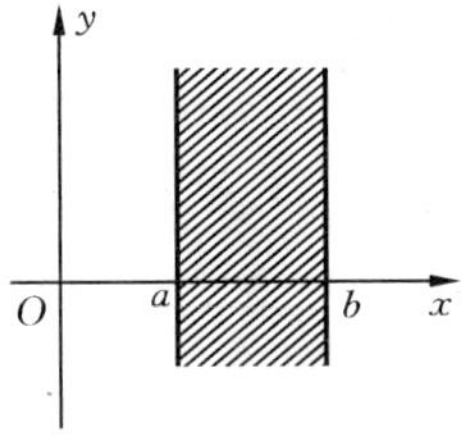

$a<\mathrm{Re}(z)<b$

(10)

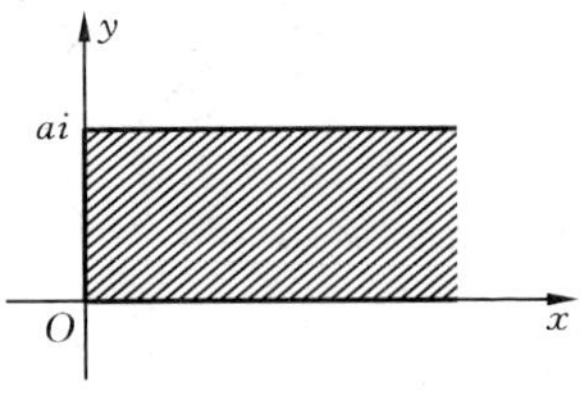

$\mathrm{Re}(z)>0,0<\mathrm{Im}(z)<a$

第 19 题图

*20. 求把上半 z 平面映射成 w 平面中如下图所示的阴影部分的映射，并使 $x=0$ 对应于 A 点，$x=-1$ 对应于 B 点.

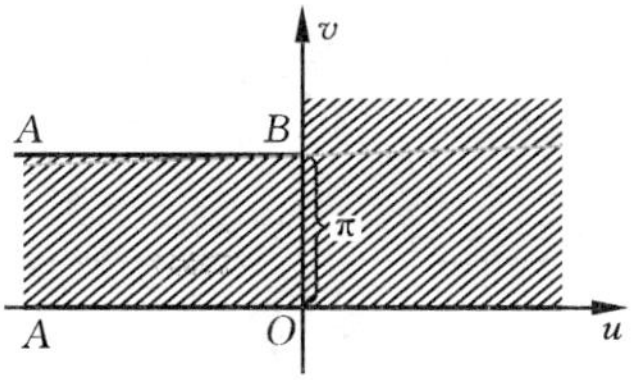

第 20 题图

*21. 求把下图中所示的阴影部分映射成上半平面的映射，并使 A 点对应于 $x=-1$，O 点对应于 $x=1$.

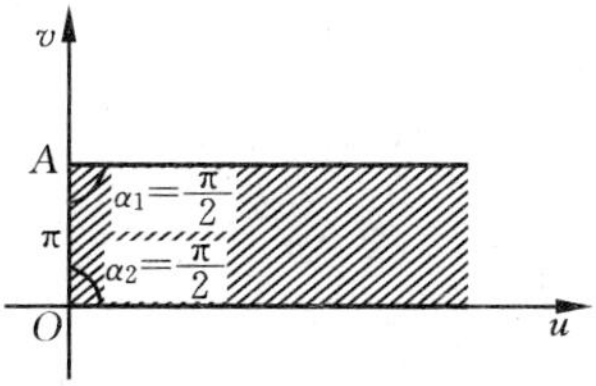

第 21 题图

*22. 求出附录Ⅱ中 6、9 与 12 三个关于区域变换的映射.

*23. 求在 w 平面中第一象限外部的等温线方程. 已知在正实轴上的温度 $T=100℃$，在正虚轴上的温度 $T=0℃$.

提示：在求将上半 z 平面映射成 w 平面中第一象限外部的映射时，令 $z=-1$ 对应于 $w=1$，$z=0$ 对应于 $w=0$，$z=1$ 对应于 $w=i$.

附　录　I

参考书目

1. 格·列·伦兹与列·埃·艾尔斯哥尔兹著《复变函数与运算微积初步》(熊振翔等译,人民教育出版社,1960).

2. R. V. 邱吉尔著《复变数导论及其应用》.(林海明等译,上海科学技术出版社,1959).

3. C. Ray Wylie 著《高等工程数学》下册(西安交通大学数学系《工程数学》翻译组译,人民教育出版社,1981 年).

4. M. A. 拉甫伦捷夫与 Б. A. 沙巴特著《复变函数论方法》上下册(施祥林等译,高等教育出版社,1956,1957).

5. John D. Paliouras: Complex Variables for Scientists and Engineers. Macmillan, New York, 1975.

6. Erwin Kreyszig: Advanced Engineering Mathematics. John Wiley & Sons, Inc. 1972, Third edition.

7. Philip Franklin: Functions of Complex Variables. Prentice-Hall, Inc, 1958.

附　录　Ⅱ

区域的变换表

在表中的每组图形下，注有映射函数，并在图形上注明了对应点，边界的对应部分也用字母注出，以便读者查阅.

1.

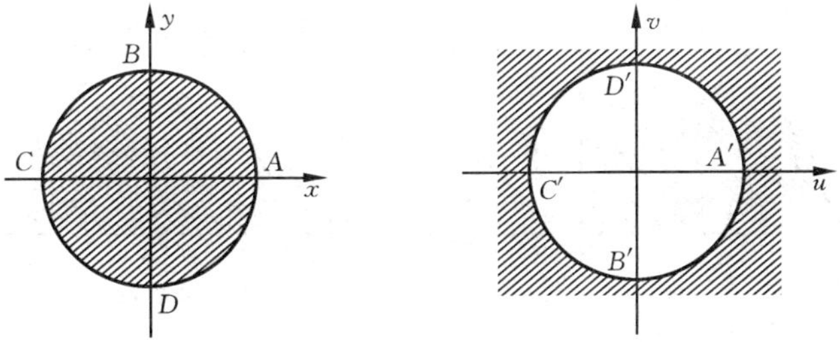

$$w=\frac{1}{z}$$

2.

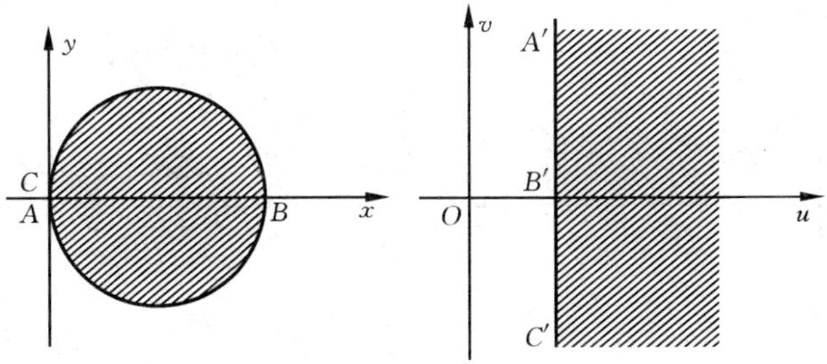

$$w=\frac{1}{z}$$

3.

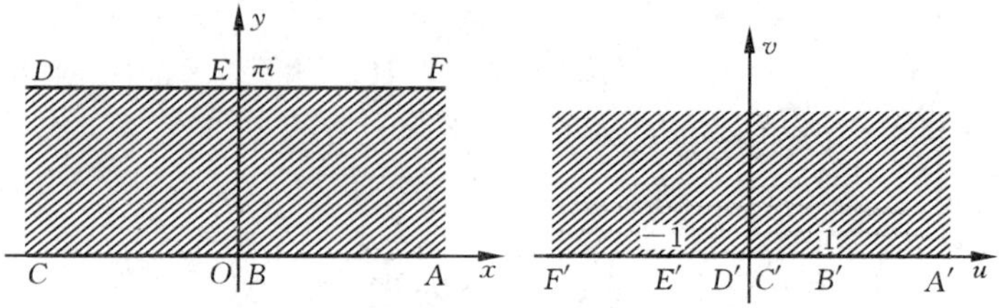

$w = e^z$

4.

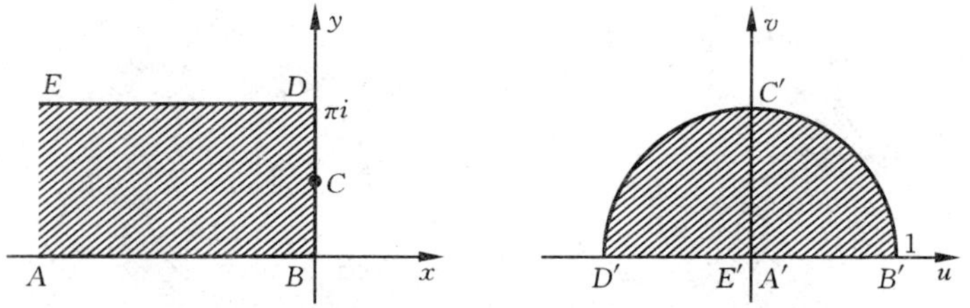

$w = e^z$

5.

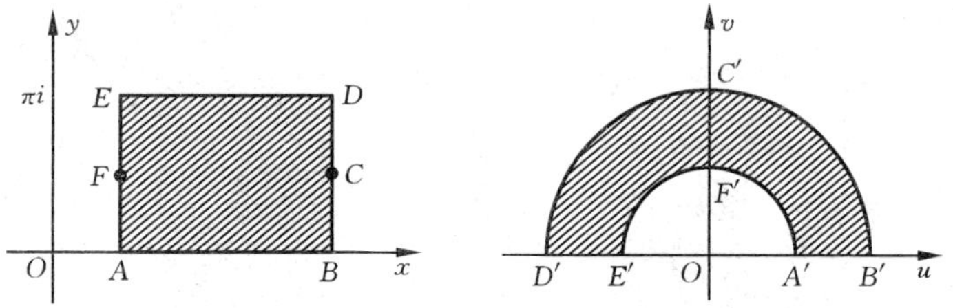

$w = e^z$

6.

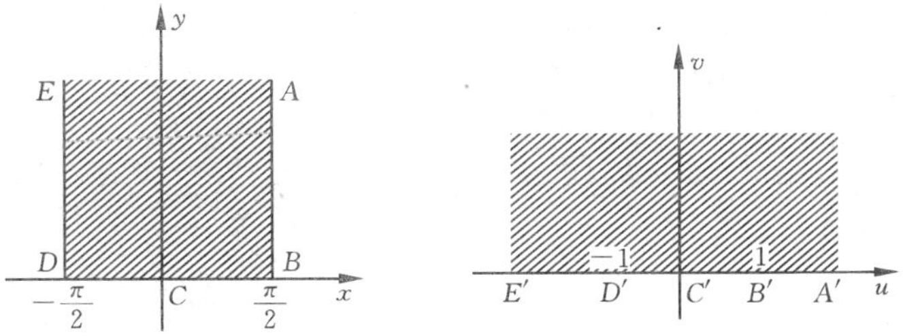

$w = \sin z$

7.

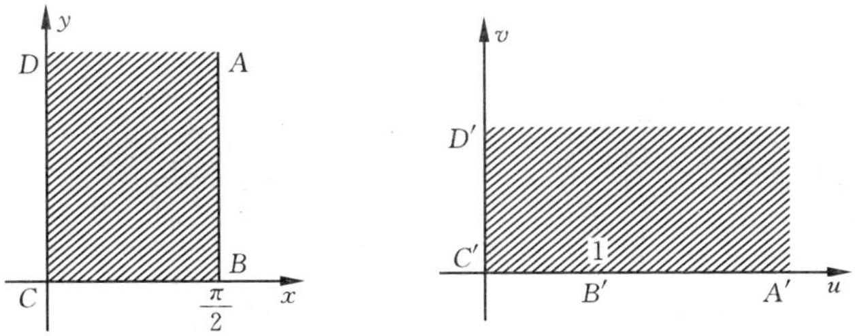

$w = \sin z$

8.

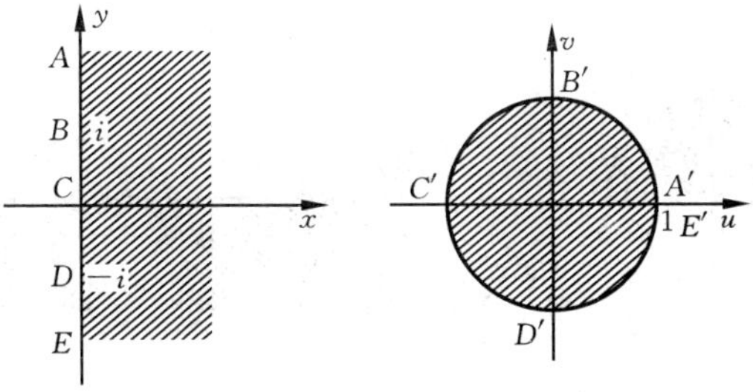

$$w = \frac{z-1}{z+1}$$

9.

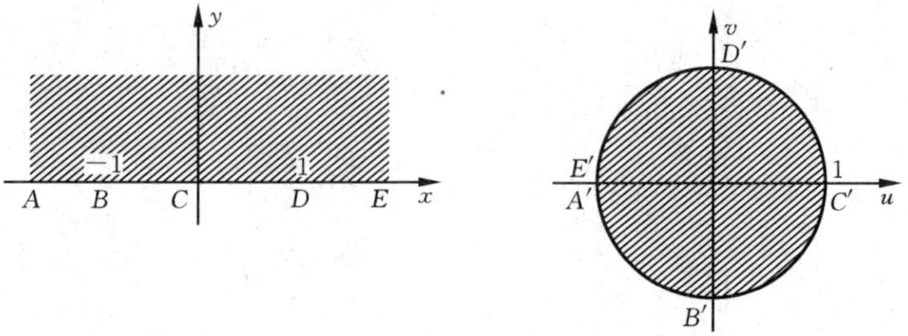

$$w=\frac{i-z}{i+z}$$

10.

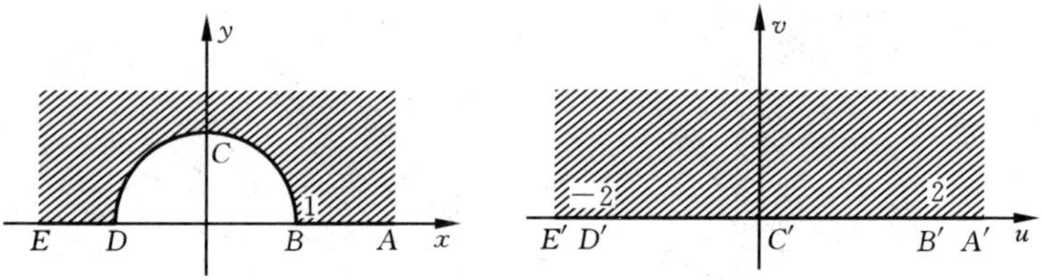

$$w=z+\frac{1}{z}$$

11.

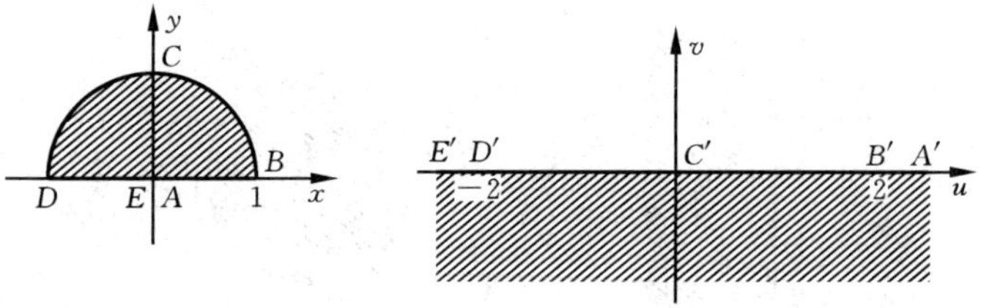

$$w=z+\frac{1}{z}$$

12.

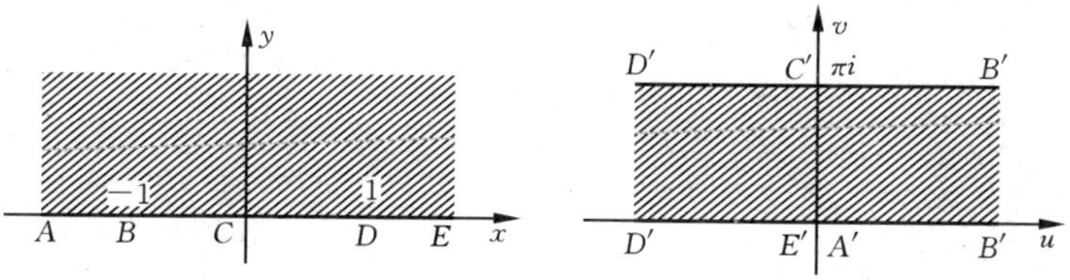

$$w=\ln\frac{z-1}{z+1}$$

13.

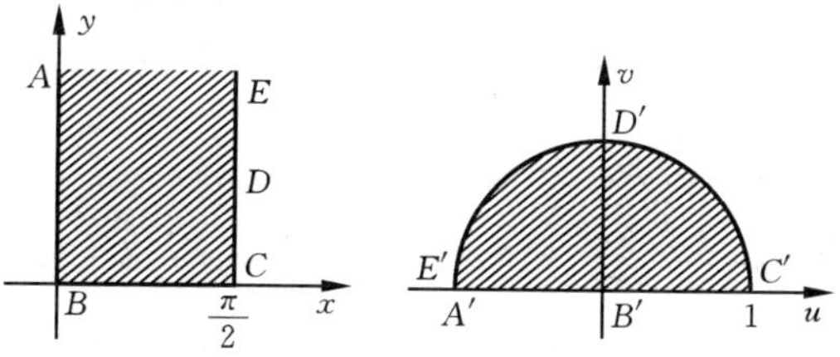

$$w=\mathrm{tg}^2\frac{z}{2}=\frac{1-\cos z}{1+\cos z}$$

14.

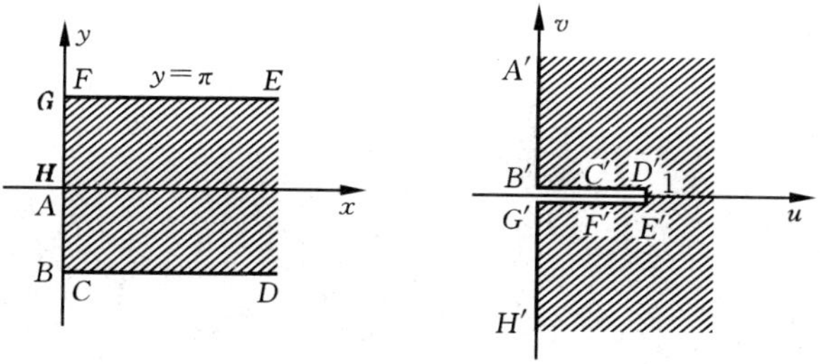

$$w=\frac{e^z+1}{e^z-1}$$

15.

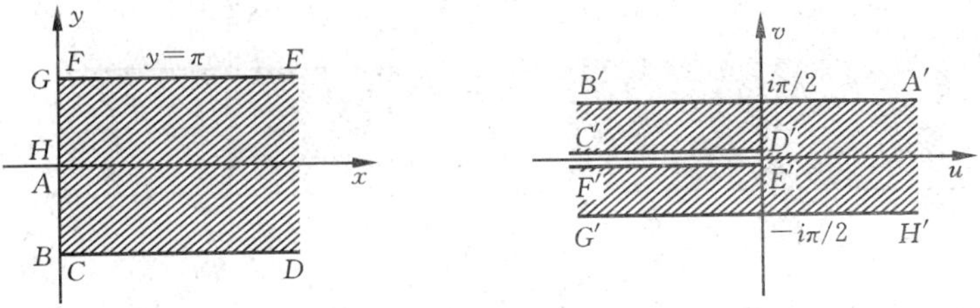

$$w=\ln\frac{e^z+1}{e^z-1}$$

习题答案

第一章

1. 1) $\mathrm{Re}(z)=\frac{3}{13}$；$\mathrm{Im}(z)=-\frac{2}{13}$；$\bar{z}=\frac{3}{13}+\frac{2}{13}i$；$|z|=\frac{1}{\sqrt{13}}$；

   $\arg z=-\mathrm{arctg}(\frac{2}{3})$.

   2) $\mathrm{Re}(z)=\frac{3}{2}$；$\mathrm{Im}(z)=-\frac{5}{2}$；$\bar{z}=\frac{3}{2}+\frac{5}{2}i$；$|z|=\frac{\sqrt{34}}{2}$；

   $\arg z=-\mathrm{arctg}(\frac{5}{3})$.

   3) $\mathrm{Re}(z)=-\frac{7}{2}$；$\mathrm{Im}(z)=-13$；$\bar{z}=-\frac{7}{2}+13i$；$|z|=\frac{5}{2}\sqrt{29}$；

   $\arg z=\mathrm{arctg}(\frac{26}{7})-\pi$.

   4) $\mathrm{Re}(z)=1$；$\mathrm{Im}(z)=-3$；$\bar{z}=1+3i$；$|z|=\sqrt{10}$；
   $\arg z=-\mathrm{arctg}3$.

2. $x=1, y=11$.

5. 不成立，例如 $z=i$. 但当 z 为实数时，等式成立.

6. $1+|a|$.

7. 1) 真；　2) 真；　3) 假；　4) 假；
   5) 假；　6) 一般不真；　7) 真.

8. 1) $i=\cos\frac{\pi}{2}+i\sin\frac{\pi}{2}=e^{\frac{\pi}{2}i}$；2) $-1=\cos\pi+i\sin\pi=e^{\pi i}$；

   3) $1+\sqrt{3}i=2(\cos\frac{\pi}{3}+i\sin\frac{\pi}{3})=2e^{\frac{\pi}{3}i}$；

   4) $1-\cos\varphi+i\sin\varphi=2\sin\frac{\varphi}{2}[\cos(\frac{\pi}{2}-\frac{\varphi}{2})+i\sin(\frac{\pi}{2}-\frac{\varphi}{2})]$

   $$=2\sin\frac{\varphi}{2}e^{i(\frac{\pi}{2}-\frac{\varphi}{2})}.$$

   5) $\frac{2i}{-1+i}=\sqrt{2}(\cos\frac{\pi}{4}-i\sin\frac{\pi}{4})=\sqrt{2}e^{-\frac{\pi}{4}i}$；

   6) $\frac{(\cos5\varphi+i\sin5\varphi)^2}{(\cos3\varphi-i\sin3\varphi)^3}=\cos19\varphi+i\sin19\varphi=e^{19\varphi i}$.

9. 1) $z=z_1+A$, 2) $z=z_1(\cos\alpha+i\sin\alpha)=z_1e^{i\alpha}$，其中 $z=x+iy$；$z_1=x_1+iy_1$，$A=a+ib$.

10. 模不变，辐角减小$\frac{\pi}{2}$.

14. 1) $-16\sqrt{3}-16i$； 2) $-8i$；3) $\frac{\sqrt{3}}{2}+\frac{1}{2}i, i,$

$-\frac{\sqrt{3}}{2}+\frac{1}{2}i, -\frac{\sqrt{3}}{2}-\frac{1}{2}i, -i, \frac{\sqrt{3}}{2}-\frac{1}{2}i.$

4) $\sqrt[6]{2}\left(\cos\frac{\pi}{12}-i\sin\frac{\pi}{12}\right), \sqrt[6]{2}\left(\cos\frac{7\pi}{12}+i\sin\frac{7\pi}{12}\right),$

$\sqrt[6]{2}\left(\cos\frac{5\pi}{4}+i\sin\frac{5\pi}{4}\right).$

15. $n=4k(k=0,\pm1,\pm2,\cdots)$.

16. 1) $1+\sqrt{3}i, -2, 1-\sqrt{3}i$；

2) $c_1e^{-2x}+e^x(c_2\cos\sqrt{3}x+c_3\sin\sqrt{3}x)$.

17. z 与 $-z$ 关于原点对称；

z 与 $\bar{z}$ 关于实轴对称；

z 与 $-\bar{z}$ 关于虚轴对称；

z 与$\frac{1}{z}$的位置关系参看第 6 章 § 2 图 6.8.

18. 1) 位于 z_1 与 z_2 连线的中点；

2) 位于 z_1 与 z_2 连线上，其中 $\lambda=\frac{|z-z_2|}{|z_1-z_2|}$；

3) 位于三角形 $z_1z_2z_3$ 的重心.

21. 1) 以 5 为中心；半径为 6 的圆周；

2) 中心在 $-2i$；半径为 1 的圆周及其外部区域；

3) 直线 $x=-3$；

4) 直线 $y=3$；

5) 实轴；

6) 以 -3 与 -1 为焦点，长轴为 4 的椭圆；

7) 直线 $y=2$ 及其下边的平面；

8) 直线 $x=\frac{5}{2}$ 及其左边的平面；

9) 不包含实轴的上半平面；

10) 以 i 为起点的射线 $y=x+1(x>0)$.

22. 1）不包含实轴的上半平面，是无界的单连通域；

2）圆$(x-1)^2+y^2=16$的外部区域(不包括圆周)，是无界的多连通域；

3）由直线$x=0$与$x=1$所构成的带形区域，不包括两直线在内，是无界的单连通域；

4）由圆周$r^2+y^2=4$与$x^2+y^2=9$所围成的圆环域，包括圆周在内，是有界的多连通闭区域；

5）直线$x=-1$右边的平面区域，不包括直线在内，是无界的单连通域；

6）由射线$\theta=-1$及$\theta=-1+\pi$构成的角形域，不包括两射线在内，即为一半平面，是无界的单连通域；

7）中心在$z=-\dfrac{17}{15}$，半径为$\dfrac{8}{15}$的圆周的外部区域(不包括圆周本身在内)是无界的多连通域；

8）椭圆$\dfrac{x^2}{9}+\dfrac{y^2}{5}=1$及其围成的区域，是有界的单连通闭区域.

9）双曲线$4x^2-\dfrac{4}{15}y^2=1$的左边分支的内部(即包括焦点$z=-2$的那部分)区域，是无界的单连通域；

10）圆$(x-2)^2+(y+1)^2=9$及其内部区域，是有界的单连通闭区域.

25. 1）直线$y=x$；　　2）椭圆：$\dfrac{x^2}{a^2}+\dfrac{y^2}{b^2}=1$；

3）等轴双曲线；$xy=1$；

4）等轴双曲线：$xy=1$(第一象限中的一支)；

5）双曲线：$\dfrac{x^2}{a^2}-\dfrac{y^2}{b^2}=1$；

6）椭圆：$\dfrac{x^2}{(a+b)^2}+\dfrac{y^2}{(a-b)^2}=1$；

7）$x^2+y^2=e^{\frac{2a}{b}\mathrm{arctg}\frac{y}{x}}$.

26. 1）圆周：$u^2+v^2=\dfrac{1}{4}$；　　2）直线：$v=-u$；

3）圆周：$(u-\dfrac{1}{2})^2+v^2=\dfrac{1}{4}$；4）直线$u=\dfrac{1}{2}$.

27. 1）$w_1=-i$；$w_2=-2+2i$；$w_3=8i$.

2）$0<\arg w<\pi$.

第二章

2. 1) 在直线 $x=-\frac{1}{2}$ 上可导，但在复平面上处处不解析；

2) 在直线 $\sqrt{2}x\pm\sqrt{3}y=0$ 上可导，但在复平面上处处不解析；

3) 在原点 $z=0$ 处可导，但在复平面上处处不解析；

4) 在复平面上处处可导，处处解析.

3. 1) 在复平面上处处解析，$f'(z)=5(z-1)^4$；

2) 在复平面上处处解析，$f'(z)=3z^2+2i$；

3) 除 $z=\pm1$ 外在复平面上处处解析，$f'(z)=-\frac{2z}{(z^2-1)^2}$；

4) 除 $z=-\frac{d}{c}(c\neq0)$ 外在复平面上处处解析，$f'(z)=\frac{ad-bc}{(cz+d)^2}$.

4. 1) $0,\pm i$；　　2) $-1,\pm i$.

6. 1) ~ 5) 假；6) 真.

8. $n=l=-3, m=1$.

11. 全部正确.

12. 1) $k\pi$；　2) $k\pi+\frac{\pi}{2}$；　3) $(2k+1)\pi i$；　4) $k\pi-\frac{\pi}{4}$. 这里 $k=0,\pm1,\pm2,\cdots$.

15. 1) $(2k-\frac{1}{2})\pi i$，主值为 $-\frac{\pi}{2}i$；

2) $\ln5-i\,\mathrm{arctg}\,\frac{4}{3}+(2k+1)\pi i$，主值为 $\ln5+(\pi-\mathrm{arctg}\,\frac{4}{3})i$.

18. $-ie$；$\frac{\sqrt{2}}{2}\sqrt[4]{e}(1+i)$；$e^{-2k\pi}(\cos\ln3+i\sin\ln3)$；

$$e^{-(2k+\frac{1}{4})\pi}\left(\cos\frac{\ln2}{2}+i\sin\frac{\ln2}{2}\right).$$

21. 1) $z_k=k\pi i\ (k=0,\pm1,\pm2,\cdots)$；

2) $z_k=\frac{2k+1}{2}\pi i\ (k=0,\pm1,\pm2,\cdots)$；

3) $z_k=(2k+\frac{1}{2})\pi i\ (k=0,\pm1,\pm2,\cdots)$.

24. 1) $v(z)=2(\bar{z}-i)$；流线：$x(y+1)=c_1$；等势线：$x^2-(y+1)^2=c_2$.

2) $v(z)=3\bar{z}^2$；流线：$(3x^2-y^2)y=c_1$；等势线：$x(x^2-3y^2)=c_2$；

3) $v(z)=-\frac{2\bar{z}}{(\bar{z}^2+1)^2}$；流线：$\frac{xy}{(x^2-y^2+1)^2+4x^2y^2}=c_1$，等势线：

$$\frac{x^2-y^2+1}{(x^2-y^2+1)^2+4x^2y^2}=c_2.$$

第三章

1\. 1),2),3)都等于$\frac{1}{3}(3+i)^3$.

2\. $-\frac{1}{6}+\frac{5}{6}i$；$-\frac{1}{6}+\frac{5}{6}i$.

3\. 不一定成立.例如,$f(z)=z$,C:$|z|=1$.这时两者均不为零.

5\. 1) $4\pi i$； 2) $8\pi i$.

6\. 1) 0； 2) 0； 3) 0； 4) $2\pi i$；

5) 0； 6) $\frac{4\pi i}{4+i}$.[依据柯西-古萨基本定理或柯西积分公式]

7\. 1) $2\pi e^2 i$； 2) $\frac{\pi i}{a}$； 3) $\frac{\pi}{e}$；

4) 0； 5) 0； 6) 0； 7) 0；

8) 0； 9) 0； 10) $\frac{\pi i}{12}$.

8\. 1) 0； 2) $-\frac{1}{3}i$； 3) $(\pi-\frac{1}{2}\mathrm{sh}2\pi)i$；

4) $\sin 1-\cos 1$； 5) $1-\cos 1+i(\sin 1-1)$；

6) $-\left(\mathrm{tg}1+\frac{1}{2}\mathrm{tg}^2 1+\frac{1}{2}\mathrm{th}^2 1\right)+i\mathrm{th}1$.

9\. 1) $14\pi i$； 2) 0 3) 0； 4) $2\pi i$；

5) 0,当$|\alpha|>1$；$\pi e^{\alpha} i$,当$|\alpha|<1$.

14\. 当α与$-\alpha$都不在C的内部时,积分值为0；

当α与$-\alpha$中有一个在C的内部时,积分值为πi；

当α与$-\alpha$都在C的内部时,积分值为$2\pi i$.

16\. 不.例如$\oint_C \frac{1}{z^n}dz=0\ (n\geqslant 2)$

19\. 是.因为$\frac{f'(z)}{f(z)}$在B内处处解析.

23\. 是.

24\. 不是

25\. 不对.

29\. 1) $u=c_1(ax+by)+c_2$； 2) $u=c_1 \operatorname{arc\,tg}\frac{y}{x}+c_2$.

30\. 1) $(1-i)z^3+ic$； 2) $\frac{1}{2}-\frac{1}{z}$；3) $-i(z-1)^2$；

4) $\ln z+c$.

31\. $p=1$, e^z+c ；$p=-1$, $-e^{-z}+c$.

第四章

1. 1）收敛，极限为-1；

   2）收敛，极限为 0；

   3）发散；

   4）发散；

   5）收敛，极限为 0.

3. 1）原级数收敛，但非绝对收敛；

   2）原级数收敛，但非绝对收敛；

   3）原级数收敛，且为绝对收敛；

   4）原级数发散.

4. 1）不正确，参看本章 §2 中的例；

   2）不正确，参看本章 §2 中幂级数的性质；

   3）不正确，例如函数 $f(z)=\frac{1}{2}(3z-\bar{z})$在 $z=0$ 处连续，但不可导，因此不能展开成泰勒级数.

5. 不能

6. 1）1； 2）0； 3）$\frac{1}{\sqrt{2}}$；4）1；5）1；6）∞.

11. 1）$1-z^3+z^6-\cdots, R=1$；

    2）$1-2z^2+3z^4-4z^6+\cdots, R=1$；

    3）$1-\frac{z^4}{2!}+\frac{z^8}{4!}-\frac{z^{12}}{6!}+\cdots,\ R=\infty$；

    4）$z+\frac{z^3}{3!}+\frac{z^5}{5!}+\cdots,\ R=\infty$；

    5）$1+\frac{z^2}{2!}+\frac{z^4}{4!}+\cdots,\ R=\infty$；

    6）$z^2+z^4+\frac{z^6}{3}+\cdots,\ R=\infty$；

    7）$1-z-\frac{1}{2!}z^2-\frac{1}{3!}z^3+\cdots,\ R=1$；

    8）$\sin 1+\cos 1\cdot z+\left(\cos 1-\frac{1}{2}\sin 1\right)z^2+\left(\frac{5}{6}\cos 1-\sin 1\right)z^3+\cdots,$ $R=1$；

12. 1）$\sum_{n=1}^{\infty}(-1)^{n-1}\frac{(z-1)^n}{2^n},\ R=2$；

    2）$\sum_{n=0}^{\infty}(-1)^n\left(\frac{1}{2^{2n+1}}-\frac{1}{3^{n+1}}\right)(z-2)^n,\ R=3$；

3) $\sum_{n=0}^{\infty}(n+1)(z+1)^n$, $R=1$;

4) $\sum_{n=0}^{\infty}\frac{3^n}{(1-3i)^{n+1}}[z-(1+i)]^n$, $R=\frac{\sqrt{10}}{3}$;

5) $1+2\left(z-\frac{\pi}{4}\right)+2\left(z-\frac{\pi}{4}\right)^2+\frac{8}{3}\left(z-\frac{\pi}{4}\right)^3+\cdots$, $R=\frac{\pi}{4}$.

6) $z-\frac{z^3}{3}+\frac{z^5}{5}-\cdots$, $R=1$.

15. 不正确.用长除法所得到的两式,使它们成立的 z 值的范围不同,因此不能相加.

16. 1) $\frac{1}{5}\left(\cdots+\frac{2}{z^4}+\frac{1}{z^3}-\frac{2}{z^2}-\frac{1}{z}-\frac{1}{2}-\frac{z}{4}-\frac{z^2}{8}-\frac{z^3}{16}-\cdots\right)$;

2) $\sum_{n=-1}^{\infty}(n+2)z^n$, $\sum_{n=-2}^{\infty}(-1)^n(z-1)^n$,

3) $-\sum_{n=-1}^{\infty}(z-1)^n$, $\sum_{n=0}^{\infty}(-1)^n\frac{1}{(z-2)^{n+2}}$;

4) $1-\frac{1}{z}-\frac{1}{2!z^2}-\frac{1}{3!z^3}+\frac{1}{4!z^4}+\cdots$;

5) $\sum_{n=1}^{\infty}(-1)^{n-1}\frac{n(z-i)^{n-2}}{i^{n+1}}$, $0<|z-i|<1$.

$\sum_{n=0}^{\infty}(-1)^n\frac{(n+1)i^n}{(z-i)^{n+3}}$, $1<|z-i|<\infty$.

6) $-\sum_{n=0}^{\infty}(-1)^n,\frac{1}{(2n+1)!}\cdot\frac{1}{(z-1)^{2n+1}}$;

7) $1-\frac{3}{2}\sum_{n=0}^{\infty}\frac{1}{4^n}z^n-2\sum_{n=-1}^{-\infty}\frac{1}{3^{n+1}}z^n$, $3<|z|<4$;

$1+\sum_{n=1}^{\infty}(3\cdot 2^{2n-1}-2\cdot 3^{n-1})z^{-n}$, $4<|z|<\infty$;

19. 1) 0; 2) $2\pi i$; 3) 0; 4) $2\pi i$.

20. $2\pi i$.

第五章

1. 1) $z=0$, 一级极点;$z=\pm i$, 二级极点;

2) $z=0$, 二级极点;

3) $z=1$, 二级极点;$z=-1$, 一级极点;

4) $z=0$, 可去奇点;

5）$z=\pm i$，二级极点，$z_k=(2k+1)i$（$k=1,\pm 2,\cdots$），一级极点；

6）$z=1$，本性奇点；

7）$z=0$，三级极点；$z_k=2k\pi i$（$k=\pm 1,\pm 2,\cdots$），一级极点；

8）$z_k=e^{\frac{(2k+1)\pi i}{n}}$（$k=0,1,2,\cdots,n-1$），均为一级极点；

9）$z=0$，二级极点；$\pm\sqrt{k\pi}$，$\pm i\sqrt{k\pi}$（$k=1,2\cdots$），均为一级极点.

4. 10 级极点

6. 1）$z=a$，$m+n$ 级极点；

2）$z=a$，当 $m>n$ 时，$m-n$ 级极点；当 $m<n$ 时，$n-m$ 级零点；当 $m=n$ 时，可去奇点；

3）$z=a$ 为极点，级(数)为 m、n 中的大者；当 $m=n$ 时，$z=a$ 为极点，级(数)$\leqslant m$，也可能是可去奇点.

7. 不对.因为孤立奇点的分类必须根据在这个奇点邻域内的洛朗展开式来决定，而题中的展开式不是在 $z=1$ 的邻域中的洛朗展开式.

8. 1）$\text{Res}[f(z),0]=-\dfrac{1}{2}$；$\text{Res}[f(z),2]=\dfrac{3}{2}$；

2）$\text{Res}[f(z),0]=-\dfrac{4}{3}$；

3）$\text{Res}[f(z),i]=-\dfrac{3}{8}i$；　$\text{Res}[f(z),-i]=\dfrac{3}{8}i$

4）$\text{Res}[f(z),k\pi+\dfrac{\pi}{2}]=(-1)^{k+1}(k\pi+\dfrac{\pi}{2})$，$k=0,\pm 1,\pm 2,\cdots$；

5）$\text{Res}[f(z),1]=0$；

6）$\text{Res}[f(z),0]=-\dfrac{1}{6}$；

7）$\text{Res}[f(z),0]=0$；$\text{Res}[f(z),k\pi]=(-1)^k\dfrac{1}{k\pi}$；$k$ 为不等于零的整数；

8）$\text{Res}[f(z),(k+\dfrac{1}{2})\pi i]=1$，$k$ 为整数.

9. 1）0；

2）$4\pi e^2 i$；

3）当 m 为大于或等于 3 的奇数时，积分等于$(-1)^{\frac{m-3}{2}}\dfrac{2\pi i}{(m-1)!}$；$m$ 为其他整数或 0 时，积分等于零.

4）$2\pi i$；

5）$-12i$

6）当$|a|<|b|<1$ 或 $1<|a|<|b|$时，积分等于零；

当$|a|<1<|b|$时，积分等于

$$(-1)^{n-1}\frac{2\pi(2n-2)!\ i}{[(n-1)!]^2(a-b)^{2n-1}}.$$

10. 1）可去奇点；留数为 0；

2）本性奇点；留数为 0；

3）可去奇点；留数为-2.

11. 1）$-\mathrm{sh}1$；

2）0.

12. 1）$2\pi i$；

2）$-\frac{2}{3}\pi i$；

3）当 $n\neq 1$ 时，积分等于零；当 $n=1$ 时，积分等于 $2\pi i$；

13. 1）$\frac{\pi}{2}$；　2）$\frac{2\pi}{b^2}(a-\sqrt{a^2-b^2})$；　3）$\frac{\pi}{2}$；

4）$\frac{\pi}{2\sqrt{2}}$；　5）$\pi e^{-1}\cos 2$；　6）πe^{-1}.

15. 1）$2\pi i$；2）$2\pi i$；3）$-4\pi i$；4）0.

第六章

1. 伸缩率：$|w'(i)|=2$；旋转角：$\mathrm{Arg}w'(i)=\frac{\pi}{2}$；$w$ 平面上虚轴的正向.

2. 在导数不等于零的条件下具有伸缩率和旋转角的不变性；映射 $w=z^2$ 在 $z=0$ 处不具有伸缩率和旋转角的不变性.

4. 1）以 $w_1=-1$，$w_2=-i$，$w_3=i$ 为顶点的三角形；

2）圆域：$|w-i|\leqslant 1$.

7. 圆心在原点、半径为 R^2、且沿由 0 到 R^2 的半径有割痕的圆域.

8. 1）$\mathrm{Im}(w)>1$；

2）$\mathrm{Im}(w)>\mathrm{Re}(w)$；

3）$|w+i|>1$，$\mathrm{Im}(w)<0$；

4）$|w-\frac{1}{2}|<\frac{1}{2}$，$\mathrm{Im}(w)<0$；

5）$\mathrm{Re}(w)>0$，$|w-\frac{1}{2}|>\frac{1}{2}$，$\mathrm{Im}(w)>0$；

9. 1）$ad-bc>0$；2）$ad-bc<0$.

10. $ad-bc\neq 0$，$|a|=|c|$.

12. $w=1+e^{i\varphi}\left(\dfrac{z-\alpha}{1-\bar{\alpha}z}\right), |\alpha|<1.$

14. $w=e^{i\varphi}\left(\dfrac{z-R\alpha}{R-\bar{\alpha}z}\right), |\alpha|<1.$

15. 1) $w=-i\,\dfrac{z-i}{z+i}$;

2) $w=i\,\dfrac{z-i}{z+i}$;

3) $w=\dfrac{3z+(\sqrt{5}-2i)}{(\sqrt{5}-2i)z+3}$.

16. 1) $w=\dfrac{2z-1}{z-2}$;

2) $w=\dfrac{i(2z-1)}{2-z}$;

3) $w=\dfrac{2z-1}{2-z}$;

4) $\dfrac{w-a}{1-\bar{a}w}=e^{i\varphi}\left(\dfrac{z-a}{1-\bar{a}z}\right)$.

17. 把单位圆$|z|<1$映射成 w 平面上的下半平面：

$$w=\frac{(1+i)(z-i)}{(1+z)+3i(1-z)}.$$

18. $w=e^{i\theta}\left(\dfrac{z-\bar{\alpha}}{z+\alpha}\right)$,其中 $\mathrm{Re}(\alpha)>0$,θ 为任意实数.

19. 1) $w=-\left(\dfrac{z+\sqrt{3}-i}{z-\sqrt{3}-i}\right)^3$；

2) $w=\left(\dfrac{z-\sqrt{2}(1-i)}{z-\sqrt{2}(1+i)}\right)^4$

3) $w=\left(\dfrac{z^4+16}{z^4-16}\right)^2$；

4) $w=-\left(\dfrac{z^{2/3}+2^{2/3}}{z^{2/3}-2^{2/3}}\right)^2$；

5) $w=\sqrt{z^2+a^2}$；

6) $w=\sqrt{1-\left(\dfrac{z-i}{z+i}\right)^2}$；

7) $w=\left(\dfrac{\sqrt{z}+1}{\sqrt{z}-1}\right)^2$；

8) $w=e^{2\pi i\left(\frac{z}{z-2}\right)}$；

9) $w=e^{\frac{\pi i}{b-a}(z-a)}$；

10) $w=\left(\dfrac{e^{-\frac{\pi}{a}z}-1}{e^{-\frac{\pi}{a}z}+1}\right)^2$.

20. $w=2\sqrt{z+1}+\ln\dfrac{\sqrt{z+1}-1}{\sqrt{z+1}+1}$.

21. $z=\mathrm{ch}w$

23. $w=iz^{3/2}$；$T=\dfrac{100}{\pi}\left(\dfrac{2}{3}\theta+\pi\right)$,$\theta$ 为 w 的极角,取负值.

名词索引

括号中的数字表示页数

七　画

八　画

九　画

十　画

十　一　画

十　二　画

十　三　画

十四画以上